ISBN-13: 978-1515134091

ISBN-10: 1515134091

Manual de
EQUIPOS FRIGORÍFICOS

Miguel D'Addario

2015

Comunidad Europea

Primera edición

ÍNDICE

Central de frío. Producción, máquinas de producción de frío. Conducción, torres de enfriamiento.

CENTRAL DE FRÍO. PRODUCCIÓN REFRIGERACIÓN

Generalidades

La **refrigeración** es el proceso de producir frío o, más precisamente, de extraer calor puesto que, a diferencia del calor, el frío no se puede producir. Tampoco se puede convertir el calor en otra energía para conseguir energía y frío. Para enfriar lo que se hace es aprovechar diferencias de temperaturas para extraer energía térmica (calor) mediante el ciclo de Carnot (ese ciclo explica el fenómeno, pero en la práctica se usan otros, ya que el de Carnot es solamente teórico), es decir, transportar calor de un lugar a otro. Así, el lugar al que se sustrae calor, se enfría. En un frigorífico, por ejemplo, se extrae calor de dentro de un armario cerrado y se evacua, generalmente por disipación al ambiente, en la parte trasera del mismo. Al igual que se puede aprovechar diferencias de temperatura para producir calor, para crear diferencias de calor, se requiere energía. A veces se llama refrigeración simplemente a mejorar la disipación de calor, como en la refrigeración de los motores térmicos, o simplemente la ventilación forzada para sustituir aire caliente por aire más fresco.

Aplicaciones

Las aplicaciones de la refrigeración son muchas: motores de combustión interna, procesos de mecanizado conservación de alimentos, climatización, producción de hielo o nieve, en medicina se utiliza para la mejor conservación de órganos, tejidos o incluso microbios.

- **Motores de combustión interna**: en la zona de las paredes de los cilindros y en las culatas de los motores se producen temperaturas muy altas que es necesario refrigerar mediante un circuito cerrado donde una bomba envía el líquido refrigerante a las galerías que hay en el bloque motor y la culata y de allí pasa un radiador de enfriamiento y un depósito de compensación. el líquido refrigerante que se utiliza es agua destilada con unos aditivos que rebajan sensiblemente el punto de congelación para preservar al motor de sufrir averías cuando se producen temperaturas bajo cero.

- **Máquinas-herramientas**: las máquinas herramientas también llevan incorporado un circuito de refrigeración y lubricación para bombear el líquido refrigerante que utilizan que se llama taladrina o aceite de corte sobre el filo de la herramienta para evitar un calentamiento excesivo que la pudiese deteriorar rápidamente.

Métodos de generación de frío

Los métodos más antiguos para la producción de frío son la evaporación, como en el caso del botijo (proceso adiabático); o la utilización del hielo o la nieve naturales. Para la preparación de refrescos o agua fría, se bajaba nieve de las montañas cercanas (a menudo por las noches) que se guardaba en pozos y, en las casas, en armarios aislados, que por esa razón se llamaban *neveras*. Más tarde se consiguió producir frío artificial mediante los métodos de compresión y de absorción. El método por compresión es el más utilizado, sin embargo el método por absorción solo se suele utilizar cuando hay una fuente de calor residual, como en la trigeneración. Otros métodos son mediante un par termoeléctrico que genera una diferencia de temperatura; mediante una sustancia fría, como antiguamente el hielo y hoy en día la criogenia, con nitrógeno líquido o mezcla de sustancias, como sal común y hielo. Otra posibilidad, aún en investigación y sin aplicación comercial, es utilizar el efecto magnetocalórico.

Aparatos de refrigeración

- Refrigeración por compresión
- Refrigeración por absorción
- Frigorífico
- La heat pipe. Elemento pasivo que simplemente conduce muy bien el calor.

Términos relacionados con la refrigeración

- Taladrina
- Líquido refrigerante
- Aceite de corte
- Cero absoluto
- Líquido anticongelante

Producción de frío

En nuestra sociedad, el frío está omnipresente:

Industria (agroalimentaria, química, farmacéutica, etc.)

Comercio (aire acondicionado, vitrinas refrigeradas, etc.)

En las casas particulares (nevera, congelador, etc.)

Definiciones de frío

Antes de entender el funcionamiento de una instalación frigorífica, es aconsejable tener una idea concreta de lo qué es el frío. En términos comunes, el frío es, ante todo, una sensación corporal poco cuantificable, mientras que en las ciencias físicas adquiere una dimensión muy diferente.

Frío (adjetivo)

Que está a una temperatura sensiblemente más baja que la del cuerpo humano.

Que ha perdido su calor natural o transmitido, que se ha enfriado.

Frío (substantivo)

Estado de la materia cuando está fría (en comparación con el cuerpo humano); sensación térmica que resulta del contacto con un cuerpo o un ambiente frío.

Definiciones del Diccionario

Frío: Como substantivo, el frío designa el calor extraído o que hay que extraer. Definición termodinámica del Nouveau Dictionnaire du Froid de la edición del Institut International du Froid. El frío es, en termodinámica, la propiedad de un ambiente, relativa a un referencial dado, que se traduce en una temperatura inferior a la de este referencial y que es la consecuencia de una extracción o una pérdida de calor.

Calor: Fenómeno físico (energía cinética de traslación, rotación y vibración de las moléculas dentro una substancia) **que se transmite** (por conducción, convección o radiación) y cuyo aumento se traduce en una subida de la temperatura, por efectos eléctricos, por dilatación y cambio de estado de la materia (fusión, sublimación, evaporación).

Cantidad de calor o calor: Aumento físico que representa esta energía y sus modificaciones dentro de un sistema material. La noción de cantidad de calor sobreentiende que existe un intercambio de energía entre diferentes sistemas y para indicar el sentido de la transferencia se le asigna, de manera arbitraria, un signo (**positivo o negativo**).

Un sistema termodinámico es un ambiente físico delimitado por una frontera real o ficticia. Ejemplos: el aire ambiente, una cámara fría, el agua del mar, un baño, el cuerpo humano... etc.

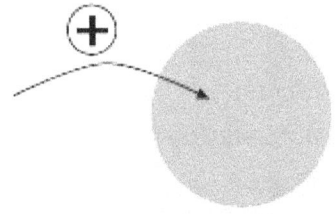 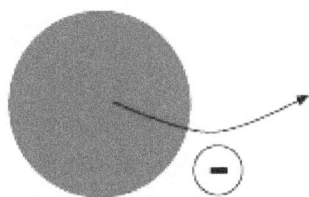

El sistema recibe energia. La cantidad de calor transferida es positiva. El sistema se calienta. *Reacción Endotérmica*

El sistema pierde energia. La cantidad de calor transferida es negativa. El sistema se enfria. *Reacción exotérmica.*

Propiedades de la materia que se utilizan

En la tecnología del frío se utilizan las propiedades intrínsecas de la materia.

Los diferentes estados de la materia:

Todo elemento físico o molécula puede encontrarse en **tres estados** característicos: **sólido, líquido o gaseoso.** Se distinguen por la organización estructural de las moléculas. Se habla de fluido cuando la materia está líquida o gaseosa.

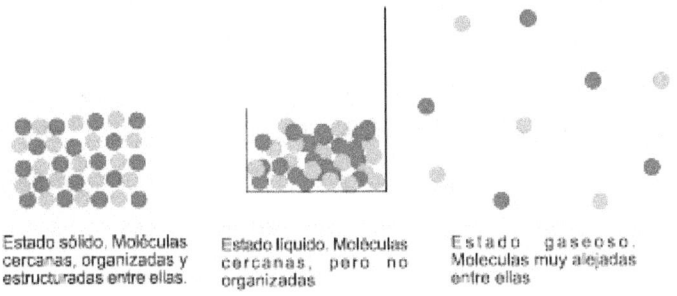

Estado sólido. Moléculas cercanas, organizadas y estructuradas entre ellas.

Estado líquido. Moléculas cercanas, pero no organizadas

Estado gaseoso. Moléculas muy alejadas entre ellas

Cada estado de la materia está regido por leyes físicas, que dependen de la temperatura, de la presión y del espacio ocupado. Estas leyes tienen un modelo particular para cada estado y las constantes varían según el tipo de materia.

Ejemplo de modelo de ley:

$$P . V = n . R . T \text{ (gas perfecto)}$$

Donde P es la Presión, V es Volumen, n es el número de moles, R es la constante universal de los gases y T la temperatura.

Gracias a estos modelos empíricos, se puede hacer una cartografía de la materia y dar así su estado físico, cuando se conocen las condiciones de temperatura y de presión. Este conocimiento de la materia **es la base de la ingeniería térmica**. Permite, por ejemplo, definir las presiones de compresores. En general, con las aplicaciones de la termodinámica, los fluidos tienen evoluciones particulares, al menos, teóricamente.

Evolución isobara: la presión queda constante.

Evolución isoterma: la temperatura queda constante.

Evolución isocora: el volumen queda constante.

Para cambiar de un estado a otro, la materia tiene un cambio de fase que implica una transferencia de calor. Se habla de calor latente de cambio de fase. Los cambios de fase se hacen muchas veces con una presión y una temperatura constantes mientras que toda la materia no esté transformada. Significa que para una presión dada, existe solamente una temperatura de cambio de fase. « **El agua hierve a 100ºC** » es verdadero solamente **cuando la presión es** exactamente **de 1bar.** Al lado del mar o encima del Himalaya, el agua no tiene la misma temperatura de ebullición, porque las presiones atmosféricas son diferentes, es decir, la presión baja cuando crece la altitud. Estos cambios son acoplados y pueden ser **endotérmicos** (que necesitan calor o energía) o **exotérmicos** (que desprende calor o energía).

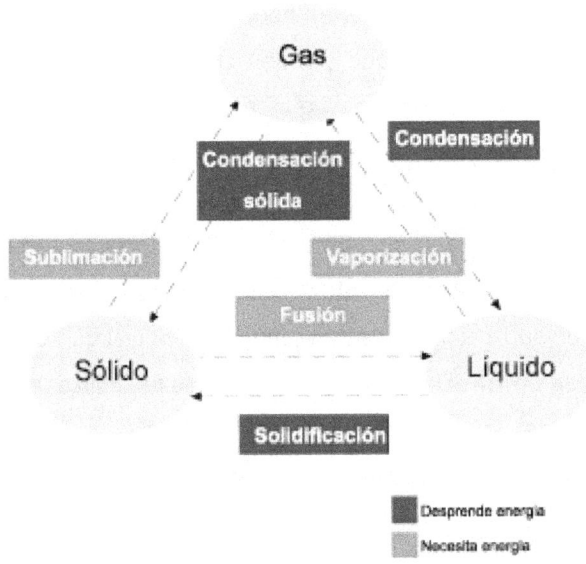

Este principio se utiliza especialmente por los aparatos que se llaman intercambiadores: condensador, evaporador que transfieren el calor.

Principio del frío

Para enfriar un sistema, se le tiene que extraer una cierta cantidad de calor. Es **tomar** el **calor para crear el frío.** Naturalmente, si ponemos en contacto dos sistemas, uno frío y otro caliente, van a alcanzar la misma temperatura, comprendida entre la temperatura inicial del cuerpo caliente y la del cuerpo frío. De esta manera, el sistema frío se calienta y lo inverso le sucede al sistema caliente. Esto se observa cuando mezclamos agua fría y agua caliente para tener una buena temperatura para un baño, por ejemplo. Ya que queremos **enfriar un sistema frío...** **¿Cómo vencer este fenómeno natural?** La dificultad para producir el frío es cómo pasar el calor de un sistema caliente al sistema frío. Siempre hay dos sistemas porque la energía no puede perderse. **La energía se conserva**: el primer principio de la **termodinámica.**

Sin embargo, podemos observar en nuestro ambiente cotidiano algunos **fenómenos "frigoríficos"** que pueden ayudarnos a entender **cómo podemos crear el frío**. Veamos algunos ejemplos:

El **éter líquido**, aplicado sobre la piel, se evapora muy rápidamente, provocando una sensación de frío. A la presión atmosférica, el éter **se vaporiza**. Cambia de fase. Esta reacción necesita energía para realizarse (**reacción endotérmica**), energía que el éter toma de su ambiente, que sería la piel en este ejemplo. Es la piel que **desprende el calor y** que **se enfría**. El genio de los frigoristas fue utilizar este principio de cambio de fase, para producir frío de manera artificial. En la tecnología frigorífica, se utiliza un **fluido frigorífico** que se vaporiza tomando el calor de un ambiente a enfriar.

Fluido frigorífico: Fluido evaluado siguiendo un ciclo frigorífico, es decir, que absorba calor a cuerpos de baja temperatura para incorporarla de nuevo en cuerpos de temperatura más alta.

Definición termodinámica del Nouveau Dictionnaire du Froid de la edición l'Institut International du Froid.

El **fluido frigorífico** es una materia costosa y que puede ser peligrosa para el medioambiente. Es importante no gastarla, ni echarla de nuevo a la naturaleza. En consecuencia, cuando se ha vaporizado, es necesario reciclarla para poder reutilizarla para vaporizarla otra vez. Entonces el fluido sigue un ciclo, lo que es la base de toda la tecnología del frío.

Principio general de una instalación frigorífica

La mayor parte de nuestras instalaciones son con compresión del vapor (**fluido frigorífico**) a cambio de fase mediante un compresor (**ciclo frigorífico**). Todo se basa en el ciclo frigorífico.

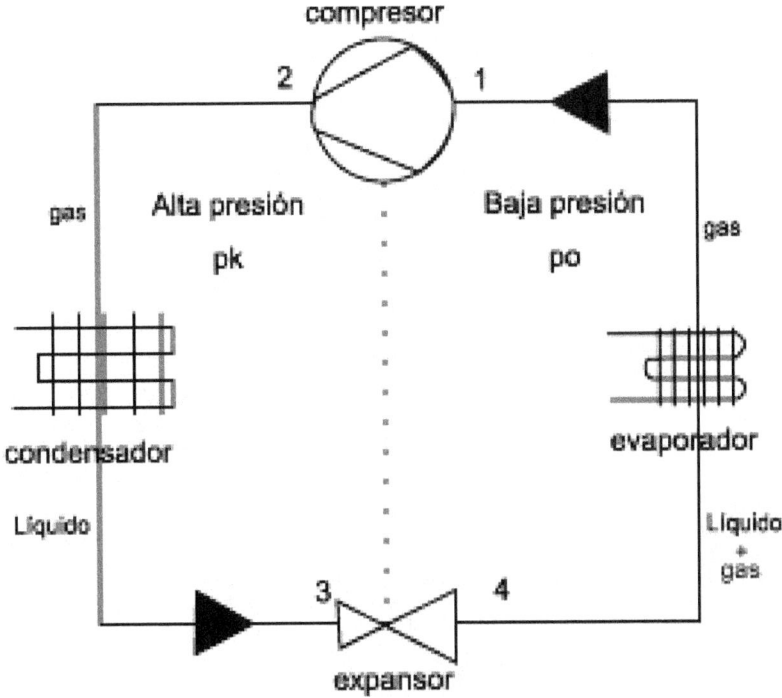

Elementos primarios de funcionamiento de una instalación frigorífica.

Compresor

El compresor permite subir el fluido, del estado de vapor, de una baja presión a una alta presión (estado líquido). La mayor parte de la electricidad se consume en esta etapa. Se puede producir un ahorro de energía con el control optimizado de la compresión.

Condensador

El vapor presurizado desprende el calor utilizado para la vaporización hacia un ambiente caliente. Muchas veces, el ambiente caliente es el aire o el agua. Al nivel del condensador, el vapor cambia de fase y se vuelve líquido con una presión constante.

Expansor

El expansor permite descomprimir el fluido licuado y presurizado hasta la presión baja. Un componente fundamental e indispensable de cualquier sistema de refrigeración es el control de flujo o dispositivo de expansión.

Evaporador

El fluido, que entra líquido dentro del evaporador, se vaporiza hasta que esté totalmente en estado de vapor. Toda la energía utilizada para este cambio de fase viene del sistema a enfriar. El fluido ya está listo para una nueva compresión y para un nuevo ciclo. En realidad, el principio se complica un poco, pues hay que pensar en las pérdidas de presión en las canalizaciones, irreversibilidades, etc. También, hay que cuidar el buen funcionamiento de cada elemento, optimizados por un cierto fluido y un cierto caudal. Así, se puede actuar para asegurar el estado del fluido. Se habla de subenfriamiento y de recalentamiento.

Refrigerante

Como refrigerante se entiende todo aquel fluido que se utiliza para transmitir el calor en un sistema frigorífico y que absorbe calor a bajas temperaturas y presión, y lo cede a temperaturas y presión más elevada, generalmente con cambios de estado del fluido. En todos los casos, cada instalación funciona según este principio básico.

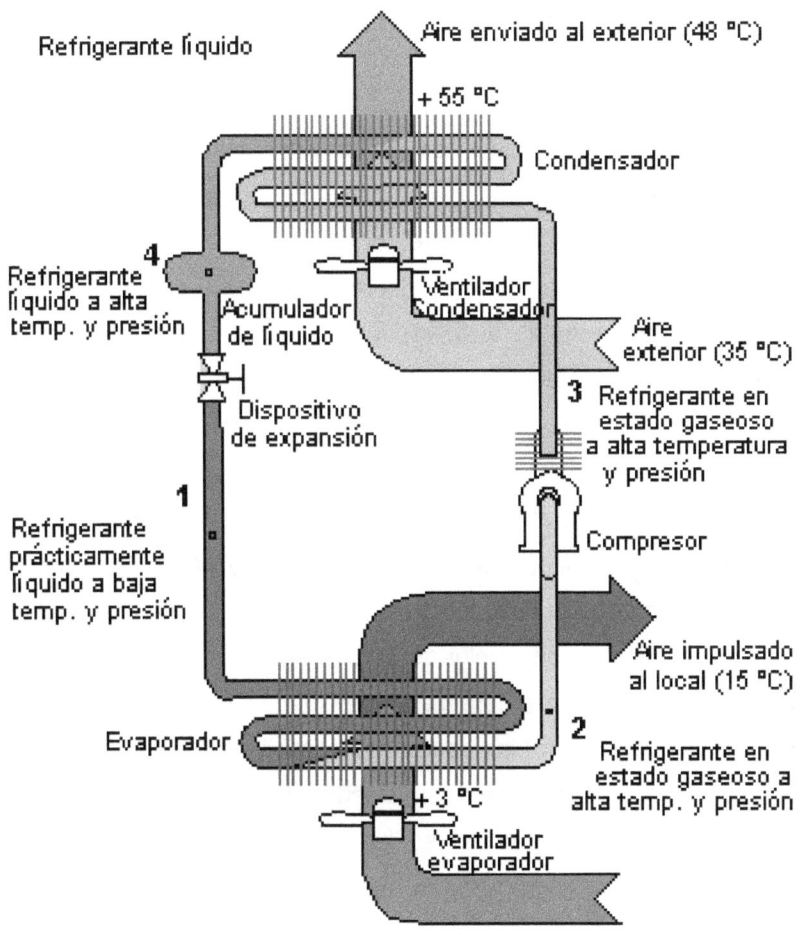

Refrigerante líquido

Aire enviado al exterior (48 °C)

+ 55 °C

Condensador

Refrigerante **4** líquido a alta temp. y presión

Acumulador de líquido

Ventilador Condensador

Aire exterior (35 °C)

Dispositivo de expansión

3 Refrigerante en estado gaseoso a alta temperatura y presión

1 Refrigerante prácticamente líquido a baja temp. y presión

Compresor

Aire impulsado al local (15 °C)

Evaporador

2 Refrigerante en estado gaseoso a alta temp. y presión

+ 3 °C

Ventilador evaporador

Sistemas de refrigeración

Se puede efectuar la refrigeración por compresión y por absorción

El sistema de refrigeración que más se emplea es el de compresión. En las máquinas de este tipo constituye la parte central del sistema la bomba o compresor, que recibe vapor a baja presión y lo comprime. Con esta operación se elevan considerablemente la presión y la temperatura del vapor. Luego, este vapor comprimido y calentado fluye por el tubo de salida hasta el condensador o permutador térmico, donde el vapor cede su calor al agua o aire frío que rodea al condensador. En esta forma su temperatura desciende hasta el punto de condensación, y se convierte en líquido con la correspondiente liberación de calor que ocurre en estos casos. El agente frigorífico, en estado líquido, pasa del condensador hasta un receptáculo y de allí fluye por un conducto o válvula, o el tubo reductor, disminuye la presión del líquido a medida que fluye dentro del vaporizador para enfriarlo. Este vaporizador se haya en el espacio que desea refrigerar. El aire tibio de este recinto le transmite, por contacto, al vaporizador parte de su calor, y hace que el líquido se evapore. Como se ve este nuevo cambio de estado, de líquido a vapor, se efectúa aumentando la temperatura. A continuación, aspira el compresor, por el tubo de succión, el vapor caliente del evaporador, y, después de volverlo a comprimir, lo impulsa al condensador, como se explicó anteriormente. Se repite así el proceso en ciclos continuos. En las grandes instalaciones refrigeradoras se utiliza generalmente amoníaco como agente frigorífico, mientras que en los refrigeradores domésticos se emplea anhídrido sulfuroso, cloruro de metilo y freón. Desde que se comenzó a refrigerar mediante sistemas mecánicos se ha aumentado constantemente el número de agentes frigoríficos, lo cual se debe a las investigaciones efectuadas por los químicos en su afán de hallar nuevas sustancias con características apropiadas para responder a las necesidades planteadas por los nuevos usos y tipos de instalaciones. Los refrigerantes sintéticos conocidos con el nombre de freones, constituyen un buen ejemplo del resultado alcanzado gracias a las investigaciones científicas.

En el sistema de absorción se consigue el enfriamiento mediante la energía térmica de una llama de gas, de resistencias eléctricas, o de la condensación del vapor de agua a baja presión. La instalación tiene una serie de tubos de diversos diámetros, dispuestos en circuito cerrado, los cuales están llenos de amoniaco y agua. El amoniaco gaseoso que hay en la instalación se disuelve fácilmente en el agua, formando una fuerte solución de amoniaco. Al calentarse ésta en la llama de gas, o por otro medio, se consigue que el amoniaco se desprenda en forma de gas caliente, lo cual aumenta la presión cuando este gas se enfría en el condensador, bajo la acción de agua o aire frío, se produce la condensación y se convierte en amoniaco líquido. Fluye así por una válvula dentro de evaporador, donde enfría el aire circundante absorbiendo el calor de éste, lo cual produce nuevamente su evaporación. A continuación, entra el amoniaco, en estado gaseoso, en contacto con el agua, en la cual se disuelve. Esta fuerte solución de amoníaco retorna, impulsada por la bomba, al gasificador o hervidor, donde la llama de gas se calienta. Entonces vuelve a repetirse el ciclo.

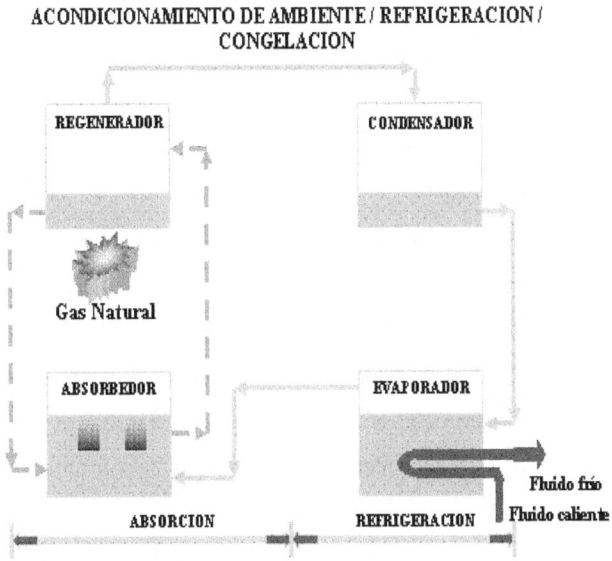

ACONDICIONAMIENTO DE AMBIENTE / REFRIGERACION / CONGELACION

Tanto el sistema de enfriamiento por absorción como el de compresión, están basados en los cambios de estado del agente frigorífico. Ambos sistemas tienen condensador, vaporizador y el medio adecuado para crear la presión necesaria que motive la condensación, tal como un compresor o una fuente que produzca calor.

Ciclos

Un sistema de refrigeración se emplea para mantener cierta región del espacio a una temperatura menor que la de su entorno. El fluido de trabajo puede permanecer en una sola fase (refrigeración por gas) o puede aparecer en dos fases (refrigeración por compresión de vapor). Es común asociar la refrigeración con la conservación de alimentos y acondicionamiento de aire en los edificios. No obstante, las técnicas de refrigeración se necesitan en muchas otras situaciones. Como son el empleo de combustibles líquidos para la propulsión de cohetes, el oxígeno líquido para la fabricación del acero, el nitrógeno líquido para la investigación a temperaturas bajas(criogenia), y para técnicas quirúrgicas y el gas natural licuado para transporte intercontinental son solo algunos ejemplos de los muchos que la refrigeración es esencial.

Ciclo de Carnot invertido

En el estudio de dispositivos cíclicos que operan con el propósito de eliminar calor en forma continua de una fuente de temperatura baja, es útil recordar el ciclo de CARNOT invertido. Si observamos el diagrama de un motor de CARNOT invertido que opera como bomba de calor o refrigerador; la cantidad de calor QB se transfiere reversiblemente desde una fuente a temperatura baja TB, hacia el motor térmico invertido. Este último opera a través de un ciclo durante el cual se suministra el trabajo neto W al motor y la cantidad de calor QA se transfiere en forma reversible a un sumidero a temperatura alta TA. Aplicando la primera ley para un proceso cíclico cerrado, se tiene QB+W=QA. Según la segunda ley para un proceso totalmente reversible, TA/TB=QA/QB. El motor térmico de CARNOT invertido es útil como estándar de comparación ya que requiere del mínimo de trabaja para un efecto de refrigeración deseado entre dos cuerpos dados de temperatura fija. En vez de la eficiencia térmica, que se toma como criterio en el análisis de las máquinas térmicas, el estándar para la eficiencia de la energía en los procesos de refrigeración es el coeficiente de operación. Un estándar de operación se define comúnmente como el cociente de lo que se desea entre lo que debemos dar. El objetivo de un refrigerador es el extraer el calor de una región que se halla a baja temperatura a fin de mantener esta en un valor deseado. Por tanto el coeficiente de operación (COP) de un refrigerador se define como:

COPRefrig.=QB/Win (ec 1.)

Las áreas bajo las líneas de TA y TB en el diagrama TS representan a QA y QB, respectivamente así para un refrigerador de CARNOT, COP refrigeración CARNOT= **TB/ (TA-TB) (ec 2.)**

Es de notar que el valor del COP puede ser mayor a uno, debe ser así en un aparato bien diseñado. Se observa también que la variable principal que controla el COP de un refrigerador de CARNOT es la diferencia de temperaturas TA-TB. En un motor térmico de CARNOT, el rendimiento se mejora aumentando TA y disminuyendo TB, lo inverso es cierto para el refrigerador de CARNOT, en el sentido que TA debe ser tan baja como sea posible y TB debe ser tan alta como se pueda. Sin embargo, TA no puede ser menor que la temperatura del ambiente a la cual se expulsa el calor, y TB no puede ser mayor que la temperatura de la región fría de la que se extrae calor.

Ciclo de refrigeración por compresión de vapor

Este ciclo obedece a la ley de los gases perfectos y la relación presión-temperatura: $P \cdot V = n \cdot R \cdot T$

Como el ciclo de CARNOT invertido es un estándar con el cual se pueden comparar todos los ciclos reales, pero no es un dispositivo practico para propósitos de refrigeración. Sin embargo, sería muy deseable aproximarse a los procesos de adición de calor a temperatura constante y de expulsión de calor a temperatura constante, con objeto de lograr el máximo coeficiente de operación posible. Esto se logra en buena medida con un dispositivo de refrigeración según el ciclo de compresión de vapor. El esquema del equipo para el ciclo, junto con los diagramas Ts y Ph del ciclo ideal. Vapor saturado en el estado 1 se comprime isentrópicamente hasta el estado 2 de vapor sobrecalentado. El refrigerante entra entonces en un condensador, donde se elimina el calor a presión constante hasta que el fluido se convierte en líquido saturado en el estado3. Para devolver el fluido a una presión inferior, se expande adiabáticamente a través de una válvula o un tubo capilar hasta el estado 4. El 3 -4 es un proceso de estrangulamiento, y h3=h4. En el estado 4 el refrigerante es una mezcla húmeda de baja calidad. Finalmente, pasa a través del evaporador a presión constante. El calor entra en el evaporador desde la fuente a temperatura baja y evapora al fluido hasta el estado de vapor saturado. Así se completa el ciclo. Se observa que todo el proceso 4 -1 y gran parte del proceso 2 -3 ocurren a temperatura constante. A diferencia de muchos otros ciclos ideales, el ciclo de compresión de vapor contiene un proceso irreversible, que el proceso de estrangulamiento. Se supone que todas las demás partes del ciclo son reversibles. Podría hacerse que todo el ciclo fuese internamente reversible, sustituyendo el proceso de estrangulamiento 3-4 por el proceso de expansión isentrópica 3-4'. En teoría, el trabajo del expansor se podría emplear como ayuda para impulsar el compresor. Además, el efecto de refrigeración por unidad de masa de refrigerante aumentaría porque en este caso qB se recibiría del estado 4' al 1, en vez de hacerlo del 4 al 1. Dicho en otras palabras, cuando se emplea estrangulamiento, el efecto de refrigeración disminuye en una cantidad igual al área bajo la línea 4'-4. Tanto el efecto de una menor cantidad de entrada neta de trabajo como el efecto de una mayor cantidad de refrigeración harían que aumentase el COP si se utilizara un expansor, en comparación con el estrangulamiento. No obstante, en la práctica se utiliza un proceso de estrangulamiento o de expansión libre. En primer lugar, la producción de trabajo de un expansor sería pequeña ya que el fluido es principalmente un líquido con un volumen específico pequeño. En segundo lugar, un dispositivo de estrangulamiento es mucho más barato que un espansor y casi no requiere mantenimiento. La especificación de los sistemas de refrigeración usualmente se da con base en las toneladas de refrigeración que absorbe la unidad operando en las condiciones de diseño. Una *tonelada de refrigeración* se define como una rapidez de extracción de calor la fría (o la rapidez de absorción de calor por parte del fluido que circula por el evaporador) de 211 KJ/min o200 Btu/min. Otra cantidad citada con frecuencia con respecto a un dispositivo de refrigeración es el gasto volumétrico del refrigerante a la entrada del compresor. Se le llama *desplazamiento efectivo* del compresor. En una situación real, el ciclo de refrigeración difiere del ciclo ideal en varias formas. La presencia de la fricción da por resultado tanto caídas de presión a lo largo de todo el ciclo como que el compresor sea irreversible. Además, se debe tener en cuenta el hecho de que hay transferencia indeseable de calor. Como no es posible controlar con exactitud el estado del fluido que sale del evaporador, el fluido usualmente sale como un vapor sobrecalentado, en vez de salir como el vapor saturado que se considera en el ciclo ideal. Las irreversibilidades en el flujo a través del compresor llevan a un aumento en la entropía del fluido durante el proceso y un incremento concomitante de la temperatura final con respecto a la del caso ideal. Si las pérdidas de calor del compresor son suficientemente grandes, la entropía real del fluido a la salida del compresor puede ser menor que la de la entrada. Aun cuando la caída de presión en le condensador sea pequeña, el fluido probablemente saldrá del condensador como un líquido subenfriado y no como el líquido saturado que se supone en el ciclo ideal. Este es un efecto benéfico, ya que la entalpía baja que resulta del efecto de subenfriamiento permite que el fluido absorba una mayor cantidad de calor durante el proceso de evaporación. La evaluación de ciertos parámetros de interés en los ciclos de refrigeración se ha basado en las temperaturas de saturación del refrigerante en el evaporador y en el condensador. No obstante, las temperaturas de operación en el ciclo real las establecen tanto la temperatura que se desea mantener en la región fría como la temperatura del agua o el aire de enfriamiento disponible para emplearse en el condensador. Para obtener velocidades de transferencia de calor suficientemente grandes, la diferencia de temperaturas entre los dos fluidos debe ser por lo menos del orden de 10ºC (20ºF). En el evaporador, el calor se transfiere desde una región fría hacia el refrigerante, el cual sufre un cambio de fase a temperatura constante. Si la temperatura de la región fría (Trf en la figura) debe ser -18ºC (0ºF); por ejemplo, el refrigerante tendrá que mantenerse a una temperatura de saturación correspondiente (digamos) a -25ºC 8-15ºFf, para que la transferencia de calor sea efectiva. Al mismo tiempo, el refrigerante se condensa en el condensador. Efecto de la transferencia irreversible de calor en el comportamiento de un ciclo de refrigeración por compresión de vapor. Transferencia de calor hacia un medio de enfriamiento extraño al ciclo. El agua de enfriamiento y el aire atmosférico son dos enfriadores que podrían para sobre los tubos del condensador. Como estas dos sustancias usualmente se consiguen a temperaturas que van desde los 15 a los 30ºC (60 a 90ºF) aproximadamente, la temperatura de saturación del refrigerante en el condensador debe estar por encima de estos valores. En el ciclo de refrigeración de vapor, las dos temperaturas de saturación deseadas para los procesos de evaporación y condensación determinan las presiones de operación del ciclo para un refrigerante dado. Por tanto, la elección del refrigerante depende en parte de la relación entre la presión de saturación y la temperatura en el intervalo de interés. Normalmente, la presión mínima del ciclo debe ser mayor que 1 atm para evitar fugas del ambiente hacia el equipo, pero no son deseables presiones máximas superiores a los 150 o 200 psi (10 a 25 bares). Además, se requiere que el fluido no sea tóxico pero si estable, de bajo costo y que tenga una entalpía de vaporización relativamente grande. Estas y otras restricciones limitan el número de compuestos susceptibles de emplearse como refrigerantes. De hecho, debido al intervalo de aplicabilidad de los ciclos de refrigeración, no existe ni un solo fluido que sea adecuado en todas las situaciones. Aún si el refrigerante se elige adecuadamente, se pueden efectuar muchos cambios en el ciclo básico para mejorar el coeficiente de operación. Dichos cambios se analizan en libros y manuales especializados de refrigeración.

Sistemas de compresión de vapor en cascada y en etapas múltiples
Existen dos variaciones del ciclo básico de refrigeración por compresión de vapor. La primera es el ciclo en cascada, el cual permite el empleo de un ciclo de compresión d vapor cuando la diferencia de temperaturas entre el evaporador y el condensador es muy grande. La segunda variación incluye el uso de compresión en tapas múltiples con interenfriamiento, lo que reduce el trabajo de compresión.

Ciclo en cascada
Existe discusión acerca de los métodos para obtener temperaturas extremadamente bajas (criogénicas) mediante una combinación de compresión de vapor y estrangulamiento. Esos métodos son valiosos e

indispensables para la licuefacción y solidificación de los gases. No obstante, existen aplicaciones industriales que exigen temperaturas solo moderadamente bajas, por lo que se necesitan sistemas menos complicados. Esto es especialmente cierto cuando se desean temperaturas en el intervalo de -25 a -75 ºC (-10 a -100 ºF). En general, por desgracia no es posible usar un solo ciclo de compresión de vapor para obtener estas temperaturas moderadamente bajas. La diferencia de temperatura entre el condensador y el evaporador es en este caso muy grande. En consecuencia, la variación de la temperatura de saturación con respecto a la presión de vapor de un solo refrigerante no cumpliría con los valores deseados par el evaporador y el condensador. Para superar esta dificultad sin abandonar la compresión de vapor, emplea un sistema en cascada. Un *ciclo en cascada* es simplemente una disposición en serie de ciclos simples de compresión de vapor, de tal manera que el condensador de un ciclo a temperatura baja entregue calor al evaporador de un ciclo a temperatura superior.

Detalles de componentes de un sistema de refrigeración

Proceso del frío

Con la ayuda del diagrama presión – entalpía de un fluido, es posible definir un ciclo de refrigeración, donde en determinado momento el refrigerante se encuentra en estado de vapor sobrecalentado a baja presión cuando proviene del evaporador después este es comprimido donde el trabajo es adicionado al sistema resultando en un aumento de presión en la descarga, continuando en estado de vapor sobrecalentado ahora con alta presión y alta temperatura para después ocurrir la condensación aquí el calor es retirado del sistema y el refrigerante está en estado de líquido subenfriado. En el condensador el intercambio de calor es hecho en tres etapas. En la primera etapa el calor sensible es retirado isobáricamente, pasando el fluido de vapor de sobrecalentado a vapor saturado, a continuación el fluido pasa por un proceso de cambio de fase de forma isobárica-isotérmica para finalmente ocurrir un proceso de subrenfriamiento a alta presión en estado de líquido subenfriado.

El fluido debe perder presión y temperatura para retornar al sistema de baja presión para eso el refrigerante pasa por un dispositivo de expansión donde el fluido se encuentra en una mezcla líquido más vapor. Faltando, para completar el ciclo, el proceso de evaporación. El fluido irá absorbiendo calor, cambiando de fase, Antes de reiniciar el ciclo, el refrigerante es sobrecalentado, evitando la presencia de líquido en el compresor.

Evaporadores

El evaporador o serpentín de enfriamiento es la parte del sistema de refrigeración donde se retira el calor del producto: aire, agua o algo que deba enfriarse, y se define como un intercambiador de calor.

Cuando el refrigerante entra a los tubos, que conforman el evaporador, absorbe calor de los productos que van a ser enfriados, y, cuando absorbe calor de la carga empieza a "hervir" y se vaporiza. En este proceso el evaporador ejecuta la función de puente térmico entre el medio a enfriar y el refrigerante, desarrollando el propósito total del sistema, la refrigeración. Se desarrollan y producen evaporadores de diseños y formas diferentes para satisfacer las más variadas necesidades de los usuarios. Los tres principales tipos de evaporadores son de tubo descubierto, de superficie de placa y aleteados.

Los evaporadores de tubo descubierto y superficie de placa algunas veces se les califica como evaporadores de superficie primaria debido a que para ambos tipos la superficie completa queda más o menos en contacto con el refrigerante vaporizado en su interior.

Con el evaporador aleteado, los tubos que conducen el refrigerante constituyen la superficie principal, las aletas en si no tienen refrigerante en su interior y por lo mismo, son superficies secundarias en la transferencia del calor cuya función es recoger calor del aire de los alrededores y conducirlo hacia los tubos que llevan el refrigerante.

Evaporador

Compresores

Después de que ha perdido calor y se vaporiza en el serpentín de enfriamiento, el refrigerante pasa a través de la línea de succión al siguiente componente mayor en el circuito de refrigeración, el compresor. Esta unidad que tiene dos funciones principales dentro del ciclo, se clasifica frecuentemente como el corazón del sistema, porque hace circular el refrigerante a través del sistema. Las funciones que realiza son: Recibir o remover el vapor refrigerante desde el evaporador, de tal manera que la presión y la temperatura deseada de evaporación se mantengan. Incrementar la presión del vapor refrigerante a través del proceso de compresión y simultáneamente incrementar la temperatura del refrigerante de tal manera que pueda ceder calor al medio condensante del condensador. Los compresores son usualmente clasificados en tres tipos principales:

- Alternativos
- Rotatorios
- Centrífugos.

El compresor alternativo se utiliza en la mayoría de las aplicaciones domésticas, comerciales pequeñas y unidades industriales de condensación. Este tipo de compresor puede posteriormente clasificarse de acuerdo a su construcción, de acuerdo a si es abierto o accesible para el trabajo o completamente sellado, de tal manera que no sea posible darle servicio. Los compresores alternativos varían en tamaño, desde los que tienen un solo cilindro y su correspondiente pistón hasta uno lo suficientemente grande para tener 16 cilindros y pistones. El cuerpo del compresor puede construirse de una o dos partes de hierro fundido, acero fundido o en algún caso de aleaciones de aluminio. La disposición de los cilindros puede ser horizontal, radial o vertical y ellos pueden estar en líneas rectas o arregladas en V o W.

Los compresores rotativos son clasificados así a causa de que ellos operan a través de la aplicación de una rotación, o movimiento circular, en vez de la operación alternativa descrita anteriormente. Un compresor rotativo es una unidad de desplazamiento positivo, y comúnmente puede usarse para bombear a mayor vacío que el compresor alternativo.

Existen tres tipos de compresores rotativos; pistón rodante, aleta rotatoria y lóbulo helicoidal. De estos describiremos sólo los más utilizados actualmente en los mercados de aire acondicionado y refrigeración. Los compresores rotatorios del tipo paleta emplean una serie de paletas o alabes las cuales están equidistantes a través de la periferia de un rotor ranurado.

El compresor centrífugo consiste esencialmente de uno o una serie de ruedas impulsoras montadas en un eje de acero, contenidas dentro de una carcasa de hierra vaciado. El número de ruedas impulsoras depende bastante de la magnitud de la carga termodinámica que el compresor deba desarrollar durante el proceso de compresión. Es común tener de dos, tres y cuatro ruedas (pasos de compresión). El máximo de ruedas impulsoras suelen ser 12.

Tipos de compresores

Condensadores

El componente mayor en el sistema de refrigeración, que sigue a la etapa de compresión, es el condensador. Básicamente, el condensador es otra unidad de intercambio de calor en el cual el calor extraído por el refrigerante en el evaporador, y también el añadido al vapor en la fase de compresión, se disipa a un medio condensante. El vapor a alta presión y temperatura que sale del compresor está sobrecalentado y este sobrecalentamiento se retira en la línea de descarga y la primera porción del condensador. Como la temperatura del refrigerante es bajada a su punto de saturación, el vapor se condensa en líquido para continuar el ciclo. Los condensadores pueden ser enfriados por aire, agua o por evaporación. Los refrigeradores domésticos generalmente tienen un condensador enfriado por aire, el cual depende del flujo de gravedad del aire que circula a través de él. Otras unidades enfriadas por aire usan ventiladores para secar o extraer grandes.

Condensador

Dispositivos de expansión

Un componente fundamental e indispensable de cualquier sistema de refrigeración es el control de flujo o dispositivo de expansión. Sus principales propósitos son:

- Permitir el flujo de refrigerante al evaporador a la razón necesaria para remover el calor de la carga.
- Mantener el diferencial de presión apropiado entre los lados de alta y baja en el sistema de refrigeración.

Los cinco tipos principales de dispositivos de expansión son:

- Válvula de expansión automática.
- Válvula de expansión termostática.
- Tubo capilar.
- Flotador de baja.
- Flotador de alta.

Existe también un dispositivo de expansión manual, que obviamente, no es apropiada para el funcionamiento automático de sistemas de refrigeración de baja capacidad, pero si son muy utilizadas en la refrigeración industrial.

Válvula de expansión

37

Elementos usualmente anexos:

- Termostato: su función es apagar o encender automáticamente el compresor a fin de mantener el área refrigerada dentro de un campo de temperaturas.
- Ventilador: su función es aumentar el flujo de aire para mejorar el intercambio de calor. Generalmente está en el área del condensador. Según el tipo de dispositivo que sea, puede haber o no en el área del evaporador.

Otros elementos no siempre presentes son:

- Filtro de humedad, la humedad produce obstrucciones y problemas en el lubricante del compresor.
- Depósito de refrigerante líquido, usualmente en equipos "Bomba de calor"
- Válvula de cuatro vías, que revierte el flujo de refrigerante para convertir el equipo en productor de frío o calor, según la posición de la misma.
- Elementos de control y regulación, como son presostatos y sondas de temperatura.
- Válvulas antirretorno, que evitan que el refrigerante pueda circular en sentido inverso. Aunque también se podrá combinar los espacios de las válvulas para que el flujo inverso pueda tener éxito en el retorno.

Unidades de medida

Hay que distinguir, en la potencia, dos magnitudes: *potencia absorbida* (en energía mecánica, sea con motor eléctrico, con motor de explosión o con turbina) y *potencia de enfriamiento o de refrigeración*:

- En el Sistema Internacional de Unidades (SI), la potencia de los equipos frigoríficos se mide en vatios (W) o en múltiplos de sus unidades.
- En el Sistema técnico de unidades se utiliza para la potencia de enfriamiento la caloría/hora, aceptada en un anexo del SI, aunque a menudo se llama frigoría/hora que tiene la misma definición que la caloría/hora y la única diferencia es que se emplea para medir el calor extraído, no el aportado.
- En la práctica comercial americana, la potencia de refrigeración se mide en "toneladas de refrigeración", o en BTUs.

Centrales de frío

Clasificación de las aplicaciones:

Las aplicaciones de la refrigeración se han agrupado en seis categorías generales:

(1) Refrigeración domestica

(2) Refrigeración comercial

(3) Refrigeración industrial

(4) Refrigeración marina y de transportación

(5) Acondicionamiento de aire

(6) Acondicionamiento de aire industrial.

Refrigeración doméstica

El campo de la refrigeración domestica está limitado principalmente a refrigeradores y congeladores caseros.

Las unidades domesticas generalmente son de tamaño pequeño teniéndose capacidades de potencia que fluctúan entre 1/20 y 1/2 hp y son del tipo de sellado hermético.

Refrigeración comercial

La refrigeración comercial se refiere al diseño, instalación y mantenimiento de unidades de refrigeración del tipo que se tienen en establecimientos comerciales, restaurantes, hoteles e instituciones que se dedican al almacenamiento o distribución de artículos de comercio putrescibles de todos tipos.

Refrigeración industrial

Como regla general, las aplicaciones industriales los equipos generadores de frío son más grandes en tamaño que las aplicaciones comerciales. Algunas aplicaciones industriales típicas son plantas de hielo, plantas empacadoras de alimento, cervecerías, plantas industriales tales como refinerías de petróleo, plantas químicas, plantas huleras, etc. Se las denominan centrales de frío o enfriamiento.

Centrales de frío. Aplicaciones

Cada vez que se debe decidir sobre la realización de un sistema frigorífico, el proyectista o el responsable de tomar la decisión de la elección, se encuentra frecuentemente con el dilema de armonizar aspectos muchas veces contradictorios entre sí. Estos son algunos de ellos:

- Correcta elección de la capacidad frigorífica
- Correlación entre la carga térmica y la capacidad frigorífica en operación
- Tener capacidad de reserva ante una falla del sistema
- La menor inversión inicial
- El menor costo de mantenimiento
- Menores costos de operación y consumo energético
- Simpleza tecnológica y confianza en el sistema
- No necesitar personal extremadamente capacitado

- Disponibilidad de reparadores de compresores competentes en la marca, y repuestos legítimos
- Ahorro de espacio
- Evitar proliferación excesiva de cañerías

En aplicaciones simples, por ejemplo cámaras pequeñas con un uso regular durante el año, la elección de una unidad condensadora con un evaporador puede satisfacer todos los puntos excepto el 3 A medida que va aumentando la cantidad de cámaras y puntos que requieren frío, nos encontramos con la disyuntiva de seguir agregando unidades condensadoras u optar por sistemas centralizados. El esquema de muchas unidades condensadoras, en particular si se deben concentrar en un lugar (por ejemplo azotea o sala de máquinas) va en contra de los ítems 4, 5, 6, 10 y 11. En esos casos los racks multicompresor y las centrales de frío son opciones a tener en cuenta a la hora de elegir. Uno de los aspectos más críticos en las centrales de frío u otro tipo de equipamiento en que los compresores operan en paralelo es cómo asegurar una correcta distribución del aceite entre ellos. El esquema tradicional consiste en enviar el retorno del separador de aceite al conjunto tanque acumulador + válvula diferencial desgasificadora + controles de nivel individual por flotante en cada compresor. Si bien este sistema se viene usando desde hace muchísimos años y los compresores clásicos lo han utilizado innumerable cantidad de veces, es costoso y está sujeto a la posibilidad de falla de alguno de esos delicados elementos. Buscando una solución más simple, más económica, más compacta y confiable, en el año 2005 Reacom S.A. ha lanzado al mercado una novedosa variante de sus compresores de las líneas NR, 9R (y en breve línea L) a los que se les agregó dos puertos de conexión adicionales:

Puerto para nivelación de aceite: con centro a la altura del nivel medio del visor, se ha instalado del lado opuesto a éste un robinete de servicio de 3/8" al cual se conecta la línea de igualación de nivel de aceite entre compresores.

Puerto para ecualización de presiones de carter: por encima del robinete de aceite y en la parte superior del carter se encuentra un robinete de servicio de 1 1/8". La interconexión entre los compresores garantiza una igualdad de presiones entre los carter y de esa manera el movimiento de aceite a través de la línea de igualación de nivel se hará por el principio de "vasos comunicantes", sin que diferencias de presión, aunque sean leves, provoquen migración de lubricante entre un compresor y otro.

Este sistema es una novedad en el campo de los compresores semiherméticos que está demostrando una excelente performance y ha sido largamente probada en instalaciones actualmente en servicio Los motocompresores con puertos de interconexión pueden ser usados para aplicaciones de racks y centrales, como así también en usos convencionales, y están disponibles a la venta.

En una base compacta y rígida se encuentran montados 2, 3 o 4 motocompresores, sobre su suspensión individual, interconectados mediante sus válvulas de servicio con las líneas de igualación de nivel de aceite y de ecualización de presiones de carter. La interconexión es mediante cañerías flexibles diseñadas para una fácil remoción y montaje de los motocompresores en campo. Los compresores descargan en un colector común que se usará para conectarse al circuito de condensación. Las descargas de los compresores se hacen a través de válvulas de retención para evitar la condensación de refrigerante en la cabeza de los compresores inactivos. La succión de los compresores no está interconectada (es función del instalador).Los compresores tienen instalados calefactores de carter, cuando se prefiere tener un rack de dos o tres compresores en lugar de uno solo de gran potencia para evitar una dependencia riesgosa y minimizar los prejuicios comerciales que puede significar una eventual avería de éste. Cuando a lo largo del año hay importantes variaciones en el uso de la instalación, pero a lo largo del día la carga permanece constante. Entonces los compresores son activados o desactivados manualmente, comportándose los compresores activos como un compresor virtual de potencia igual a la suma de los habilitados (en estos casos se recomienda el uso de calefactores de carter y la rotación manual diaria de los compresores)

Cuando se quiere tener un conjunto prearmado sobre el cual agregar elementos adicionales y tener así una central de frío completa.

La central de frío está compuesta de 2 3 o 4 compresores, montados sobre una base en la cual los tubos recibidores de líquido y pulmón de succión forman un conjunto estructural solidario muy rígido y fácilmente transportable. Según la potencia y necesidad del cliente, podrá ser compacta (con condensador incorporado) o para condensador remoto.

Además de los circuitos descriptos en el rack multicompresor, la central tiene:

- Generoso pulmón de succión que protege contra eventual inundación de líquido a la vez que garantiza el correcto retorno del aceite a través de los pescantes a cada compresor
- Filtro bridado desmontable de succión
- Filtro bridado desmontable de línea de líquido
- Presostatos de control de presión de condensación
- Separador de aceite
- Presostatos diferenciales de presión de aceite
- Presostatos de seguridad de alta y de baja
- Válvula de seguridad en el tanque de líquido
- Visor de línea de líquido

Tablero eléctrico con PLC de comando y todas las llaves termomagnéticas, contactores y relays necesarios APRA la operación automática y de emergencia. Cuando hay continuas variaciones del requerimiento frigorífico debidas a la permanente conexión y desconexión de varias cámaras, bateas, gabinetes, etc. En ese caso la central de frío ,que tiene la instrumentación y controles necesarios, pone en marcha o apaga los compresores para mantener una presión de línea de succión constante y por lo tanto una temperatura y humedad constantes en los recintos refrigerados. Cuando se desea capacidad modulante y operación automática sin supervisión ni operación manual (la supervisión se limita al control regular para detectar anomalías).

Cuando se piensa seguir agregando nuevos consumos frigoríficos de potencia relativamente pequeña o mediana respecto la capacidad instalada (en este caso se debe planificar correctamente y dimensionar la central armonizando la visión de corto, mediano y largo plazo)

MÁQUINAS DE PRODUCCIÓN DE FRÍO. CONDUCCIÓN

Algunos ejemplos de máquinas que aplican la refrigeración por compresión

Aire acondicionado o acondicionador de aire

El **acondicionamiento de aire** es el proceso más completo de tratamiento del aire ambiente de los locales habitados; consiste en regular las condiciones en cuanto a la temperatura (calefacción o refrigeración), humedad y limpieza (renovación, filtrado). Si no se trata la humedad, sino solamente la temperatura, podría llamarse **climatización**.

Entre los sistemas de acondicionamiento se cuentan los autónomos y los centralizados. Los primeros producen el calor o el frío y tratan el aire (aunque a menudo no del todo). Los segundos tienen un/unos acondicionador/es que solamente tratan el aire y obtienen la energía térmica (calor o frío) de un sistema centralizado. En este último caso, la producción de calor suele confiarse a calderas que funcionan con combustibles. La de frío a máquinas frigoríficas, que funcionan por compresión o por absorción y llevan el frío producido mediante sistemas de refrigeración. La expresión aire acondicionado suele referirse a la refrigeración, pero no es correcto, puesto que también debe referirse a la calefacción, siempre que se traten (acondicionen) todos los parámetros del aire. Lo que ocurre es que el más importante que trata el aire acondicionado, la humedad del aire, no ha tenido importancia en la calefacción, puesto que casi toda la humedad necesaria cuando se calienta el aire, se añade de modo natural por los procesos de respiración y transpiración de las personas. De ahí que cuando se inventaron máquinas capaces de refrigerar, hubiera necesidad de crear sistemas que redujesen también la humedad ambiente.

Refrigeración

En 1902 Willis Carrier sentó las bases de la refrigeración moderna y al encontrarse con los problemas de la excesiva humidificación del aire enfriado, las del aire acondicionado y desarrolló el concepto de climatización de verano. Por esa época un impresor neoyorquino tenía serias dificultades durante el proceso de impresión, que impedían el comportamiento normal del papel, obteniendo una calidad muy pobre debido a las variaciones de temperatura, calor y humedad. Carrier se puso a investigar con tenacidad para resolver el problema: diseñó una máquina específica que controlaba la humedad por medio de tubos enfriados, dando lugar a la primera unidad de refrigeración de la Historia.

Durante aquellos años, el objetivo principal de Carrier era mejorar el desarrollo del proceso industrial con máquinas que permitieran el control de la temperatura y la humedad. Los primeros en usar el sistema de aire acondicionado Carrier fueron las industrias textiles del sur de Estados Unidos. Un claro ejemplo, fue la fábrica de algodón Chronicle en Belmont. Esta fábrica tenía un gran problema. Debido a la ausencia de humedad, se creaba un exceso de electricidad estática haciendo que las fibras de algodón se convirtiesen en pelusa. Gracias a Carrier, el nivel de humedad se estabilizó y la pelusilla quedó eliminada. Debido a la calidad de sus productos, un gran número de industrias, tanto nacionales como internacionales, se decantaron por la marca Carrier. La primera venta que se realizó al extranjero fue a la industria de la seda de Yokohama en Japón en 1907. En 1915, empujados por el éxito, Carrier y seis amigos reunieron 32.600 dólares y fundaron "La Compañía de Ingeniería Carrier", cuyo gran objetivo era garantizar al cliente el control de la temperatura y humedad a través de la innovación tecnológica y el servicio al cliente. En 1922 Carrier lleva a cabo uno de los logros de mayor impacto en la historia de la industria: "la enfriadora centrífuga". Este nuevo sistema de refrigeración se estrenó en 1924 en los grandes almacenes Hudson de Detroit, en los cuales se instalaron tres enfriadoras centrífugas para enfriar el sótano y posteriormente el resto de la tienda. Tal fue el éxito, que inmediatamente se instalaron este tipo de máquinas en hospitales, oficinas, aeropuertos, fábricas, hoteles y grandes almacenes. La prueba de fuego llegó en 1925, cuando a la compañía Carrier se le encarga la climatización de un cine de Nueva York. Se realiza una gran campaña de publicidad que llega rápidamente a los ciudadanos formándose largas colas en la puerta del cine. La película que se proyectó aquella noche fue rápidamente olvidada, pero no lo fue la aparición del aire acondicionado. En 1930, alrededor de 300 cines tenían instalado ya el sistema de aire acondicionado. A finales de

1920 propietarios de pequeñas empresas quisieron competir con las grandes distribuidoras, por lo que Carrier empezó a desarrollar máquinas pequeñas. En 1928 se fabricó un equipo de climatización doméstico que enfriaba, calentaba, limpiaba y hacía circular el aire y cuya principal aplicación era la doméstica, pero la Gran Depresión en los Estados Unidos puso punto final al aire acondicionado en los hogares. Hasta después de la Segunda Guerra Mundial las ventas de equipos domésticos no empezaron a tener importancia en empresas y hogares.

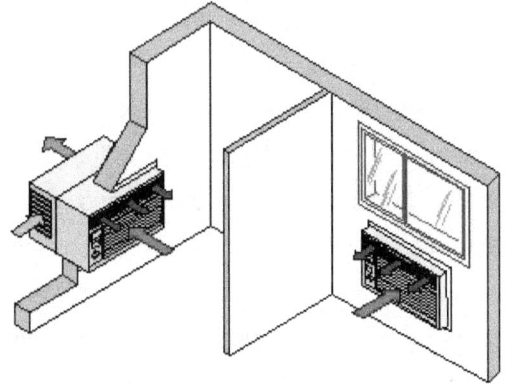

Equipo doméstico empotrado

Refrigerador doméstico, nevera o frigorífico

El frigorífico (también llamado refrigerador, nevera o heladera) es de los electrodomésticos más comunes en el mundo. El aparato usa la refrigeración para preservar los alimentos.

Historia

Es un aparato muy antiguo; en una versión primitiva era un armario de madera, aislado, en el que había un compartimento superior, donde se ponía nieve, y de ahí el nombre más antiguo, **nevera**. La parte inferior servía para almacenar los alimentos que requieren frío para su conservación. La nieve se llevaba a las poblaciones desde los picos cercanos que tuvieran nieves permanentes en verano, y si no en primavera, antes de la fusión, en carros aislados con paja, durante las noches, y se guardaba en unos pozos situados extramuros de la población. En Madrid, la nieve se bajaba del Guadarrama a los pozos de la nieve situados en la actual glorieta de Bilbao, que antes tenía ese nombre, *Puerta de los pozos de la nieve*). Hacia los años de 1980 hubo en Granada un pleito instado por el concesionario de las nieves de Sierra Nevada para que los esquiadores le pagasen un canon por el uso de su "concesión". Naturalmente perdió. La importancia de tener nieve para enfriar y para fabricar refrescos, era tal, que en el siglo XIX se llevaba a Cuba en barcos, ya que no podía obtenerse de las sierras del continente. Más adelante, cuando empezó la fabricación industrial de hielo, se utilizaba éste en vez de la nieve, sobre un armario parecido al antiguo, aunque, generalmente ya era metálico y con mejor aislamiento térmico. La parte superior (donde antiguamente se colocaba la nieve) disponía de un depósito para agua, del cual salía por un serpentín, situado sobre la bandeja donde se ponía el hielo, que terminaba en un grifo desde el que se llenaba la jarra de agua fría.

Frigoríficos eléctricos

En 1784 William Cullen construye la primera máquina para enfriar, pero hasta 1927 no se fabrican los primeros frigoríficos domésticos (de General Electric). Cuatro años más tarde, Thomas Midgley descubre el freón, que por sus propiedades ha sido desde entonces muy empleado en máquinas de enfriamiento como equipos de aire acondicionado y frigoríficos, tanto a escala industrial como doméstica. Sin embargo, estos compuestos también conocidos como clorofluorocarburos (CFC), se han demostrado los principales causantes de la destrucción en la capa de ozono, produciendo el agujero detectado en la Antártida, por lo que en

1987 se firma el Protocolo de Montreal para restringir el uso de estos compuestos.

Características

Pueden tener un solo compartimento, que puede ser de refrigeración o congelación, o puede tener los dos. Los frigoríficos con dos compartimentos fueron introducidos al público por General Electric en 1939. Algunos frigoríficos están divididos en cuatro zonas para el almacenamiento de diferentes tipos de comida:

- **** -30°C ó -22°F (congelador, para congelar)
- *** -20°C ó -4°F (congelador, mantener)
- ** 0°C ó 32°F frigorífico (carnes)
- * 4°C ó 40°F (frigorífico)
- 10°C ó 50°F (vegetales y otros productos varios)

La capacidad del frigorífico se acostumbra a medir en litros.

Las posibilidades de los frigoríficos más recientes se han ampliado notablemente; pueden tener:

- Una pantalla de cristal líquido que sugiere qué tipos de comida deberían almacenarse a qué temperaturas y la fecha de expiración de los productos almacenados.
- Indicador de las condiciones del filtro que sugiere cuándo es tiempo de cambiarlo.
- Una advertencia de apagón, alertando al usuario sobre el apagón, usualmente al parpadear la pantalla que muestra la temperatura. Puede mostrar la temperatura máxima alcanzada durante el apagón, junto con información sobre si la comida congelada se descongeló o si puede traer bacterias dañinas.

El reciclado de los frigoríficos viejos ha sido una preocupación ecológica; originalmente por el congelante de freón que dañaba la atmósfera en caso de fuga, pero más tarde por la destrucción del aislamiento CFC. Los frigoríficos modernos usan un refrigerante llamado HFC-134a 1,2,2,2-tetrafluoretano) en lugar del freón, que no daña al ozono.

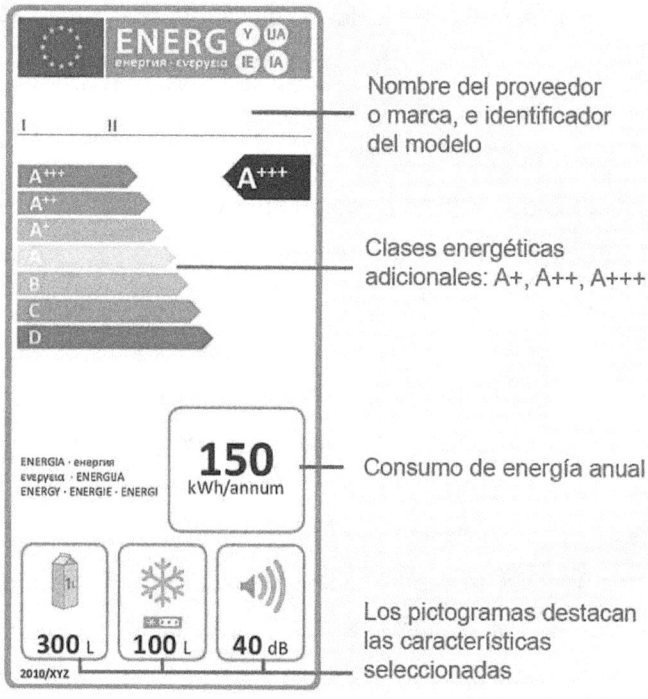

Nombre del proveedor o marca, e identificador del modelo

Clases energéticas adicionales: A+, A++, A+++

Consumo de energía anual

Los pictogramas destacan las características seleccionadas

Etiqueta eficiencia energética

Enfriador de agua

(Ejemplo para el caso de enfriamiento de líquidos)

El **enfriador de agua** es un caso especial de máquina de refrigeración cuyo cometido es enfriar un medio líquido, generalmente agua. En modo bomba de calor también puede servir para calentar ese líquido. El evaporador tiene un tamaño menor que el de los enfriadores de aire, y la circulación del agua se asegura desde el exterior.

Son sistemas muy utilizados para acondicionar grandes instalaciones, edificios de oficinas y sobre todo aquellas que necesitan simultáneamente climatización y agua caliente sanitaria (ACS), por ejemplo hoteles y hospitales.

El agua enfriada, se usa posteriormente para:

- Refrigerar maquinaria industrial.
- Producir agua para duchas y calentar piscinas.
- Acondicionar el aire de un recinto. El agua se hace pasar por unos intercambiadores conocidos como <u>Fancoils</u>.
- Consumo humano en centros de trabajo, ocio y particulares.

Elementos adicionales

La máquina enfriadora de agua necesita de elementos adicionales que le permitan funcionar:

- Redes de tubería y colectores. Distribuyen el agua enfriada hacia donde se necesita.
- Bombas de circulación. (sistema y consumo) Generalmente dos en paralelo para asegurar que al menos una funciona.
- Vaso de expansión. Compensan la dilatación de la red de tubería.
- Elementos de control, presostatos y sondas de temperatura.
- Depósito de inercia.
- Válvula de llenado y válvula de vaciado.
- Tanque enfriador.

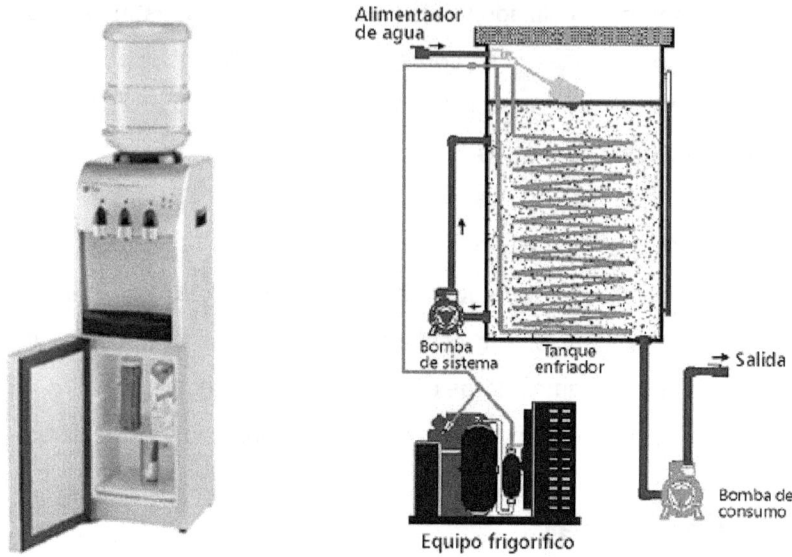

Alimentador de agua

Bomba de sistema · Tanque enfriador · Salida

Bomba de consumo

Equipo frigorifico

Izq.: Vista de un enfriadora de agua. Der.: Esquema de componentes

Heladora

La **heladora** en un aparato para hacer helados. Su funcionamiento consiste en enfriar la mezcla que forma el helado, moviendo constantemente para que no se formen cristales de hielo.

Heladoras domésticas

Las **heladoras antiguas** consistían en un cubo de madera, en el que se ponía un cilindro metálico con tapa, de diámetro menor que el cubo, que quedaba fijo en su fondo; dentro del cilindro había un eje con unas paletas laterales fijas. En la parte superior, el cubo tenía un mecanismo que fijaba el cilindro de metal en vertical, y que mediante unos engranajes permitía girar las paletas interiores dentro del cilindro, mediante una manivela lateral. En el cilindro se ponía la mezcla que iba a helarse, se ponían las paletas, se cerraba el cilindro y se rodeaba de hielo picado con sal. Después se hacía dar vueltas a la manivela y al cabo de un rato, el helado estaba hecho. Las heladeras modernas tienen un motorcito eléctrico que mueve las paletas. El frío se consigue poniéndolo en el refrigerador, en el compartimiento del hielo, pero no funciona demasiado bien en el congelador cuando tiene más una estrella. Cuando la mezcla adquiere suficiente consistencia, las paletas se levantan y siguen girando sin resistencia hasta que se saca.

Heladora doméstica

Heladoras industriales

Las antiguas heladoras de las heladerías consistían en un recipiente metálico grande, de forma parecida a la de un barril (más ancho por el centro) que giraba verticalmente mediante un motor, y estaba enfriado por un sistema frigorífico de compresión. La mezcla se ponía en el interior y un operario, con un cucharón de madera y mango largo iba removiendo la masa hasta que tomaba la consistencia deseada. El movimiento se hacía llevando la cuchara por la pared y subiendo y bajando, puesto que la cubeta ya tenía movimiento giratorio.

Las actuales hacen todo el proceso automáticamente.

Cámara frigorífica

Un **frigorífico** o **cámara frigorífica** es una instalación industrial en la cual se matan animales de granja y de campo para su procesamiento, almacenamiento y posterior venta como carne u otra clase de productos de origen animal. La localización, operación y los procesos utilizados responden a una variedad de conceptos, como la proximidad del productor, la logística, la salud pública y hasta preceptos religiosos. Más recientemente, se llevaron a cabo distintas medidas en pro de los derechos de los animales con el objeto de hacer modificaciones para disminuir la crueldad hacia el animal. Los problemas de contaminación por desechos también deben ser evitados a través de un correcto planeamiento y equipamientos adecuados.

Procedimientos

Al llegar al frigorífico, el animal es alojado en corrales de espera, donde normalmente pasa la noche y recibe la primera de una serie de inspecciones sanitarias a cargo de veterinarios acreditados por la autoridad gubernamental competente.

Historia

La evolución de los antiguos mataderos a cielo abierto, malolientes y llenos de predadores, a los frigoríficos modernos comenzó con el descubrimiento de los procesos de refrigeración con amoníaco. La posibilidad de almacenar y transportar grandes cantidades de carne dio la posibilidad de retirar esta actividad de la ciudad y sus proximidades; y acercarla a los lugares de producción. La evolución de la biología, con el estudio de los microorganismos causantes de enfermedades, llevó a una constante búsqueda de mayor higiene y limpieza. En la actualidad, es posible encontrar en un punto de venta, por ejemplo, de Europa, carne proveniente de Australia o Argentina, pollo de Brasil o tocino de Estados Unidos; hechos posibles gracias a la evolución de la industria.

Insumos

Un frigorífico moderno consume grandes cantidades de agua, normalmente calentada en caldera, y usada en la limpieza y esterilización, instrumentos de corte.

Productos

Además de la carne, su producto de mayor valor, muchos otros materiales son vendidos por los frigoríficos, como el cuero, la sangre - usada como insumo en industrias químicas.

Limpieza y sanidad

El uso intensivo del vapor de agua como esterilizante, ya que productos químicos contaminarían la carne, ayuda a eliminar la contaminación por microorganismos. Prácticas adecuadas, como el uso de cuchillos diferentes para la parte externa o interna del animal y el control de insectos y predadores también contribuyen mucho a la mejora de la sanidad.

Otros usos

También son utilizadas para la conservación y frío de otros alimentos, frutas y verduras, pescado, bebidas, e inclusive conservación de abrigos de piel.

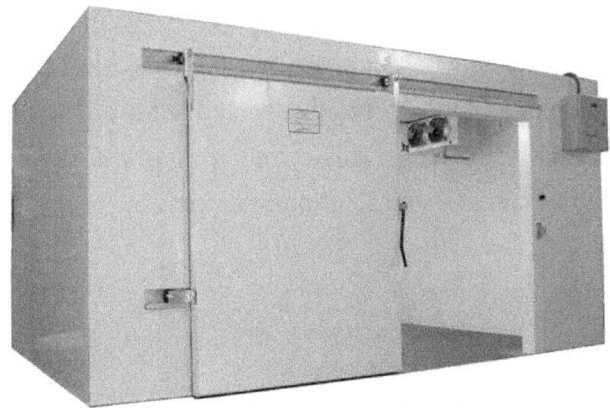

Cámara frigorífica

TORRES DE ENFRIAMIENTO

Principios

Los procesos de enfriamiento del agua se cuentan entre los más antiguos que se conocen. Algunos de estos procesos son lentos, como el enfriamiento del agua en la superficie de un estanque. El proceso de transferencia de calor comprende:

1. La transferencia de calor latente debido a la evaporación de una porción pequeña de agua.
2. La transferencia de calor sensible debido a la diferencia de temperatura entre el agua y el aire.

La posible eliminación teórica de calor por libra de aire circulado en una torre de enfriamiento depende de la temperatura y el contenido de humedad del aire. La temperatura de bulbo húmedo es un indicador del contenido de humedad del aire. Por tanto, esta es la temperatura teórica más baja a la que puede enfriarse el agua.

Teoría de la torre de enfriamiento

La teoría del proceso de transferencia de calor en una torre de enfriamiento, es la que desarrolló Merkel. Este análisis se basa en la diferencia del potencial de entalpía como fuerza impulsora. Se supone que cada partícula de agua está rodeada por una película de aire y que la diferencia de entalpía entre la misma y el aire circundante proporciona la fuerza impulsora para el proceso de enfriamiento.

Torres De Tiro Mecánico

En la actualidad se emplean dos tipos de torres de tipo mecánico; el de *tiro forzado* y el de *tiro inducido*.

En la torre de tiro Forzado, un ventilador se monta en la base y se hace entrar el aire y se descarga a baja velocidad por la parte superior, la ventaja de ubicar el ventilador y el motor propulsor fuera de la torre, por lo que no se somete a corrosión , pero debido a la escasa velocidad del aire de salida, la torre se somete a una recirculación.

La torre de tiro inducido es el tipo que se emplea con mayor frecuencia en Estados Unidos, la cual se divide en torres de contraflujo y de flujo transversales. Desde el punto de vista termodinámico, la configuración a contraflujo es más eficaz, ya que el agua más fría entra en contacto con el aire más frío, obteniendo así el potencial máximo de entalpía.

El fabricante de las torres de flujo transversal puede reducir con eficacia la característica de torre a acercamientos muy bajos incrementando la cantidad de aire para proporcionar una razón L/G más baja. El aumento en el flujo de aire no se logra necesariamente incrementando la velocidad del mismo, sino sobre todo alargando la torre para aumentar el área de corte transversal para el flujo de aire. El tiempo de contacto entre el agua y el aire se dictamina en mayor grado por el tiempo necesario para que el agua se descargue por las boquillas y caiga a través de la torre hasta el depósito. Si el tiempo de contacto es insuficiente, ningún incremento en la relación aire agua generará el enfriamiento deseado. El funcionamiento de enfriamiento de cualquier torre que tiene una profundidad dada varía con la concentración del agua. El problema de calcular el tamaño de una torre de enfriamiento, consiste en determinar la concentración apropiada de agua que se necesita para alcanzar los resultados deseados. Después de determinar la concentración de agua necesaria, el área de la torre se calcula dividiendo los gal/min que circulan, entre la concentración del agua expresada en gal/(min)(ft^2).

Operación de una torre de enfriamiento

Acondicionamiento del agua. Los requisitos de acondicionamiento para una torre de enfriamiento consisten en la suma de las pérdidas de evaporación, pérdidas por arrastre y pérdidas a causa del viento.

Potencia del ventilador. Cuando se lleva a cabo un análisis del costo de una torre de enfriamiento y los costos de operación de la misma, uno de los factores más significativos debe ser el establecimiento de la potencia del ventilador. La potencia del ventilador de la torre de enfriamiento puede sufrir una reducción sustancial a causa de un decrecimiento en la temperatura de bulbo húmedo del ambiente, cuando se emplean motores de doble velocidad en los ventiladores.

Potencia de bombeo. Otro factor importante en el análisis de la torre de enfriamiento, en especial para torres de tamaño mediano y grande, es la parte de la potencia de la bomba atribuida directamente a la torre de enfriamiento. Cuando se trata de torres de enfriamiento con boquillas de aspersión, la carga estática de bombeo será igual a la ascensión estática más la pérdida de presión de las boquillas.

Abatimiento de neblina y bruma. Un fenómeno que ocurre con frecuencia en la operación de una torre de enfriamiento es la formación de neblina, que produce una bruma muy visible y con posibilidades muy altas de formación de hielo. La formación de neblina es ocasionada como resultado de la mezcla de aire caliente que abandona la torre, con aire ambiente de enfriamiento. En algunas ocasiones utilizan chimeneas en los ventiladores para reducir la neblina en la parte inferior de la torre.

En los últimos tiempos el aspecto ambiental ha recibido mayor atención, aunque aún existen personas que creen, en forma equivocada, que las descargas de las torres de enfriamiento son dañinas.

Torres De Tiro Natural

Las torres de tiro natural comenzaron a utilizarse en Europa en 1916. Estas son esencialmente apropiadas para cantidades muy grandes de enfriamiento y las estructuras de concreto reforzado que se acostumbra utilizar llegan a tener diámetros del orden de 80.7 m y alturas de 103.6.

Tanques de Rocío

Los tanques de rocío constituyen un medio para reducir la temperatura del agua mediante el enfriamiento por evaporación y, al hacerlo, reducen enormemente la superficie de enfriamiento necesaria en comparación con un estanque de enfriamiento. El tanque de rocío emplea varias boquillas para rociar el agua y establecer contacto entre esta y el aire del ambiente. Una boquilla de rocío bien diseñada debe suministrar gotas finas de agua, pero sin producir un rocío que el viento arrastre con facilidad, ya que esto equivale a una pérdida excesiva de flujo.

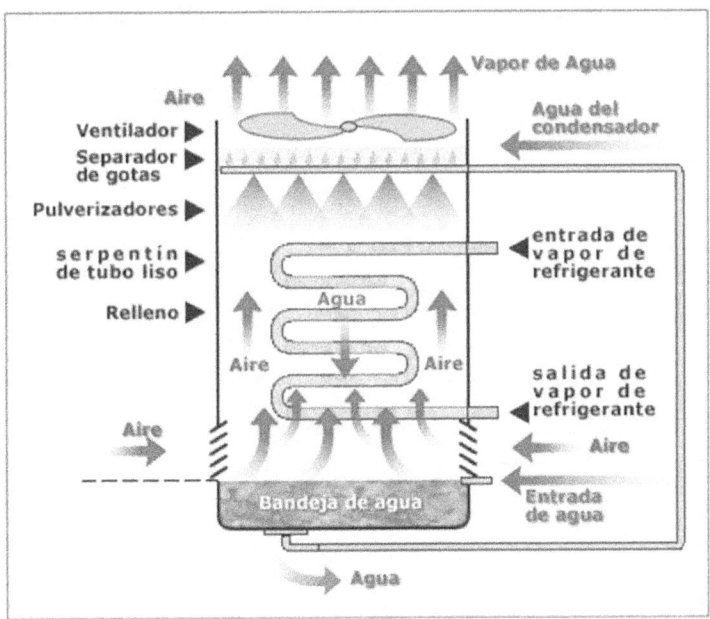

Detalles de una Torre de enfriamiento

59

AUTOEVALUACIÓN

Central de frío. Producción, máquinas de producción de frío. Conducción, torres de enfriamiento.

---

1. **En el proceso de enfriamiento o refrigeración se extrae:**
   a) Presión
   b) Densidad
   c) Peso específico
   d) Calor
   e) Volumen

2. **Aplicaciones de la refrigeración. Señalar la respuesta incorrecta:**
   a) Motores de combustión interna
   b) Procesos de mecanizado conservación de alimentos
   c) Calefacción de usos múltiples
   d) Climatización, producción de hielo o nieve,
   e) Medicina se utiliza para la mejor conservación de órganos, tejidos o incluso microbios.

3. **A que se refiere el siguiente enunciado. En termodinámica, la propiedad de un ambiente, relativa a un referencial dado, que se traduce en una temperatura inferior a la de este referencial y que es la consecuencia de una extracción o una pérdida de calor.**
   a) Calor
   b) Humedad
   c) Presión
   d) Frío
   e) Densidad

4. **Señalar la respuesta incorrecta. Los tres estados básicos de la materia son:**
   a) Sólido
   b) Gaseoso
   c) Semilíquido
   d) Líquido
   e) a, c y d son correctas

5. **Qué leyes rigen los estados de las materias:**
   a) Leyes judiciales
   b) Leyes aerodinámicas
   c) Leyes físicas
   d) Leyes cósmicas
   e) Leyes mecánicas

6. Señalar la respuesta incorrecta. Elementos primarios de un sistema de refrigeración:
   a) Compresor
   b) Condensador
   c) Capacitor
   d) Evaporador
   e) Expansor

7. El sistema para lograr la refrigeración tiene dos formas:
   a) Compresión y absorción
   b) Altura y distancia
   c) Extensión y presión
   d) Implosión y explosión
   e) Nuclear y fusión

8. El ciclo correcto del sistema por compresión es de la siguiente manera:
   a) Condensador-Expansor-Compresor-Evaporador-Condensador
   b) Compresor-Condensador-Expansor-Evaporador-Compresor
   c) Expansor-Condensador-Evaporador-Compresor-Expansor
   d) Evaporador-Condensador-Compresor-Expansor-Evaporador
   e) Ninguna es correcta

9. En el sistema de absorción, en el circuito cerrado de tubos se utiliza:
   a) Acetileno
   b) Mercurio
   c) Ácido
   d) Amoníaco
   e) Lejía

10. El evaporador se denomina también:
   a) Serpentín de congelamiento
   b) Serpentín de calor
   c) Serpentín de humidificación
   d) Serpentín de enfriamiento
   e) Serpentín de presión

11. Los tres principales tipos de evaporadores son:
   a) Uno
   b) Dos

c) Tres
d) Cuatro
e) Cinco

12. Los compresores son dentro del sistema de enfriamiento como:
a) El hígado
b) El pulmón
c) El cerebro
d) El corazón
e) El riñón

13. Los tipos de compresores son:
a) Uno
b) Dos
c) Tres
d) Cuatro
e) Cinco

14. El condensador es otra unidad de:
a) Intercambio de presión
b) Intercambio de humedad
c) Intercambio de densidad
d) Intercambio de calor
e) Ninguna es correcta

15. Definir qué elemento tiene estas funciones. Permitir el flujo de refrigerante al evaporador a la razón necesaria para remover el calor de la carga. Mantener el diferencial de presión apropiado entre los lados de alta y baja en el sistema de refrigeración:
a) El condensador
b) El compresor
c) El evaporador
d) El refrigerante
e) El expansor

16. Cuál de los siguientes corresponde a tipos de expansores:
a) Válvula de expansión automática.
b) Válvula de expansión termostática.
c) Flotador de baja.
d) Todas son correctas
e) Ninguna es correcta

17. La función del termostato sobre el compresor es:
a) Encenderlo y apagarlo automáticamente
b) Enfriarlo y humedecerlo manualmente

c) Protegerlo de sobrecargas
d) Todas son correctas
e) Ninguna es correcta

18. El ventilador del sistema aumenta el flujo de:
a) Agua
b) Presión
c) Aire
d) Humedad
e) Frío

19. En el sistema técnico de unidades la potencia de enfriamiento se conoce como:
a) Pascal / hora
b) Newton / hora
c) Micrón / hora
d) Frigoría / hora
e) Fuerza / hora

20. Las centrales de frío se agrupan en cuántas categorías:
a) Una
b) Tres
c) Cuatro
d) Cinco
e) Seis

21. El acondicionamiento de aire de ambientes se denomina:
a) Enfriamiento
b) Calentamiento
c) Clima
d) Climatización
e) Ninguna es correcta

22. En las neveras de uso doméstico, se usa el freón, quien causa daño en:
a) La capa terrestre
b) La cobertura de los mares
c) La capa de ozono
d) Lo árboles
e) Ninguna es correcta

23. Los frigoríficos domésticos, según la Comisión Europea, deben llevar una etiqueta pegada en lugar visible con datos específicos. Estas etiquetas se denominan:

    a) Etiquetas históricas
    b) Etiquetas constructivas
    c) Etiquetas demostrativas
    d) Etiquetas energéticas
    e) Etiquetas polifacéticas

24. En un enfriador de agua, la circulación asegurada del agua proviene:

    a) De la bomba
    b) Del exterior
    c) Del interior
    d) Todas son correctas
    e) Ninguna es correcta

25. En las torres de enfriamiento, las torres de rocío emplean boquillas de rocío para rociar:

    a) Aceite
    b) Amoníaco
    c) Agua
    d) Alcohol
    e) Nitrógeno

SOLUCIONARIO

1. d) Calor
2. c) Calefacción de usos múltiples
3. d) Frío
4. c) Semilíquido
5. c) Leyes físicas
6. c) Capacitor
7. a) Compresión y absorción
8. b) Compresor-Condensador-Expansor-Evaporador-Compresor
9. d) Amoníaco
10. d) Serpentín de enfriamiento
11. c) Tres
12. d) El corazón
13. c) Tres
14. d) Intercambio de calor
15. e) El expansor
16. d) Todas son correctas
17. a) Encenderlo y apagarlo automáticamente
18. c) Aire
19. d) Frigoría / hora
20. e) Seis
21. d) Climatización
22. c) La capa de ozono
23. d) Etiquetas energéticas
24. b) Del exterior
25. c) Agua

Refrigerantes. Almacenamiento. Recuperación y reciclaje de refrigerantes.

REFRIGERANTES

Sustancias refrigerantes

Antes de la selección de los equipamientos para el diseño o rediseño de una instalación es necesario determinar el refrigerante, sistema de funcionamiento, tipo de condensación y régimen de operación. Como refrigerante se entiende todo aquel fluido que se utiliza para transmitir el calor en un sistema frigorífico y que absorbe calor a bajas temperaturas y presión, y lo cede a temperaturas y presión más elevada, generalmente con cambios de estado del fluido. Los refrigerantes se identifican por su fórmula química o por una denominación simbólica numérica; no es suficiente identificarlos por su nombre comercial. En 1956, la compañía DU PONT ideo y registró un método para clasificar numéricamente los refrigerantes, con él se eliminaba el uso de complicados nombres químicos. La asociación americana de ingenieros en refrigeración calefacción, ventilación y aire acondicionado (ASHRAE) adopto este sistema en 1960. El número del refrigerante está relacionado con el número de átomos de flúor, de hidrogeno, de carbono y el número de enlaces químicos dobles. Para cada refrigerante existe una temperatura específica de vaporización asociada con cada presión, por lo que basta controlar la presión del evaporador para obtener la temperatura deseada. En el condensador existe una relación similar entre la presión y la temperatura. Durante muchos años, uno de los refrigerantes más utilizados fue el diclorodifluorometano, conocido como refrigerante-12. Este compuesto clorofluorocarbonado (CFC) sintético se transformaba en vapor a -6,7 °C a una presión de 246,2 kPa (kilopascales), y después de comprimirse a 909,2 kPa se condensaba a 37,8 °C.

En los refrigeradores pequeños empleados en las viviendas para almacenar comida, el calor del condensador se disipa a la habitación donde se sitúa. En los acondicionadores de aire, el calor del condensador debe disiparse al exterior o directamente al agua de refrigeración. En un sistema doméstico de refrigeración, el evaporador siempre se sitúa en un espacio aislado térmicamente. A veces, este espacio constituye todo el refrigerador. El compresor suele tener una capacidad excesiva, de forma que si funcionara continuamente produciría temperaturas más bajas de las deseadas. Para mantener el refrigerador a la temperatura adecuada, el motor que impulsa el compresor está controlado por un termostato o regulador. Los congeladores para alimentos ultracongelados son similares a los anteriores, sólo que su compresor y motor tienen que tener la potencia y tamaño suficientes para manejar un mayor volumen de refrigerante con una presión menor en el evaporador. Por ejemplo, para mantener una temperatura de -23,3 °C con refrigerante-12 se necesitaría una presión de 132,3 kPa en el evaporador. El refrigerante-12 y otros dos CFC, el refrigerante-11 y el refrigerante-22, eran los principales compuestos empleados en los sistemas de enfriamiento y aislamiento de los refrigeradores domésticos. Sin embargo, se ha descubierto que los CFC suponen una grave amenaza para el medio ambiente del planeta por su papel en la destrucción de la capa de ozono. Según el Protocolo de Montreal, la fabricación de CFC debía finalizar al final de 1995. Los hidroclorofluorocarbonos, HCFC, y el metilbromuro no dañan la capa de ozono pero producen gases de efecto invernadero. Los HCFC se retirarán en el 2015 y el consumo de metilbromuro se limitó en un 25% en 1998. La industria de la refrigeración debería adoptar rápidamente otros compuestos alternativos no perjudiciales, como el metilcloroformo. Los refrigerantes del tipo clorofluorcarbono (CFC) están siendo eliminados del mercado, debido a su alto potencial de destrucción de la capa de ozono, los hidroclorofluorcarbono (HCFC) tiene un menor potencial de destrucción de la capa de ozono (ODP), baja vida atmosférica y también un bajo potencial de calentamiento global, su uso está restringido hasta el 1 de Enero del 2030. Estudios recientes sugieren que la substitución de refrigerantes con estas características pudiera agravar el problema del calentamiento global, pero el efecto sería despreciable en la capa de ozono. Además de los citados, existen otros refrigerantes que no contienen cloro, con ODP nulo, disponibles en el mercado, pero pueden presentar algunas desventajas tales como: baja disponibilidad de equipamientos en el mercado, mayor costo, mayor exigencia técnica de mantenimiento y alto potencial de calentamiento global.

Propiedades específicas y tipos de refrigerantes

Refrigerante

Es cualquier cuerpo o sustancia que actúa como agente de enfriamiento absorbiendo calor de otro cuerpo o sustancia. Con respecto al ciclo *compresión-vapor,* el refrigerante es el fluido de trabajo del ciclo el cuál alternativamente se vaporiza y se condensa absorbiendo y cediendo calor, respectivamente. Para que un refrigerante sea apropiado y se le pueda usar en el ciclo antes mencionado, debe poseer ciertas propiedades físicas, químicas y termodinámicas que lo hagan seguro durante su uso. No existe un refrigerante "ideal" ni que pueda ser universalmente adaptable a todas las aplicaciones. Entonces, un refrigerante se aproximará al "ideal", solo en tanto que sus propiedades satisfagan las condiciones y necesidades de la aplicación para la que va a ser utilizado.

Propiedades

Para tener uso apropiado como refrigerante, se busca que los fluidos cumplan con la mayoría de las siguientes características:

Baja temperatura de ebullición: Un punto de ebullición por debajo de la temperatura ambiente, a presión atmosférica. (evaporador).

Fácilmente manejable en estado líquido: El punto de ebullición debe ser controlable con facilidad de modo que su capacidad de absorber calor sea controlable también.

Alto calor latente de vaporización: Cuanto mayor sea el calor latente de vaporización, mayor será el calor absorbido por kilogramo de refrigerante en circulación.

No inflamable, no explosivo, no tóxico.
Químicamente estable: A fin de tolerar años de repetidos cambios de estado.

No corrosivo: Para asegurar que en la construcción del sistema puedan usarse materiales comunes y la larga vida de todos los componentes.

Moderadas presiones de trabajo: las elevadas presiones de condensación (mayor a 25-28kg/cm^2) requieren un equipo extrapesado. La operación en vacío (menor a 0kg/cm^2) introduce la posibilidad de penetración de aire en el sistema.

Fácil detección y localización de pérdidas: Las pérdidas producen la disminución del refrigerante y la contaminación del sistema.

Inocuo para los aceites lubricantes: La acción del refrigerante en los aceites lubricantes no debe alterar la acción de lubricación.

Bajo punto de congelación: La temperatura de congelación tiene que estar muy por debajo de cualquier temperatura a la cuál pueda operar el evaporador.

Alta temperatura crítica: Un vapor que no se condense a temperatura mayor que su valor crítico, sin importar cuál elevada sea la presión. La mayoría de los refrigerantes poseen críticas superiores a los 93°C.

Moderado volumen específico de vapor: Para reducir al mínimo el tamaño del compresor.

Bajo costo: A fin de mantener el precio del equipo dentro de lo razonable y asegurar el servicio adecuado cuando sea necesario.

Haremos hincapié en las más importantes para la selección del refrigerante adecuado para la aplicación de que se trate y el equipo disponible. Todos los refrigerantes se identifican mediante un número reglamentario.

Economía

Las propiedades más importantes del refrigerante que influyen en su capacidad y eficiencia son:

- El calor latente de Evaporación
- La relación de compresión
- El calor específico del refrigerante tanto en estado líquido como de vapor

Excepto para sistemas muy pequeños, es deseable tener un valor alto de calor latente para que sea mínimo el peso del refrigerante circulando por unidad de capacidad. Cuando se tiene un valor alto del calor latente y un volumen específico bajo en la condición de vapor, se tendrá un gran aumento en la capacidad y eficiencia del compresor, lo que disminuye el consumo de potencia. Y permite el uso de un equipo pequeño y más compacto. En los sistemas pequeños, si el valor del calor latente del refrigerante es muy alto, la cantidad de refrigerante en circulación será insuficiente como para tener un control exacto del líquido. Es mejor tener un calor específico bajo en el líquido y un valor alto en el vapor en tanto que ambos tiendan a aumentar el efecto refrigerante por unidad de peso, el primero se logra aumentando el efecto de subenfriamiento y el último disminuyendo el efecto de sobrecalentamiento. Cuando se cumplen estas condiciones en un fluido simple, se logrará mejorar la eficiencia del cambiador de calor líquido-succión. Con relaciones de compresión bajas se tendrá un consumo menor de potencia y alta eficiencia volumétrica, siendo esto último más importante en sistemas pequeños ya que esto permitirá usar compresores pequeños. Con un coeficiente de conductancia alto, pueden mejorarse las relaciones de transferencia de calor, sobre todo en caso de enfriamiento de líquidos y de esta forme se pueden reducir el tamaño y el costo del equipo de transferencia. La relación presión-temperatura del refrigerante debe ser tal que la presión en el evaporador siempre esté por arriba de la atmosférica. En el caso de tener una fuga en el lado de menor presión del sistema, si la presión es menor a la atmosférica, se introducirá una considerable cantidad de aire y humedad en el sistema, mientras que si la presión vaporizante es mayor a la atmosférica, se minimiza la posibilidad de introducción de aire y humedad al sistema al tenerse una fuga. La presión condensante debe ser razonablemente baja, ya que esto permite usar materiales de peso ligero en la construcción del equipo para condensación, reduciéndose así el tamaño y el costo.

Relaciones refrigerante / aceite

Salvo unas pocas excepciones, el aceite necesario para la lubricación del compresor es el contenido del cárter del cigüeñal del compresor que es donde está sujeto al contacto con el refrigerante.

El **dióxido de azufre** y los **halocarburos** reaccionan en cierto grado con el aceite lubricante, generalmente la reacción es ligera bajo condiciones de operación normales. Cuando hay contaminantes en el sistema tales como aire y humedad, en una cantidad apreciable, se desarrollan reacciones químicas involucrando a los contaminantes y tanto el refrigerante como el aceite refrigerante como el aceite lubricante pueden entrar en descomposición, formándose ácidos corrosivos y sedimentos en superficies de cobre y/o corrosión ligera en superficies metálicas pulidas. Las temperaturas altas en las descargas, por lo general aceleran estos procesos. Por la naturaleza de temperatura alta en la descarga del refrigerante F22, el daño en el aceite lubricante produce el que se queme el motor, constituye esto un problema serio en las unidades motor - compresor que utilizan este refrigerante, sobre todo cuando se las utiliza en condensadores enfriados con aire y con tuberías de succión grandes. En los sistemas que usan refrigerantes halocarburos, es muy común que varias partes del compresor se encuentren cobrizadas. La causa exacta del cobrizado no ha sido determinada en forma definitiva, pero se tienen grandes evidencias que los factores que contribuyen a eso son la humedad y la pobre calidad del aceite lubricante. Las placas de cobre no se emplean en los sistemas de amoníaco. Las desventajas antes nombradas se podrán reducir al mínimo o eliminarse mediante el uso de aceites lubricantes de alta calidad que tengan puntos muy bajos de "fluidez o congelación" y/o de "precipitación", manteniendo al sistema relativamente libre de contaminaciones, tales como aire y humedad y diseñando al sistema de tal forma que las temperaturas en las descargas sean relativamente bajas. Los grupos de refrigerantes son:

Refrigerantes del grupo 1:

Son los de toxicidad e inflamabilidad despreciables. De ellos, los refrigerantes 11, 113 y 114 se emplean en compresores centrífugos. Los refrigerantes 12, 22, 500 y 502 se usan normalmente en compresores alternativos y en los centrífugos de elevada capacidad.

Refrigerantes del grupo 2:

Son los tóxicos o inflamables, o ambas cosas.

El grupo incluye el **Amoníaco, Cloruro de etilo, Cloruro de metilo** y **Dióxido de azufre**, pero solo el **Amoníaco (r-717)** se utiliza aún en cierto grado.

Refrigerantes del grupo 3:

Estos refrigerantes son muy inflamables y explosivos. A causa de su bajo costo se utilizan donde el peligro está siempre presente y su uso no agrega otro peligro, como por ejemplo, en las plantas petroquímicas y en las refinerías de petróleo.

El grupo incluye el **Butano, Propano, Isobutano, Etano, Etileno, Propileno** y **Metano**. Estos refrigerantes deben trabajar a presiones mayores que la atmosférica para evitar que aumente el peligro de explosión. Las presiones mayores que las atmosféricas impiden la penetración de aire por pérdidas porque es la mezcla aire-refrigerante la que resulta potencialmente peligrosa.

Diferentes tipos de refrigerantes (características)

Amoníaco

Aunque el amoníaco es tóxico, algo inflamable y explosivo bajo ciertas condiciones, sus excelentes propiedades térmicas lo hacen ser un refrigerante ideal para fábricas de hielo, para grandes almacenes de enfriamiento, etc., donde se cuenta con los servicios de personal experimentado y donde su naturaleza tóxica es de poca consecuencia. El amoníaco es el refrigerante que tiene más alto efecto refrigerante por unidad de peso. El punto de ebullición del amoníaco bajo la presión atmosférica estándar es de -2,22°C, las presiones en el evaporador y el condensador en las condiciones de tonelada estándar es de -15°C y 30°C son 34,27 libras por pulgada^2 y 169,2 libras por pulgada^2, respectivamente, pueden usarse materiales de peso ligero en la construcción del equipo refrigerante. La temperatura adiabática en la descarga es relativamente alta, siendo de 98,89°C para las condiciones de tonelada estándar, por lo cual es adecuado tener enfriamiento en el agua tanto en el cabezal como en el cilindro del compresor.

En la presencia de la humedad el amoníaco se vuelve corrosivo para los materiales no ferrosos. El amoníaco no es miscible con el aceite y por lo mismo no se diluye con el aceite del cárter del cigüeñal del compresor. Deberá usarse un separador de aceite en el tubo de descarga de los sistemas de amoníaco. El amoníaco es fácil de conseguir y es el más barato de los refrigerantes. Su estabilidad química, afinidad por el agua y no-miscibilidad con el aceite, hacen al amoníaco un refrigerante ideal pare ser usado en sistemas muy grandes donde la toxicidad no es un factor importante.

Refrigerante 22

Conocido con el nombre de Freón 22, se emplea en sistemas de aire acondicionado domésticos y en sistemas de refrigeración comerciales e industriales incluyendo: cámaras de conservación e instalaciones para el procesado de alimentos: refrigeración y aire acondicionado a bordo de diferentes transportes; bombas de calor para calentar aire y agua. Se pude utilizar en compresores de pistón, centrífugo y de tornillo.

El refrigerante 22 (CHCIF) tiene un punto de ebullición a la presión atmosférica de 40,8°C. Las temperaturas en el evaporador son tan bajas como 87°C. Resulta una gran ventaja el calor relativamente pequeño del desplazamiento del compresor. La temperatura en la descarga con el refrigerante 22 es alta, la temperatura sobrecalentada en la succión debe conservarse en su valor mínimo, sobre todo cuando se usan unidades herméticas motor-compresor. En aplicaciones de temperatura baja, donde las relaciones de compresión altas, se recomienda tener en enfriamiento con agua al cabezal y a los cilindros del compresor. Los condensadores enfriados por aire empleados con el refrigerante 22, deben ser de tamaño generoso. Aunque el refrigerante 22 es miscible con aceite en la sección de condensación a menudo suele separársele del aceite en el evaporador. No se han tenido dificultades en el retorno de aceite después del evaporador cuando se tiene el diseño adecuado del serpentín del evaporador y de la tubería de succión. Siendo un fluorcarburo, el refrigerante 22 es un refrigerante seguro. Se comercializa en cilindros retornables (CME) de 56,7 Kg, cilindros desechables de 22,68 kg, cilindros desechables de 13,61 kg y cajas de 12 latas de 5,10 kg cada una.

Refrigerante 123

Es un sustituto viable para el **freón 11** como refrigerante. Las propiedades termodinámicas y físicas del refrigerante 123 en conjunto con sus características de no-inflamabilidad lo convierte en un reemplazo eficiente del Freón 11 en chillers centrífugos. El refrigerante 123 fue diseñado para trabajar en equipos nuevos existentes. Cuando se considere un reacondicionamiento para refrigerante 123 de un equipo existente, debe considerarse el ciclo de vida útil del equipo, la diferencia de costo de operación y mantenimiento y el costo de reacondicionamiento. Los equipos nuevos que han sido diseñados para trabajar con el refrigerante 123 tienen menor costo de operaciones comparadas con los equipos existentes. Debido a que tiene un olor tan leve que no se puede detectar por medio del olfato es necesaria una verificación frecuente de fugas y la instalación de detectores de fugas por áreas cerradas utilizadas por el personal. Se comercializa en tambores de 283,5kg, tambores de 90,72kg y tambores de 45,36kg. Su composición en peso es de 100% HFC-123.

Refrigerante 134-a

El refrigerante marca Suva134a, ha sido introducido por DuPont, como reemplazo de los clorofluorocarbonos (CFC) en muchas aplicaciones. La producción de CFC es reemplazada por el hidrofluorucarbono HFC-134ª. Este refrigerante no contiene cloro y puede ser usado en muchas aplicaciones que actualmente usan CFC-12. Sin embargo en algunas ocasiones se requieren cambios en el diseño del equipo para optimizar el desempeño del Suva 134ª en estas aplicaciones. Las propiedades termodinámicas y físicas del Suva 134ª y su baja toxicidad lo convierten en un reemplazo seguro y muy eficiente del CFC-12 en muchos segmentos de la refrigeración industrial más notablemente en el aire acondicionado automotriz, equipos domésticos, equipo estacionario pequeño, equipo de supermercado de media temperatura y chillers, industriales y comerciales. El Suva134a ha mostrado que es combustible a presiones tan bajas como 5,5 psig a 177°C cuando se mezclan con aire a concentraciones generalmente mayores al 60% en volumen de aire. A bajas temperaturas se requieren mayores presiones para la combustibilidad. No deben ser mezclados con el aire para pruebas de fuga. En general no se debe permitir que estén presentes con altas concentraciones de aire arriba de la presión atmosférica. Se comercializan en cilindros retornables (CME) de 56,7kg, cilindros desechables de 13,61kg, y cajas de 12 latas de 3,408kg cada una.

Temperatura del evaporador -7°C a 7°C. Su composición en peso es de 100% HFC-134ª.

Refrigerante 407c/410a

DuPont los comercializa con el nombre de Suva 9100 respectivamente. Reemplazan el HCFC-22 en el aire acondicionado doméstico en aplicaciones en el calentamiento de bombas. El Suva 9000 sirve para equipos nuevos o en servicio, tiene un desempeño similar del HCFC-22 en el aire acondicionado. El Suva 9100 sirve solo para equipos nuevos y es un reemplazo del Freón 22 de mayor capacidad. Se comercializa en cilindros desechables de 6,8kg y en cajas de 12 latas de 3,408kg cada una. Su composición en peso es de 60% HCFC-22, 23% HFC-152ª y 27% HCFC-124.

Refrigerante 401a

Comercializado por DuPont con el nombre de Suva MP39. Algunas aplicaciones de este refrigerante son refrigeradores domésticos, congeladores, equipos de refrigeración para alimentos de media temperatura de humidificadores, máquinas de hielo y máquinas expendedoras de bebidas. Tiene capacidades y eficiencia comparables a las del Freón 12, en sistemas que operan con una temperatura de evaporación de -23°C (-10°F) y superiores. Se comercializan en cilindros retornables (CGT) de 771kg, cilindros retornables de 56,7kg, cilindros desechables de 6,8kg y cajas de 12 latas de 3,408kg cada una. Su composición en peso es de 60% HCFC-22, 13% HCF-152ª y 27% HCFC-124.

Refrigerante 401-b

Comercializado por DuPont con el nombre de Suva MP66, provee capacidades comparables al CFC-12 en sistemas que operan a temperatura de evaporación debajo de los -23°C (- 10°F), haciéndolo adecuado para el uso en equipos de transporte refrigerado y en congeladores domésticos y comerciales. También puede sr utilizado para reemplazar en equipos que usan R-500. Se comercializa en cilindros retornables (CGT) de 771kg, cilindros retornables de 56,7kg y cilindros desechables de 13,61kg. Sus composición en peso es de 60% HCFC-22, 13% HFC-152ª y 27% HCFC-124.

Refrigerante 402a

Comercializado por DuPont con el nombre de Suva HP80, reemplaza al R-502 en sistemas de media y baja temperatura. Tiene aplicaciones muy variadas en la industria de la refrigeración. Es usado ampliamente en aplicaciones de supermercados, almacenamiento y transporte de alimentos en sistemas de cascada de temperatura. Ofrece buena capacidad y eficiencia sin sufrir los incrementos de presión y temperatura en la descarga del compresor, lo cual si sucede cuando un equipo es convertido HCFC-22. Se comercializa en cilindros retornables (CME) de 49,9kg y cilindros desechables de 13.25 kg. Su composición en peso es de 60% HCFC-22, 38,5% HFC-125 y 2% de propano.

Refrigerante 402b

Comercializado por DuPont con el nombre de Suva HP81, todos los refrigerantes designados HP fueron diseñados para reemplazar al R-502 en sistemas de refrigeración de temperatura media y baja. Está diseñado para el reacondicionamiento de equipos como máquinas de hielo.

Además ofrece más alta eficiencia comparado con el R-502 y una capacidad relativamente mejor. Sin embargo el mayor contenido de HCFC-22 resulta en temperaturas de descarga de compresor en un rango de 14°C (25°F). Se comercializa en cilindros desechables de

5,9kg. Su composición en peso es de 60% HCFC-22, 38% HFC-125 y 2% de propano.

Hidrocarburos directos

Los hidrocarburos directos son un grupo de fluidos compuestos en varias proporciones de los dos elementos hidrógeno y carbono. Algunos son el *Metano, etano, butano, etileno e isobutano.*

Todos son extremadamente inflamables y explosivos. Aunque ninguno de estos compuestos absorben humedad en forma considerable, todos son extremadamente miscibles en aceite para todas las condiciones. Su uso ordinariamente está limitado a aplicaciones especiales donde se requieren los servicios de personal especializado.

Agentes secantes de refrigeradores

Llamados también **desecantes**, con frecuencia se emplean en sistemas de refrigeración para eliminar la humedad del refrigerante. Pueden ser un material gelatinoso de sílice (dióxido de silicio), alúmina activa (óxido de aluminio) y drierita (sulfato de calcio anhidrinoso). El material gelatinoso de sílice y la alúmina activa, son desecantes del tipo de absorción y tienen forma granular. La drierita es un desecante del tipo de absorción y se le consigue en forma granular o en forma de barras vaciadas.

CLASIFICACIÓN DE LOS GASES REFRIGERANTES POR GRUPOS DE SEGURIDAD

Clasificación de los refrigerantes.

N° de identificación del refrigerante	Nombre Químico	Fórmula Química	Peso molecular	Punto de ebullición en °C a 1.013 Bar
Grupo primero: refrigerantes de alta seguridad				
R-23	Trifluormetano	CHF_3	70,01	-82,15
R-123	2,2-dicloro-1,1,1-trifluoretano	$CHCl_2\text{-}CF_3$	153,0	27,96
R-124	2 Cloro-1,1,1,2-tetrafluoretano	$CHClF\text{-}CF_3$	136,5	-12,05
R-125	Pentafluoretano	$CHF_2\text{-}CF_3$	120,02	-48,41
R-134a	1,1,1,2-Tetrafluoretano	$CH_2F\text{-}CF_3$	102,0	-26,14
R-401A (53/13/34)	Clorodifluormetano (R-22) 1,1-Difluoretano (R-152a) 2 Cloro-1,1,1,2-tetrafluoretano(R-124)	$CHClF_2$ (53%) $CH_3\text{-}CHF_2$ (13%) $CHClF\text{-}CF_3$ (34%)	94,44	-33,08
R-401B (61/11/28)	Clorodifluormetano (R-22) 1,1-Difluoretano (R-152a) 2 Cloro-1,1,1,2-tetrafluoretano(R-124)	$CHClF_2$ (61%) $CH_3\text{-}CHF_2$ (11%) $CHClF\text{-}CF_3$ (28%)	92,84	-34,67
R-401C (33/15/52)	Clorodifluormetano (R-22) 1,1-Difluoretano (R-152a) 2 Cloro-1,1,1,2-tetrafluoretano(R-124)	$CHClF_2$ (33%) $CH_3\text{-}CHF_2$ (15%) $CHClF\text{-}CF_3$ (52%)	101,04	-28,43
R-402A (60/2/38)	Pentafluoretano (R-125) Propano (R-290) Clorodifluormetano (R-22)	$CHF_2\text{-}CF_3$ (60%) C_3H_8 (2%) $CHClF_2$ (38%)	101,55	-49,19
R-402B (38/2/60)	Pentafluoretano (R-125) Propano (R-290) Clorodifluormetano (R-22)	$CHF_2\text{-}CF_3$ (38%) C_3H_8 (2%) CHClF2 (60%)	94,71	-47,36
R-404A (44/4/52)	Pentafluoretano (R-125) 1,1,1,2-tetrafluoretano (R-134a) 1,1,1-Trifluoroetano (R-143a)	$CHF_2\text{-}CF_3$ (44%) $CH_2F\text{-}CF_3$ (4%) $H_3\text{-}CF_3$ (52%)	97,6	-46,69
R-407C (23/25/52)	Difluormetano (R-32) Pentafluormetano (R-125) 1,1,1,2-tetrafluoretano (R-134a)	CH_2F_2 (23%) $CHF_2\text{-}CF_3$ (25%) $CH_2F\text{-}CF_3$ (52%)	86,2	-43,44
R-11	Triclorofluormetano	CCl_2F	137,4	23,8
R-12	Diclorodifluormetano	CCl_2F_2	120,9	-29,8
R-13	Clorotrifluormetano	$CClF_3$	104,5	-81,5
R-13B1	Bromotrifluormetano	$CBrF_3$	148,9	-58
R-14	Tetrafluoruro de carbono	CF_4	88	-128
R-21	Diclorofluormetano	$CHCl_2F$	102,9	8,92
R-22	Clorodifluormetano	$CHClF_2$	86,5	-40,8
R-113	1,1,2-Triclorotrifluoretano	CCl_2FCClF_2	187,4	47,7
R-114	1,2-Diclorotetrafluoretano	$CClF_2CClF_2$	170,9	3,5
R-115	Cloropentafluoretano	$CClF_2CF_2$	154,5	-38,7

R-C318	Octofluorciclobutano	C_4F_8	200	-5,9
R-500	R-12 (73,8%) + R-152a (26,2%)	CCl_2F_2/CH_3CHF_2	99,29	-28
R-502	R-22 (48,8%) + R-115 (51,2%)	$CHClF_2/CClF_2CF_3$	112	-45,6
R-744	Anhídrido carbónico	CO_2	44	-78,5

N° de identificación del refrigerante.	Nombre químico	Fórmula química	Peso molecular en gramos	Punto de ebullición en° C a 1,013 bar
Grupo segundo: Refrigerantes de media seguridad				
R-30	Cloruro de metileno	CH_2Cl_2	84,9	40,1
R-40	Cloruro de metilo	CH_2Cl	50,5	-24
R-160	Cloruro de etilo	CH_3CH_2Cl	64,5	12,5
R-611	Formiato de metilo	$HCOOCH_2$	60	31,2
R-717	Amoníaco	NH_3	17	-33
R-764	Anhídrido sulfuroso	SO_2	64	-10
R-1130	1,2-Dicloroetileno	$CHCl = CHCl$	96,9	48,5
Grupo tercero: Refrigerantes de baja seguridad				
R-170	Etano	CH_3CH_3	30	-88,6
R-290	Propano	$CH_3CH_2CH_3$	44	-42,8
R-600	Butano	$CH_3CH_2CH_2CH_3$	58,1	0,5
R-600a	Isobutano	$CH(CH_3)_3$	58,1	-10,2
R-1150	Etileno	$CH_2 = CH_2$	28	-103,7

Efectos fisiológicos de los refrigerantes

N° Identificación.	Nombre químico.	Fórmula química	Porcentaje en volumen de concentración en el aire			Características	Advertencias
			*	**	***		
Grupo primero: Refrigerantes de alta seguridad (véase ampliación del 1er grupo)							
R-11	Triclorofluormetano Diclorodifluormetano	CCl_3F	-	-	10	a	(1)
R-12	Clorotrifluormetano	CCl_2F_2	-	-	20 a 30	b	(1)
R-13	Bromotrifluormetano	$CClF_2$	-	-	20 a 30	b	(1)
R-13B1	Tetrafluoruro de carbono	$CBrF_3$	-	-	20 a 30	b	(1)
R-14	Diclorofluormetano	CF_4	-	-	-	-	(1)
R-21	Clorodifluormetano	$CHCl_2F$	-	10	5	a	(1)
R-22	1,1,2-Triclorotrifluoretano	$CHClF_2$	-	-	20	b	(1)
R-113	1,2-Diclorotetrafluoretano	CCl_2FCClF_2	-	5 a 10	2,5	a	(1)
R-114	Cloropentafluoretano	$CClF_2CClF_2$	-	-	20 a 30	b	(1)
R-115	Octofluorciclobutano	$CClF_2CF_3$	-	-	20 a 30	b	(1)
R-C318	R-12(73,8%)+R-152a(26,2%)	C_4F_8	-	-	20 a 30	b	(1)
R-500	R-22(48,8%)+R-115(51,2%)	CCl_2F_2/CH_3CHF_2	-	-	20	b	(1)
R-502	Anhídrido carbónico	$CHClF_2/CClF_2CF_3$	-	-	20	b	(1)
R-744		CO_2	8	5 a 6	2 a 4	c	(1)
Grupo segundo: refrigerantes de media seguridad							
R-30	Cloruro de metileno	CH_2Cl_2	5 a 5,4	2 a 2,4	0,2	a	(2) (2)

84

R-40	Cloruro de metilo	CH_3Cl	15 a 30	2 a 4	0,05 a 0,1	f	(2)
R-160	Cloruro de etilo	CH_3CH_2Cl	15 a 30	6 a 10	2 a 4	f	(3)
R-717	Amoníaco	NH_3	0,5 a 1	0,2 a 0,3	0,01 a 0,03	d,e	(3)
R-764	Anhídrido sulfuroso	SO_2	0,2 a 1	0,04 a 0,05	0.005 a 0,004	d,e	(2)
R-1130	1,2-Dicloroetileno	$CHCl = CHCl$	-	2 a 2,5	-	f	
Grupo tercero: refrigerantes de baja seguridad							
R-170	Etano	CH_3CH_3		-	4,7 a 5,5	g	(4)
R-290	Propano	$CH_3CH_2CH_3$		6,6	4,7 a 5,5	g	(4)
R-600	Butano	$CH_3CH_2CH_2CH_3$		-	5 a 5,6	g	(4)
R-600a	Isobutano	$CH(CH_3)_3$		-	4,7 a 5,5	g	(4)
R-1150	Etileno	$CH_2 = CH_2$		-	-	g	(4)

*Lesión mortal o importante en pocos minutos.
**Peligrosa de los treinta a los sesenta minutos.
***Inocuo de una a dos horas

Los números entre paréntesis significan:

(1) Pueden producirse gases de descomposición tóxicos en presencia de llamas, su olor intenso proporciona un aviso antes de alcanzarse concentraciones peligrosas.
(2) Gases de descomposición tóxicos e inflamables.
(3) Corrosivo.
(4) Altamente inflamable.

Las letras de la columna de, características, significan:
a) A altas concentraciones produce efectos soporíferos.
b) A altas concentraciones provoca una disminución de la cantidad de oxígeno, originando sofoco y peligro de asfixia.
c) No posee olor característico, pero posee un margen muy pequeño entre los efectos no tóxicos y mortales.
d) Olor característico, incluso a concentraciones muy bajas.
e) Irritante, incluso a concentraciones muy bajas.
f) Muy soporífero.
g) No produce lesiones mortales o importantes a concentraciones por debajo de los límites inferiores de exposición, de hecho no es tóxico.

TABLA II-(Ampliación grupo 1º)

Efectos fisiológicos de los refrigerantes

Ampliación del grupo primero de refrigerantes de alta seguridad:

(Ampliada por ORDEN de 23 de noviembre de 1994)

Nº de identificación	Nombre Químico	Fórmula química	Porcentaje en volumen de concentración en aire			
			(1)	(2)	(3)	(4)
R-23	Trifluormetano	CHF_3	>60*	>23	5	a,b

			(1)	(2)	(3)	(4)
R-123	2,2-dicloro-1,1,1-trifluoretano	$CHCl_2-CF_3$	2*	0,5	0,1	a,b
R-124	2 Cloro-1,1,1,2-tetrafluoretano	$CHClF-CF_3$	2,5*	10,4	5	a,b
R-125	Pentafluoretano	CHF_2-CF_3	10*	10	5	a,b
R-134a	1,1,1,2-Tetrafluoretano	$CH2F-CF_3$	7,5*	20	5	a,b
R-401A (53/13/34)	Clorodifluormetano (R-22) 1,1-Difluoretano (R-152a) 2 Cloro-1,1,1,2-tetrafluoretano (R-124)	$CHClF_2$ CH_3-CHF_2 $CHClF-CF_3$	5*	10	5	a,b
R-401B (61/11/28)	Clorodifluormetano (R-22) 1,1-Difluoretano (R-152a) 2 Cloro-1,1,1,2-tetrafluoretano(R-124)	$CHClF_2$ CH_3-CHF_2 $CHClF-CF_3$	5*	10	5	a,b
R-401C (33/15/52)	Clorodifluormetano (R-22) 1,1-Difluoretano (R-152a) 2 Cloro-1,1,1,2-tetrafluormetano(R-124)	$CHClF_2$ CH_3-CHF_2 $CHClF-CF_3$	2,5*	10	5	a,b
R-402A (60/2/38)	Pentafluoretano (R-125) Propano (R-290) Clorodifluormetano (R-22)	CHF_2-CF_3 C_3H_8 $CHClF_2$	5*	10	5	a,b
R-402B (38/2/60)	Pentafluoretano (R-125) Propano (R-290) Clorodifluormetano (R-22)	CHF_2-CF_3 C_3H_8 $CHClF_2$	5*	10	5	a,b
R-404A (44/4/52)	Pentafluoretano (R-125) 1,1,1,2-tetrafluoretano (R-134a) 1,1,1-Trifluoroetano (R-143a)	CHF_2-CF_3 CH_2F-CF_3 CH_3-CF_3	5*	10	5	a,b
R-407C (23/25/52)	Difluormetano (R-32) Pentafluormetano (R-125) 1,1,1,2-tetrafluoretano (R-134a)	CH_2F_2 CHF_2-CF_3 CH_2F-CF_3	5*	10	5	a,b

(1) Lesión Mortal o importante en pocos minutos

(2) Peligroso de los 30 a 60 minutos

(3) Inocuo de una a dos horas

(4) Características

Las letras de la columna (4) "Características" significan:

a -A altas concentraciones producen efectos soporíferos.

b -A altas concentraciones provoca una disminución de la capacidad de oxígeno originado sofoco y peligro de asfixia.

*Estos valores son los mínimos que junto con la presencia de adrenalina en el torrente sanguíneo (como consecuencia de tensión, nerviosismo o ansiedad pueda ocasionar sensibilización cardiaca.

Carga máxima de refrigerante del grupo primero por equipo, utilizando sistemas de refrigeración directos

a = Carga máxima en Kg. por metro cúbico de espacio habitable.

Identificación	Nombre Químico	Fórmula Química	Carga Máx. (a)
R-11	Triclofluormetano	CCl_3F	0.57
R-12	Diclorodifluormetano	CCl_2F_2	0.5
R-13	Clorotrifluormetano	$CClF_3$	0.44
R-13B1	Bromotrifluormetano	$CBrF_3$	0.61
R-14	Tetrafluoro de carbono	CF_4	0.4
R-21	Diclorofluormetano	$CHCl_2F$	0.1
R-22	Clorodifluormetano	$CHClF_2$	0.36
R-113	1,1,2-Triclorotrifluoretano	CCl_2FCClF_2	0.19
R-114	1,2-Diclorotetrafluoretano	$CClF_2CClF_2$	0.72
R-115	Cloropentafluoretano	$CClF_2CF_3$	0.64
R-C318	Octofluorciclobutano	C_4F_8	0.8
R-500	Diclorodifluormetano (R12) 73,8 % + Difluoretano (R-152a) 26,2 %	CCl_2F_2 73,8 % + CH_3CHF_2 26,2 %	0.41
R-502	Clorodifluormetano (R22) 48,8 % + Cloropentafluoretano (R-115) 51,2 %	$CHClF_2$ 43,8 % + $CClF_2CF_3$ 51,2 %	0.46
R-744	Anhídrido carbónico	CO_2	0.1
R-23	Trifluormetano	CHF_3	0,28
R-123	2,2-dicloro-1,1,1-trifluoretano	$CHCl_2-CF_3$	0,64
R-124	2 Cloro-1,1,1,2-tetrafluoretano	$CHClF-CF_3$	0,56
R-125	Pentafluoretano	CHF_2-CF_3	0,49

R-134a	1,1,1,2-Tetrafluoretano	$CH_2F\text{-}CF_3$	0,42
R-401A (53/13/34)	Clorodifluormetano (R-22) 1,1-Difluoretano (R-152a) 2 Cloro-1,1,1,2-tetrafluoretano (R-124)	$CHClF_2$ (53 %) $CH_3\text{-}CHF_2$ (13 %) $CHClF\text{-}CF_3$ (34 %)	0,39
R-401B (61/11/28)	Clorodifluormetano (R-22) 1,1-Difluoretano (R-152a) 2 Cloro-1,1,1,2-tetrafluoretano(R-124)	$CHClF_2$ (61 %) $CH_3\text{-}CHF_2$ (11 %) $CHClF\text{-}CF_3$ (28 %)	0,38
R-401C (33/15/52)	Clorodifluormetano (R-22) 1,1-Difluoretano (R-152a) 2 Cloro-1,1,1,2-tetrafluoretano(R-124)	$CHClF_2$ (33 %) $CH_3\text{-}CHF_2$ (15 %) $CHClF\text{-}CF_3$ (52 %)	0,41
R-402A (60/2/38)	Pentafluoretano (R-125) Propano (R-290) Clorodifluormetano (R-22)	$CHF_2\text{-}CF_3$ 60 %) C_3H_8 (2 %) $CHClF_2$ (38 %)	0,41
R-402B (38/2/60)	Pentafluoretano (R-125) Propano (R-290) Clorodifluormetano (R-22)	$CHF_2\text{-}CF_3$ (38 %) C_3H_8 (2 %) $CHClF_2$ (60 %)	0,39
R-404A (44/4/52)	Pentafluoretano (R-125) 1,1,1,2-tetrafluoretano (R-134a) 1,1,1-Trifluoroetano (R-143a)	$CHF_2\text{-}CF_3$ (44 %) $CH_2F\text{-}CF_3$ (4 %) $CH_3\text{-}CF_3$ (52 %)	0,39
R-407C (23/25/52)	Difluormetano (R-32) Pentafluormetano (R-125) 1,1,1,2-tetrafluoretano (R-134a)	CH_2F_2 (23 %) $CHF_2\text{-}CF_3$ (25 %) $CH_2F\text{-}CF_3$ (52 %)	0,35

Real Decreto 3099/1977 de 8 de septiembre, por el que se aprueba: El Reglamento de seguridad para plantas e instalaciones frigoríficas.

Capítulo I

Objeto y competencias.

Artículo 1.

Corresponde al Ministerio de Industria y Energía, con arreglo a las disposiciones vigentes, la reglamentación e inspección de las condiciones de seguridad de las instalaciones frigoríficas.

Artículo 2.

El presente reglamento tiene por objeto definir las condiciones que deben cumplirse en las instalaciones frigoríficas en orden a la seguridad de las personas y los bienes y, en general, para mejorar las circunstancias de seguridad en los trabajos relacionados con estas instalaciones.

Artículo 3

Redactado según Real Decreto 394/1979, de 2 de febrero, por el que se modifica el Reglamento de Seguridad para Plantas e Instalaciones Frigoríficas

El Ministerio de Industria y Energía vigilará el cumplimiento de los preceptos de este reglamento en la forma prevenida en el mismo e instrucciones técnicas complementarias y, a través de sus delegaciones provinciales, intervendrá e inspeccionará en la forma aludida su aplicación cerca de los fabricantes, instaladores, conservadores, reparadores y usuarios de tales instalaciones.

La observancia de los preceptos de este reglamento no exime de la necesidad de cumplir las demás normas de ordenación industrial y, muy particularmente, las que se refieren a instalación y modificación de industrias que, dentro de sus respectivas competencias, tengan establecidas o establezcan los diferentes departamentos ministeriales.

No obstante lo establecido en el párrafo anterior, solo se procederá a la puesta en servicio de la industria correspondiente, previa obtención de la preceptiva autorización, según lo establecido en el artículo 28 de este reglamento.

Artículo 4.

En cuanto se relaciona con el campo de aplicación del presente reglamento, el personal facultativo de las delegaciones provinciales del Ministerio de Industria y Energía en el ejercicio de sus funciones, gozará de la consideración de *agente de la autoridad*, a efectos de lo dispuesto en la legislación penal.

Capítulo II.

Términos fundamentales.

Artículo 5.

A los efectos de aplicación del presente reglamento, se han de tener en cuenta las definiciones que se establecen en los artículos siguientes.

Artículo 6. Definición de sistema frigorífico.

Conjunto de elementos que constituyen un circuito frigorífico cerrado a través de los que circula o permanece un refrigerante, con el fin de extraer o ceder calor de un medio exterior ha dicho circuito.

Artículo 7. Instalaciones frigoríficas.

Conjunto compuesto por los elementos de un sistema frigorífico y los complementos específicos correspondientes para lograr un intercambio de calor y controlar su funcionamiento.

Artículo 8. Planta frigorífica.

Se declara no aplicable al montaje de los equipos y las instalaciones de Calefacción, Climatización y Agua Caliente Sanitaria por Real Decreto 1618/1980, de 4 de julio, por el que se aprueba el Reglamento de Instalaciones de Calefacción, Climatización y Agua Caliente Sanitaria con el fin de racionalizar su consumo energético.

Toda instalación que utilice máquinas térmicas para enfriamiento de materias que sean objeto de un proceso de producción o acondicionamiento determinado. Quedan comprendidas en dicho concepto las instalaciones fijas de almacenes frigoríficos, las fábricas de hielo, las instalaciones fijas y centralizadas de acondicionamiento de aire y las plantas para congelación o enfriamiento de productos varios.

Capítulo III

Ámbito de aplicación.

Artículo 9

Los preceptos de este reglamento serán de aplicación para todas las instalaciones frigoríficas, quedando excluidas las correspondientes a medios de transporte aéreos, marítimos y terrestres, que se regirán por sus disposiciones especiales.

Asimismo, quedan excluidas las instalaciones que a continuación se detallan:

a. Instalaciones frigoríficas con potencia absorbida máxima de 1 kw., que utilicen refrigerantes del primer grupo.

b. *Derogado por Real Decreto 1618/1980, de 4 de julio, por el que se aprueba el Reglamento de Instalaciones de Calefacción, Climatización y Agua Caliente Sanitaria con el fin de racionalizar su consumo energético.*

Artículo 10.

Los preceptos de este reglamento se aplicarán obligatoriamente a las nuevas plantas e instalaciones frigoríficas y a las ampliaciones y modificaciones que se realicen a partir de la fecha inicial de vigencia administrativa, así como a cualquier planta e instalación frigorífica realizada con anterioridad, cuando su Estado, situación o características impliquen un riesgo para las personas o bienes, o cuando lo solicite el interesado.

Capítulo IV

Clasificación y utilización de los refrigerantes, de los locales de emplazamiento y de los sistemas de refrigeración.

Clasificación de los refrigerantes

Artículo 11.

1. Definición de refrigerante. Fluido utilizado en la transmisión de calor que, en un sistema frigorífico, absorbe calor a bajas temperaturas y presión, cediéndolo a temperatura y presión más elevadas. Este proceso tiene lugar, generalmente, con cambios de estado del fluido.

2. Denominación de los refrigerantes. Los refrigerantes se denominarán o expresarán por su fórmula o por su denominación química, o, si procede, por su denominación simbólica numérica según se establezca

en las instrucciones complementarias que dicte el Ministerio de Industria y Energía. En ningún caso será suficiente el nombre comercial.

Artículo 12. Grupos de clasificación según el grado de seguridad.

A efectos del presente reglamento, los refrigerantes se clasificarán en tres grupos que se determinarán en las normas que se desarrollen en el presente reglamento.

El criterio general que se seguirá para ello, será el de incluir un determinado refrigerante en el:

- Grupo primero: si es no combustible y de acción tóxica ligera o nula.

- Grupo segundo: si es de acción tóxica o corrosiva, o si su mezcla con el aire puede ser combustible o explosiva a un 3,5 % o más en volumen.

- Grupo tercero: si su mezcla con el aire puede ser combustible o explosiva a menos de un 3,5 % en volumen.

Artículo 13. Fluidos frigoríficos (salmueras).

1. Definición. Sustancia utilizada para extraer calor por aumento de su calor sensible.

2. Utilización. Podrán utilizarse fluidos frigoríficos (salmueras y similares). En la industria de la alimentación solo podrán utilizarse fluidos frigoríficos que no posean carácter tóxico. La posible toxicidad de un fluido frigorífico será declarada por la Dirección General de Sanidad.

Clasificación de los locales de emplazamiento.

Artículo 14.

A los efectos de diferentes exigencias de seguridad, según el tipo de ocupación o utilización, los locales en los que estén emplazadas instalaciones frigoríficas se clasificarán en los grupos que se definen en los artículos siguientes.

Artículo 15. Locales institucionales.

Aquellos donde se reúnen y son retenidas personas careciendo de libertad plena para abandonarlos en cualquier momento.

Comprenden: hospitales, asilos, sanatorios, comisarías de policía, cárceles, Tribunales con calabozos o prevenciones, colegios y centros de enseñanza elemental, cuarteles, arsenales y otros similares.

Artículo 16. Locales de pública reunión.

Aquellos donde se reúnen personas para desarrollar actividades de carácter público y privado, en los que los ocupantes no carecen de total libertad para abandonarlos en cualquier momento.

Comprenden: teatros, cines, auditorios, centros deportivos, estaciones de transporte, estudios radiofónicos o de televisión, iglesias, colegios y centros de enseñanza media y superior, Tribunales sin calabozos y prevenciones, salas de baile, salas de espectáculos, salas de exposición, bibliotecas, museos y otros similares.

Artículo 17. Locales residenciales.

Aquellos que poseen dormitorios, distintos de locales institucionales.

Comprenden: hoteles y alojamientos similares, conventos, residencias públicas y privadas, casas de vecindad, apartamentos y otros similares.

Artículo 18. Locales comerciales.

Aquellos donde tienen lugar operaciones de compra y venta y realización de servicios profesionales y actividades productivas de carácter artesano.

Comprenden: tiendas, almacenes, despachos profesionales, oficinas administrativas, públicas o privadas, restaurantes, bares, cafeterías, panaderías, confiterías y otros similares.

Cuando un local comercial esté situado a nivel distinto del de la calzada de acceso y sea capaz para más de 100 personas, pasará a ser considerado como local de pública reunión.

Artículo 19. Locales industriales.

Aquellos donde tienen lugar procesos de transformación, manipulación, almacenamiento de bienes o realización de servicios, mediante maquinaria a escala no artesana.

Comprenden: locales con establecimientos inscribibles en los registros industriales, mineros y similares, excluidos los de carácter artesano, que serán considerados como locales comerciales.

Comprenden además los almacenes de bienes y productos con distribución al por mayor y otros similares.

Artículo 20. Consideración de locales mixtos.

Cuando locales de distinta clasificación estén en un mismo edificio, con entrada principal y vestíbulo común, tendrán la consideración de la clasificación que impongan prescripciones más restrictivas.

Cuando locales de distinta clasificación estén en el mismo edificio, con accesos del exterior independientes y separación total por elementos constructivos resistentes, salvo la presencia de puertas de superficie continua normalmente cerradas, resistentes e incombustibles, cada local tendrá la clasificación independiente que le corresponda.

Cuando en un edificio no existan más locales comerciales que los situados a nivel de la calzada, con acceso directo a la misma, el resto tendrá consideración independiente.

Cuando en un edificio de viviendas coexistan locales residenciales con locales comerciales, cada local tendrá consideración independiente.

Sistemas de refrigeración.

Artículo 21.

1. Definiciones.

- Sistema de refrigeración. Disposición técnica utilizada para el enfriamiento o acondicionamiento de un medio o ambiente mediante maquinaria frigorífica, según el número y características de los circuitos utilizados.

- Circuito primario. Cuando el enfriamiento se efectúa por una serie de circuitos enlazados por cambiadores de calor, se denominará circuito primario aquel dotado de equipo frigorífico completo, cuyo evaporador da lugar al enfriamiento de todos los demás circuitos.
- Circuito auxiliar. Circuito complementario que no utiliza refrigerante y, por tanto, que carece de equipo frigorífico.

2. La clasificación de los sistemas y la utilización de los diferentes refrigerantes según el sistema y el local donde se utilicen se establecerán por el Ministerio de Industria y Energía.

Capítulo V

Construcción y montaje de instalaciones frigoríficas y protección de las mismas.

Artículo 22. Resistencia de los materiales empleados en la construcción de equipos frigoríficos.

Cualquier elemento de un equipo frigorífico debe ser proyectado, construido y ajustado de manera que cumpla las prescripciones señaladas en el vigente Reglamento de aparatos a presión.

Artículo 23. Materiales empleados en la construcción de equipos frigoríficos.

Cualquier material empleado en la construcción e instalación de un equipo frigorífico debe ser resistente a la acción de las materias con las que entre en contacto, de forma que no pueda deteriorarse en condiciones normales de utilización, y en especial se tendrá en cuenta su resistencia a efectos de su fragilidad a baja temperatura.

Artículo 24.

Las condiciones que se han de cumplir en la construcción y montaje de las instalaciones frigoríficas, así como en la protección de las mismas, será determinada en las instrucciones complementarias que se dicten para el desarrollo del presente reglamento.

Capítulo VI
Fabricantes, instaladores, conservadores-reparadores y titulares.
Artículo 25. Fabricantes.

Dado que todos los elementos constitutivos de una instalación frigorífica son aparatos o recipientes sometidos a presión, será de aplicación a los fabricantes de elementos o conjuntos destinados a este tipo de instalaciones lo dispuesto en el artículo relativo a las mismas en el vigente Reglamento de recipientes a presión ya citado.

Artículo 26. Instaladores y conservadores-reparadores frigoristas autorizados.

Sin perjuicio de las atribuciones específicas concedidas por el Estado a los titulados de grado superior y medio, las instalaciones frigoríficas se realizarán por personas o entidades que estén en posesión del título de instalador frigorista autorizado. Estas instalaciones se conservarán y repararán por personas o entidades que tengan el título de conservador-reparador frigorista autorizado.

Tanto el título de instalador frigorista autorizado como el de conservador-reparador frigorista autorizado se concederán por las delegaciones provinciales del Ministerio de Industria y Energía, una vez superadas las condiciones y pruebas necesarias, y facultarán a sus titulares para ejercer sus profesiones en las provincias donde hayan sido expedidos y en cualquier otra, con la condición de inscribirse en los libros de registro que a estos efectos llevarán las delegaciones provinciales.

Estos libros registro corresponderán a modelos normalizados aprobados por la Dirección General de Industrias Alimentarias y Diversas.

Las condiciones que deben cumplir o reunir las entidades o personas que quieran ser calificadas como instaladores o conservadores-reparadores frigoristas autorizados, para obtener el carné acreditativo de su titulación, sus obligaciones y limitaciones, están consignadas en las instrucciones complementarias correspondientes a este reglamento y que estén vigentes en el momento de su aplicación.

Artículo 27. Titulares.

Los usuarios de toda instalación frigorífica deben cuidar que las mismas se mantengan en perfecto estado de funcionamiento, así como impedir su utilización cuando no ofrezcan las debidas garantías de seguridad para personas o cosas. Los usuarios contratarán, en su caso, el mantenimiento de la instalación con un conservador-reparador autorizado por la delegación provincial del Ministerio de Industria y Energía, en la forma en que se establezca en las instrucciones complementarias que desarrollan el presente reglamento.

Los usuarios llevarán un libro registro, cuyo modelo será establecido por la Dirección General de Industrias Alimentarias Y diversas, facilitado y legalizado por la correspondiente delegación provincial del Ministerio de Industria y Energía, en el que constarán los aparatos instalados, procedencia, suministrador, instalador, fechas de la primera inspección y de las inspecciones periódicas, con el visto bueno de aquella delegación. Asimismo, figurarán las inspecciones no oficiales y reparaciones efectuadas con detalle de las mismas, conservador-reparador autorizado que las efectuó y fecha de su terminación.

Capítulo VII
Dictamen sobre la seguridad de plantas e instalaciones frigoríficas.
Artículo 28.

Redactado según Real Decreto 394/1979, de 2 de febrero, por el que se modifica el Reglamento de Seguridad para Plantas e Instalaciones Frigoríficas

La instalación, ampliación, modificación o traslado de plantas e instalaciones frigoríficas, requerirá, con carácter previo a su puesta en servicio, autorización de la delegación provincial del Ministerio de Industria y Energía, que la otorgará, una vez presentado el pertinente dictamen de seguridad suscrito *por el instalador frigorista autorizado* **(1)** y, en su caso, el técnico titulado director de obra, con el que se entenderá acreditado, bajo su responsabilidad, el cumplimiento de las condiciones de seguridad contenidas en este reglamento e instrucciones técnicas complementarias.

A estos efectos, se considerará modificación la sustitución de un refrigerante por otro, lo que deberá hacerse con todo tipo de garantías y de pruebas, facilitándose por el instalador responsable una nueva declaración con todos sus extremos.

El dictamen sobre las condiciones de seguridad se ajustará al modelo que establezca la Dirección General de Industrias Alimentarias y Diversas.

(1) El inciso en cursiva fue declarado nulo por Orden de 15 de julio de 1980 por la que se dispone el cumplimiento de la Sentencia dictada por el Tribunal Supremo en el recurso contencioso-administrativo número 305.829, promovido por el Consejo General de Colegios Oficiales de Peritos e Ingenieros Técnicos Industriales contra el Real Decreto 394/1979, de 2 de febrero.

Artículo 29.

Redactado según Real Decreto 394/1979, de 2 de febrero, por el que se modifica el Reglamento de Seguridad para Plantas e Instalaciones Frigoríficas

La autorización de puesta en servicio se entenderá concedida exclusivamente a efectos de seguridad y es independiente de cualquier otra intervención administrativa exigible.

Artículo 30.

Redactado según Real Decreto 394/1979, de 2 de febrero, por el que se modifica el Reglamento de Seguridad para Plantas e Instalaciones Frigoríficas

Sin perjuicio del dictamen de seguridad, previsto en el artículo 28, y según las características o la importancia de las instalaciones, las delegaciones provinciales del Ministerio de Industria y Energía exigirán la presentación de un certificado de dirección de obra, y, en su caso, además, antes de iniciarse el montaje de la misma, un proyecto de la instalación, suscritos ambos por técnico titulado competente. A estos efectos, en los casos de instalaciones y plantas frigoríficas de la competencia del Ministerio de Agricultura, el certificado de dirección y, en su caso, el proyecto, serán los que se presenten para la tramitación correspondiente en el citado Ministerio.

La clasificación de las instalaciones, a efectos de la exigencia de un certificado, y en su caso, un proyecto previo, y los datos que deban consignarse en los mismos, quedarán determinados en las instrucciones complementarias del presente reglamento.

Artículo 31.

Redactado según Real Decreto 394/1979, de 2 de febrero, por el que se modifica el Reglamento de Seguridad para Plantas e Instalaciones Frigoríficas

La instalación, ampliación, modificación o traslado de plantas o instalaciones frigoríficas, podrá inspeccionarse, por delegaciones provinciales del Ministerio de Industria y Energía, que controlarán la labor de los instaladores frigoristas autorizados, mediante las técnicas de control estadístico de la calidad de las obras ejecutadas por los mismos o bien por cualquier otro procedimiento que procure un resultado análogo.

Artículo 32.

Los criterios de inspección y las revisiones periódicas quedarán determinados en las instrucciones complementarias que desarrolla el presente reglamento.

Capítulo VIII

Obligaciones, sanciones y recursos.

Artículo 33. Obligaciones.

Toda instalación frigorífica precisa de una persona expresamente encargada de la misma, para lo cual habrá sido previamente instruida.

Después del cese del trabajo, dicha persona deberá realizar una inspección con el fin de comprobar que nadie se ha quedado encerrado en alguna de las cámaras.

No deberá trabajar una persona sola en un recinto frigorífico que pueda funcionar a temperatura negativa o con atmósfera controlada. No obstante, si esto es inevitable, a efectos de seguridad, deberá ser visitada dicha persona cada hora, disponiéndose para ello de un reloj avisador.

Artículo 34. Carga de refrigerante en la instalación.

Para equipos de compresión con más de tres kilogramos de carga de refrigerante, este deberá ser introducido en el circuito a través del sector de baja presión.

Ninguna botella de transporte de refrigerante líquido debe quedar conectada a la instalación fuera de las operaciones de carga y descarga de refrigerante.

Artículo 35. Almacenamiento de refrigerante en la sala de máquinas.

No se almacenará en la sala de máquinas una cantidad de refrigerante superior en un 20 % a la carga de la instalación, sin que exceda de 150 kilogramos, y siempre en botellas reglamentarias para el transporte de gases licuados a presión.

Artículo 36.

Los equipos de protección personal a utilizar se determinarán por las instrucciones complementarias según las condiciones y características de funcionamiento de las plantas e instalaciones frigoríficas.

Artículo 37.

En el interior y exterior de la sala de máquinas figurará un cartel con las siguientes indicaciones:

    a. Instrucciones claras y precisas para paro de la instalación, en caso de emergencia.

    b. Nombre, dirección y teléfono de la persona encargada y de taller o talleres para solicitar asistencia.

    c. Dirección y teléfono del servicio de bomberos más próximos a la instalación o planta.

Artículo 38.

A. Sanciones.

1. Sin perjuicio de las comprobaciones que realice y de la autorización que otorgue la delegación provincial del Ministerio de industria y energía, la responsabilidad por las infracciones a los preceptos de este reglamento corresponde a los autores de dichas infracciones.

Son responsables de las infracciones respectivas:

    a. Los técnicos titulados competentes autores y/o directores de ejecución de los proyectos de las instalaciones frigoríficas.

    b. Los instaladores y conservadores-reparadores frigoristas autorizados, en cuanto a las infracciones que se refieran a la instalación.

    c. Los fabricantes de los elementos constitutivos de la instalación, en cuanto a las infracciones relativas a los preceptos que les afecten en el presente reglamento.

    d. Los usuarios, en cuanto las infracciones sean relativas al uso de las instalaciones.

2. Las sanciones que, por incumplimiento o infracción de los preceptos e instrucciones de este reglamento relativos a la ejecución y dirección del proyecto, instalación, conservación y reparación de las plantas e instalaciones frigoríficas, su fabricación y uso, así como a las obligaciones que a los responsables de las infracciones se imponen en los mismos, tendrán el carácter de económicas.

3. Las sanciones económicas serán impuestas:

a. Por los delegados provinciales del Ministerio de Industria y Energía, hasta 10.000 pesetas.

b. Por los Gobernadores civiles, por propia iniciativa, previo informe de la delegación provincial del Ministerio de Industria y Energía, o a propuesta de dicha delegación provincial, cuando su cuantía no exceda de 50.000 pesetas.

c. Por el Director General de Industrias Alimentarias y Diversas, hasta 200.000 pesetas.

d. Por el Ministro de Industria y Energía, hasta 500.000 pesetas.

En el acto en que se acuerde la sanción con paralización o no de actividades, se indicará el plazo en que deberá corregirse la causa que haya dado lugar a la misma, salvo que pueda o deba hacerse de oficio y así se disponga.

Si transcurriese el anterior plazo sin que por el responsable se de cumplimiento a lo ordenado, la infracción podrá ser nuevamente sancionada, previa la instrucción del oportuno expediente, en la misma forma señalada para la primera o anteriores veces.

Para determinar la cuantía de la sanción, se atenderá a la valoración conjunta de las siguientes circunstancias:

a. Gravedad de la infracción en orden al posible peligro para la seguridad de las personas o cosas.

b. Gravedad, en su caso, de los daños producidos.

c. Reincidencia en la infracción y en los preceptos de este reglamento.

d. Capacidad económica de la empresa.

4. Además de las sanciones previstas en el párrafo anterior, las delegaciones provinciales del Ministerio de Industria y Energía podrán acordar el retirar a los instaladores y conservadores-reparadores autorizados, temporal o indefinidamente, sus respectivos títulos, atendiendo a la gravedad de la infracción.

5. Las sanciones previstas en este reglamento se impondrán con independencia de la responsabilidad civil o criminal que pueda ser exigida ante los Tribunales competentes, a los cuales, en su caso, se dará parte de los hechos.

6. Las sanciones a que se refieren los apartados 3 y 4 serán impuestas previa instrucción del oportuno expediente, tramitado conforme a lo prevenido en el capítulo II, Título VI, de la Ley de Procedimiento Administrativo.

7. Adicionalmente a la imposición de las sanciones anteriores, la correspondiente delegación provincial del Ministerio de Industria y Energía podrá decretar la paralización de las instalaciones, en el caso de que racionalmente se derive, de la infracción o incumplimiento de los preceptos de este reglamento, la existencia de un peligro manifiesto y grave para las personas o cosas. Esta paralización se prolongará hasta tanto sea comprobado, por la citada delegación, que se han realizado las modificaciones necesarias para la eliminación del citado peligro.

B. Recursos.

1. Contra las resoluciones que sobre las materias reguladas en el presente reglamento se dicten por las delegaciones provinciales del Ministerio de Industria y Energía, o por los Gobernadores civiles, a propuesta de aquellas, podrá interponerse recurso de alzada ante la Dirección General de Industrias Alimentarias y Diversas.

2. Contra las resoluciones que dicte en primera instancia la Dirección General de Industrias Alimentarias y Diversas podrá interponerse el mismo recurso ante el Ministro del Departamento.

3. Contra las resoluciones que pongan fin a la vía administrativa, en las materias objeto de este reglamento, se podrá interponer el recurso n las contencioso-administrativo, previo el de reposición, en su caso.

4. La interposición de estos recursos se regirá por las normas contenidas en las leyes de procedimiento administrativo y de la jurisdicción contencioso-administrativa.

Capítulo IX

Disposiciones transitorias y adicionales.

Disposición transitoria.

Las instalaciones proyectadas y presentadas para su aprobación ante los organismos provinciales del Ministerio de Industria y Energía, antes de la entrada en vigor del presente reglamento, se regirán por lo dispuesto en el Decreto 314/1971, de 28 de octubre, y la Orden de 8 de marzo de 1973, salvo lo establecido en el artículo 10 del presente reglamento.

Disposición adicional primera.

A cualquier elemento del equipo frigorífico, independientemente de lo especificado en este reglamento, será aplicable a lo dispuesto en el vigente de recipientes a presión.

Disposición adicional segunda.

Las prescripciones y exigencias del presente reglamento se exigirán también a todos los equipos e instalaciones de importación, cualquiera que sea su procedencia.

Disposición adicional tercera.

Redactado según Real Decreto 394/1979, de 2 de febrero, por el que se modifica el Reglamento de Seguridad para Plantas e Instalaciones Frigoríficas

Al dictamen sobre la seguridad de una instalación frigorífica, que el titular de la misma debe presentar de acuerdo con lo establecido en el artículo 28, acompañará el impreso, que facilitará la delegación provincial del Ministerio de Industria y Energía, a efectos de la confección del Censo de la Industria Frigorífica Nacional.

Cuando una planta o instalación frigorífica cese en su actividad lo pondrá en conocimiento de la delegación provincial del Ministerio de Industria y Energía, a efectos del censo citado, en impreso que igualmente le será facilitado por dicha delegación.

Los impresos anteriormente citados se ajustarán al modelo normalizado que será aprobado por la Dirección General de Industrias Alimentarias y Diversas.

Disposición adicional cuarta.

Se autoriza al Ministerio de Industria y Energía para dictar las disposiciones y normas necesarias para el mejor desarrollo de lo establecido en el presente Real Decreto.

Disposición adicional quinta.

A partir de la entrada en vigor del presente Real Decreto, queda derogado el Reglamento de la Seguridad para Plantas e Instalaciones Frigoríficas, aprobado por Decreto 3214/1971, de 28 de octubre; la Orden de 8 de marzo de 1973 por la que se dictan instrucciones complementarias para el desarrollo del Reglamento de Seguridad para Plantas e Instalaciones Frigoríficas, y cuantas disposiciones de igual o inferior rango legal se opongan a lo dispuesto en el presente Real Decreto.

ALMACENAMIENTO. RECUPERACIÓN Y RECICLAJE DE REFRIGERANTES

Almacenamiento

Notas Técnicas de Prevención (NTP) del Ministerio de Trabajo y Asuntos Sociales de España

NTP 5: Identificación de productos químicos por etiqueta

Autor: JOSÉ M. NOVAU **Año:** 1982

Se describen los criterios necesarios para la identificación de productos químicos. Recomendaciones en cuanto a ubicación y dimensiones, colores y explicación del contenido de una etiqueta identificativa. se adjunta un ejemplo de etiqueta identificativa y una tabla con frases de riesgos principales, precauciones a tomar y primeros auxilios.

NTP 137: Etiquetado de sustancias peligrosas

Autor: ENRIQUE GADEA **Año:** 1985

Se hace la clasificación de peligrosidad de sustancias y preparados y se describen las normas de etiquetado y los criterios para el etiquetado según el R.D. 2216/85. Se adjuntan los pictogramas necesarios y un listado con las frases r (riesgos específicos) y frases s (consejos de prudencia).

NTP 314: Clasificación, envasado y etiquetado de preparados peligrosos: Directivas de la CEE (88/379/CEE y siguientes)

Autor: M. JOSÉ BERENGUER, ENRIQUE GADEA **Año:** 1993

Aspectos legales, ámbito de aplicación de las directivas, normas de envasado y etiquetado. Clasificación de los preparados peligrosos según sus efectos y establecimiento de los límites de concentración en relación con dicha clasificación.

NTP 332: Clasificación, envasado y etiquetado de sustancias peligrosas: Directivas de la CEE (67/548/CEE y siguientes). Actualización de la NTP-137

Autor: M. JOSÉ BERENGUER, ENRIQUE GADEA **Año:** 1994

De acuerdo con la directiva 92/32/CEE se hace una clasificación de sustancias y preparados según: propiedades fisicoquímicas, propiedades toxicológicas, efectos sobre la salud humana y efectos sobre el medio ambiente. Se exponen las indicaciones a seguir para el correcto envasado y etiquetado, con un cuadro representativo de las indicaciones de peligro. Se adjunta el listado de frases r, s y combinaciones de ambas. Presentación de los criterios de clasificación de sustancias y preparados peligrosos, en función de su toxicidad, según la directiva.

NTP 371: Información sobre productos químicos: Fichas de datos de seguridad

Autor: M. JOSE BERENGUER, ENRIQUE GADEA **Año:** 1995

Hace referencia a la elaboración de las fichas de datos de seguridad, la información que debe incluir, obligaciones y responsabilidades legales según la normativa, legislación de referencia y la guía para la elaboración de fichas de datos de seguridad.

NTP 459: Peligrosidad de productos químicos: etiquetado y fichas de datos de seguridad

Autor: M. JOSE BERENGUER, ENRIQUE GADEA **Año:** 1997

Se describen aquellos aspectos relativos a la información y la caracterización del riesgo químico contenidos en los RR.DD. 363/1995 y 1078/1993 que obligan a que todo producto químico esté debidamente etiquetado tanto si va destinado al público en general o al usuario profesional, en cuyo caso deberá también disponer de la Ficha de Datos de Seguridad (FDS)

NTP 649: Clasificación, envasado y etiquetado de preparados peligrosos: RD 255/2003

Sustancias peligrosas. Clasificación de peligrosidad

Se entiende por **sustancia**, de acuerdo con la Directiva 92/32/CEE, a "Los elementos químicos y sus compuestos en estado natural o los obtenidos mediante cualquier procedimiento de producción incluidos los aditivos necesarios para conservar la estabilidad del producto y las impurezas que resulten del procedimiento utilizado y excluidos los disolventes que puedan separarse sin afectar la estabilidad ni modificar la composición" y por **preparado** a "las mezclas o soluciones compuestas por dos o más sustancias". Los productos químicos, tanto las sustancias químicas como los preparados, se considerarán peligrosos debido a sus propiedades fisicoquímicas y toxicológicas y también a sus efectos específicos, tanto sobre la salud humana como sobre el medio ambiente.

Por sus propiedades fisicoquímicas

a. **Explosivos:** las sustancias y preparados sólidos, líquidos, pastosos o gelatinosos que, incluso en ausencia de oxígeno del aire, puedan reaccionar de forma exotérmica con rápida formación de gases y que, en condiciones de ensayo determinadas, detonan, deflagran rápidamente o, bajo el efecto del calor, en caso de confinamiento parcial, explotan.

b. **Comburentes:** las sustancias y preparados que, en contacto con otras sustancias, en especial con sustancias inflamables, produzcan una reacción fuertemente exotérmica.

c. **Extremadamente inflamables:** las sustancias y preparados líquidos que tengan un punto de inflamación extremadamente bajo y un punto de ebullición bajo, y las sustancias y preparados gaseosos que, a temperatura y presión normales, sean inflamables en el aire.

d. **Fácilmente inflamables:**

   o Sustancias y preparados que puedan calentarse e inflamarse en el aire a temperatura ambiente sin aporte de energía.

   o Sólidos que puedan inflamarse fácilmente tras un breve contacto con una fuente de inflamación y que sigan quemándose o consumiéndose una vez retirada dicha fuente.

   o En estado líquido cuyo punto de inflamación, sea muy bajo.

   o Que, en contacto con agua o con aire húmedo, desprendan gases extremadamente inflamables en cantidades peligrosas.

e. **Inflamables:** las sustancias y preparados líquidos cuyo punto de ignición sea bajo.

Por sus propiedades toxicológicas

f. **Muy tóxicos:** las sustancias y preparados que, por inhalación, ingestión o penetración cutánea en muy pequeña cantidad puedan provocar efectos agudos o crónicos, o incluso la muerte.

g. **Tóxicos:** las sustancias y preparados que, por inhalación, ingestión o penetración cutánea en pequeñas cantidades puedan provocar efectos agudos o crónicos, o incluso la muerte.

h. **Nocivos:** las sustancias y preparados que, por inhalación, ingestión o penetración cutánea puedan provocar efectos agudos o crónicos, o incluso la muerte.

i. **Corrosivos:** las sustancias y preparados que, en contacto con tejidos vivos, puedan ejercer una acción destructiva de los mismos.

j. **Irritantes:** las sustancias y preparados no corrosivos que, por contacto breve, prolongado o repetido con la piel o las mucosas puedan provocar una reacción inflamatoria.

k. **Sensibilizantes:** las sustancias y preparados que, por inhalación o penetración cutánea, puedan ocasionar una reacción de hipersensibilización, de forma que una exposición posterior a esa sustancia o preparado dé lugar a efectos negativos característicos.

Por sus efectos específicos sobre la salud humana

l. **Carcinogénicos**: las sustancias y preparados que, por inhalación, ingestión o penetración cutánea, puedan producir cáncer o aumentar su frecuencia.

m. **Mutagénicos:** las sustancias y preparados que, por inhalación, ingestión o penetración cutánea, puedan producir defectos genéticos hereditarios o aumentar su frecuencia.

n. **Tóxicos para la reproducción:** las sustancias o preparados que, por inhalación, ingestión o penetración cutánea, puedan producir efectos negativos no hereditarios en la descendencia, o aumentarla frecuencia de éstos, o afectar de forma negativa a la función o a la capacidad reproductora masculina o femenina.

Por sus efectos sobre el medio ambiente

o. **Peligrosos para el medio ambiente:** las sustancias o preparados que, en caso de contacto con el medio ambiente, presenten o puedan presentar un peligro inmediato o futuro para uno o más componentes del medio ambiente.

Condiciones de envasado y etiquetado

Envasado

Deben cumplirse las condiciones siguientes:

- Los envases deberán estar diseñados y fabricados de manera que no se produzcan pérdidas de contenido.
- Los materiales de los envases y sus cierres no deberán ser atacables por el contenido ni formar combinaciones peligrosas con este último.
- Los envases y sus cierres deberán ser sólidos y fuertes en todas sus partes al objeto de evitar aflojamientos y de responder de manera fiable a las exigencias normales de mantenimiento.
- Los recipientes con sistemas de cierre reutilizables habrán de estar diseñados de forma que puedan cerrarse varias veces sin pérdidas en su contenido.
- Los recipientes que contengan sustancias vendidas al público en general o estén a disposición del mismo y estén clasificadas como "muy tóxicas" (TI), "tóxicas" (T) o "corrosivas" (C) deberán llevar una indicación de peligro detectable al tacto y disponer de un cierre de seguridad para niños. Si la sustancia contenida está clasificada como "nociva" (Xn), "extremadamente inflamable" (F1) o "fácilmente inflamable" (F) únicamente deberá llevar una indicación de peligro detectable al tacto.

Ubicación de la señalización y su dimensionado

La señalización se ubicará en lugar destacado del envase o del recipiente de transporte. Su dimensión estará en función de la capacidad del envase.

Capacidad envase	Dimensión mínima en mm
Igual o inferior a 3 l.	52 x 74
Desde más de 3 a 50 l.	74 x 105
Desde más de 50 a 500 l.	105 x 148
Superior a 500 l.	148 x 210

Las letras de las inscripciones, tendrán como mínimo un milímetro de altura.

El esquema ocupará como mínimo una décima parte de la superficie de la etiqueta.

Podrá no obstante estar situada fuera de la inscripción pero necesariamente junto a la parte superior de la misma.

Cuando los envases de productos químicos estén agrupados dentro de uno exterior general, éste dispondrá en la dimensión correspondiente, de la misma identificación.

Etiquetado

Todo envase deberá ostentar de manera legible e indeleble las siguientes indicaciones:

- Nombre de la sustancia. Deberá figurar bajo una de las denominaciones del Anexo 1 de la Directiva o bajo una denominación internacional mente reconocida.

- Nombre, dirección completa y número de teléfono del responsable establecido en la Comunidad (fabricante, importador o distribuidor).

- Símbolos e indicaciones de peligro. Deberán coincidir con los descritos en el cuadro, en negro sobre fondo amarillo anaranjado. Cada símbolo ocupará por lo menos, 1/10 de la superficie de la etiqueta y en ningún caso será inferior a 1 cm². Si una sustancia debe llevar más de un símbolo, la obligación de poner uno de ellos hace facultativa la obligación de utilizar otro.

Pictogramas e indicaciones de peligro

- Frases tipo relativas a los riesgos específicos (frases R) y a los consejos de prudencia (frases S). Se redactarán de acuerdo con las indicaciones del Anexo III (frases R) y Anexo IV (frases S) de la Directiva y se incluyen en el cuadro 2. La asignación de dichas frases, así como los símbolos e indicaciones de peligro se efectuará de acuerdo con los criterios descritos en el Anexo VI de la Directiva y que se comentan de forma resumida más adelante.

- Número CEE. Se indicará en aquellas sustancias que lo tengan asignado, que son las incluidas en el listado del Anexo I de la Directiva y que deberán llevar también la frase "etiqueta CEE".

Para las sustancias irritantes, fácilmente inflamables, inflamables o comburentes no será necesario indicar las frases R y las frases S si el contenido del envase es inferior a 125 mililitros y a las nocivas de igual contenido, si no se venden al público en general.

No podrá inscribirse en el etiquetado indicaciones tales como "no tóxico", "inocuo" o cualquier otra indicación parecida.

Las indicaciones deberán estar inscritas en una etiqueta que estará sólidamente fijada en una o varias caras del envase o inscritas directamente en él, de forma que se puedan leer horizontalmente cuando el envase esté colocado en posición vertical. El tamaño de las etiquetas debe tener unas dimensiones mínimas en función de la capacidad del envase. En el ámbito de la Comunidad, los Estados miembros podrán poner como condición para la comercialización de las sustancias peligrosas en su territorio, la utilización de la lengua o lenguas oficiales de los mismos. Las condiciones anteriores referentes a envasado y etiquetado no se aplicarán a las disposiciones relativas al butano, propano y gas licuado de petróleo hasta el 30 de abril de 1997 y tampoco se aplicarán a los explosivos y municiones comercializados para producir un efecto práctico de explosión o pirotécnico. Cuando los envases, debido a sus limitadas dimensiones, no permitan llevar la etiqueta, el etiquetado deberá efectuarse de cualquier otra forma. Puede eximirse del etiquetado a aquellos envases que contengan sustancias en muy pequeña cantidad y que no sean explosivas, muy tóxicas o tóxicas.

Contenido de la etiqueta de señalización

La señalización obligatoriamente identificará

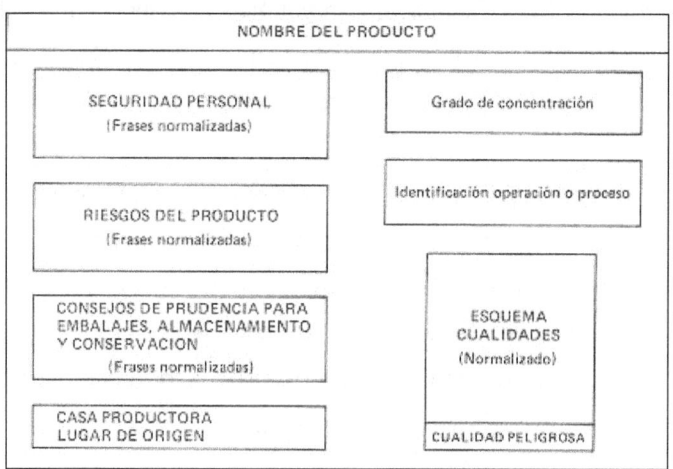

Ejemplo de posible ubicación de datos en la etiqueta

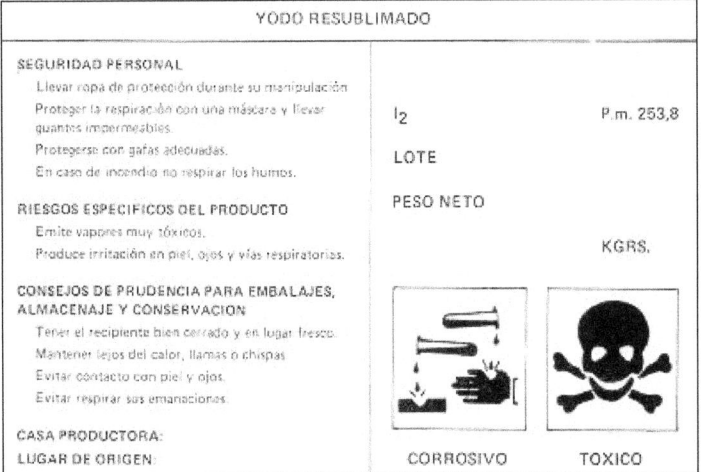

Ejemplo real de etiqueta de un producto corrosivo y tóxico

Nombre del producto envasado y en su caso la denominación corriente conocida en el mercado.

- Grado de concentración.
- Lugar de origen.
- Casa productora.
- Número o señal que identifique la operación o proceso de su obtención.

Asimismo se indicará de forma destacada (otro tipo de letra y de mayor tamaño).

- Cualidad peligrosa del producto (tóxico, cáustico o corrosivo, inflamable, explosivo, oxidante, radiactivo o nocivo) o de alguno de sus compuestos, (indicando su proporción).
- Descripción de los riesgos principales, precauciones a tomar y primeros auxilios (seguridad personal), utilizando las frases normalizadas. Una de cada grupo al menos y nunca más de

cuatro, colocando en primer lugar la relativa a la seguridad personal.

Color de la etiqueta

A pesar de no estar reglamentado es recomendable el empleo del color amarillo-anaranjado como color de fondo y el texto-esquema de color negro. (El color amarillo-anaranjado tiene en seguridad un significado específico de **Advertencia.** Sobre él, el de máxima apreciación es el negro).

Cambio de envase

Cuando se entreguen productos químicos en envases distintos a los originales de fábrica, deberá figurar en ellos:

- Denominación conocida en el mercado.
- Grado de concentración.
- Cualidad peligrosa del producto (tóxico, cáustico, etc.).
- Esquema (símbolo) indicador de la peligrosidad del producto.

Ficha de datos de seguridad

La ficha de datos de seguridad constituye un sistema de información fundamental, que permite, principalmente a los usuarios profesionales, tomar las medidas necesarias para la protección de la salud, la seguridad y el medio ambiente en el lugar de trabajo. La ficha de datos de seguridad (FDS) debe facilitarse obligatoriamente y de forma gratuita por parte del responsable de la comercialización, ya sea el fabricante, importador o distribuidor, de un preparado peligroso al destinatario del mismo que sea usuario profesional. En el caso de preparados que no estén clasificados como peligrosos, pero que contengan, al menos, una sustancia peligrosa para la salud o el medio ambiente, o una sustancia para la que existan límites de exposición en el lugar de trabajo, en una concentración individual ≥ 1 % (en peso) para los no gaseosos y ≥ 0,2% (en volumen) para los gaseosos, el proveedor deberá suministrar al destinatario, previa solicitud de un usuario profesional, una ficha de datos de seguridad (ver cuadro 9). En ambos casos debe entregarse una copia de la FDS a la autoridad competente (M. de Sanidad y Consumo).

Cuadro 9

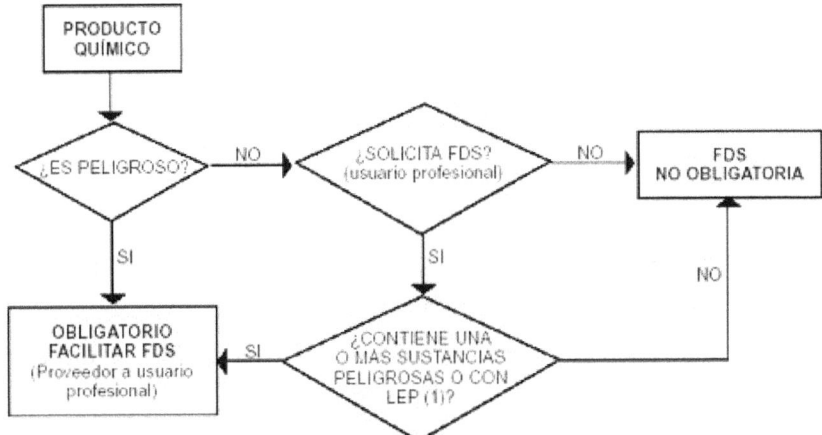

(1) en una concentración ≤ 1% (no gaseosas) ó 0,2% (gaseosas).

Contenido de la FDS

El contenido de la FDS, que deberá estar redactado, al menos, en la legua oficial del estado, se indica en el cuadro 10.

Cuadro 10

a. Identificación del preparado y del responsable de su comercialización.

b. Composición/información sobre los componentes.

c. Identificación de los peligros

d. Primeros auxilios.

e. Medidas de lucha contra incendios.

f. Medidas en caso de caso de vertido accidental.

g. Manipulación y almacenamiento.

h. Controles de la exposición/protección personal.

i. Propiedades físicas y químicas.

j. Estabilidad y reactividad.

k. Información toxicológica.

l. Información ecológica.

m. Consideraciones relativas a la eliminación.

n. Información relativa al transporte.

o. Información reglamentaria.

p. Otra información.

El responsable de la comercialización del preparado deberá aportar las informaciones correspondientes a los diferentes epígrafes, de acuerdo con lo indicado en el anexo VIII del RD 255/03 y la FDS deberá estar fechada. Confidencialidad de los nombres químicos

En aquellos casos en los que la persona responsable de la comercialización del preparado pueda demostrar que la divulgación, en la etiqueta (ver apartado de etiquetado) o en la FDS, de la identidad química de una sustancia implique un riesgo para el carácter confidencial de su propiedad intelectual, está permitido referirse a la misma mediante una denominación que identifique los grupos químicos funcionales más importantes o mediante una denominación alternativa, de acuerdo con lo indicado en el anexo VI del RD 255/03. Este procedimiento se aplicará exclusivamente a las sustancias clasificadas como:

- Irritantes (Xi), o irritantes en combinación con propiedades fisicoquímicas o para el medio ambiente, salvo que tengan asignada la frase R41.

- Nocivas (Xn), o nocivas en combinación con propiedades fisicoquímicas o para el medio ambiente y presenten por sí solas efectos letales agudos.

El procedimiento no podrá aplicarse cuando la sustancia tenga establecido un límite de exposición.

Cuando un comercializador desee acogerse a las disposiciones en materia de confidencialidad deberá presentar una solicitud a la Dirección General de Salud Pública, de acuerdo con lo dispuesto en el anexo VI del RD 255/03.

Legislación de referencia

- Real Decreto 255/2003, de 28 de febrero (M. Presid., BOE 4.3.2003) por el que se aprueba el Reglamento sobre clasificación, envasado y etiquetado de preparados peligrosos.
- Real Decreto 363/1995, de 10 de marzo (M. Presid., BOE 5.6.1995) por el que se aprueba el Reglamento sobre notificación de sustancias nuevas y clasificación, envasado y etiquetado de sustancias peligrosas, modificado por:
  - Orden de 13 de septiembre de 1995 (M. Presid., BOE 19.9.1995).
  - Orden de 21 de febrero de 1997 (M. Presid., BOE 10.3.1997).
  - Real Decreto 700/1998 de 24 de abril (M. Presid., BOE 8.5.1998).
  - Orden de 30 de junio de 1998 (M. Presid., BOE 6.7.1998).
  - Orden de 11 de septiembre de 1998 (M. Presid., BOE 17.9.1998).
  - Orden de 8 de enero de 1999 (M. Presid., BOE 14.1. 1999).

- o Orden de 16 de julio de 1999 (M. Presid., BOE 27.7.1999).
- o Orden de 5 de octubre de 2000 (M. Presid., BOE 10.10.2000).
- o Orden de 5 de abril de 2001 (M. Presid., BOE 19.4 2001).
- o Real Decreto 507/2001 de 11 de mayo (M. Presid., BOE 12.5.2001).
- o Orden PRE/2317/2002 de 16 de septiembre (M. Presid., BOE 24.9.2003).
- o Real Decreto 99/2003 de 24 de enero (M. Presid., BBOOE 4.2. rect. 28.3.2003).
- o Real Decreto 255/2003 de 28 de febrero (M. Presid., BOE 4.3.2003).

Elementos de los códigos de buenos procedimientos en refrigeración

Este capítulo contiene una relación no exhaustiva de las prácticas de servicio en refrigeración que deben eliminarse o conservarse.

1 - Modificación de los sistemas de refrigeración

Esta guía no recoge ni el diseño, ni la fabricación de sistemas y componentes. Pero sí contempla los grandes sistemas de refrigeración que aún tienen mucha vida útil y que son susceptibles de requerir una modificación o una puesta a punto, para evitar reparaciones y emisiones indeseadas.

Acciones necesarias:

- Optimizar la limpieza mediante filtros y secadores apropiados para el sistema.

- Reducir las vibraciones, reforzando los cimientos e instalando dispositivos antivibración.
- Favorecer la retención y la recuperación de líquidos, utilizando recipientes protegidos, con capacidad suficiente para toda la carga de refrigerantes y fáciles de aislar.

2 - Instalación de los equipos

Han de tenerse siempre presentes las posibles repercusiones medioambientales para evitar, por ejemplo, el calentamiento terrestre y asegurar la seguridad general. Por eso, las nuevas instalaciones no deben contener CFC en ningún caso y se debe propiciar el uso de refrigerantes cuyo potencial de agotamiento del ozono (PAO) sea mínimo o nulo.

De no poderse evitar la instalación de sistemas de refrigeración a base de CFC, además de los principios fundamentales para la puesta en funcionamiento y el mantenimiento descritos en la sección anterior, habrá que aplicar las recomendaciones que se exponen a continuación.

- Instalar una unidad condensadora de vaciado y un recipiente de emergencia en los sistemas de mayor envergadura.
- Considerar la incorporación de válvulas a los compresores y las secciones principales del equipo, para conectar una unidad de vaciado en sistemas más pequeños.
- Instalar válvulas aislantes y de distribución que permitan el aislamiento de los cilindros y los componentes del sistema.
- Acortar todo lo posible las mangueras y las tuberías que deban purgarse.
- Realizar pruebas de detección de fugas en los conductos de carga.
- Utilizar válvulas con casquete protector para evitar fugas de la prensaestopas del eje, o válvulas con ejes ajustados o fijos.

- Evitar, en la medida de lo posible, las juntas mecánicas en el sistema de tuberías; tratar de utilizar conexiones soldadas o de abrazadera, en lugar de empalmes de engaste o de rosca.
- Instalar sistemas de detección de fugas.
- Instalar conexiones rápidas en la válvula de carga.
- Asegurarse de que los dispositivos limitadores de presión estén correctamente ajustados al 90% de la regulación de las válvulas de seguridad, para prevenir escapes innecesarios en caso de fallos operativos.

Acciones necesarias:
- Verificar que la sala de máquinas tiene el tamaño y la ventilación adecuados; respetar una distancia de seguridad entre la maquinaria y las paredes, para evitar el recalentamiento de compresores y condensadores.
- Comprobar la limpieza de los conductos y las uniones antes del montaje y durante la instalación.
- Prevenir la oxidación del equipo durante el ensamblaje y la soldadura, inyectando nitrógeno seco en las uniones.
- Inyectar nitrógeno seco en el interior de las tuberías, para retirar los restos de soldadura, las limaduras y demás residuos.
- Nunca usar oxígeno.
- Procurar que las tuberías sean fácilmente accesibles para su inspección, mantenimiento y reparación, y evitar que los conductos de refrigerantes corran cercanos al suelo o a zonas húmedas (lagos, corrientes de agua, etc.).
- Comprobar que todos los circuitos de refrigeración y las uniones mecánicas están correctamente instalados y montados antes de introducir el gas detector.

- Realizar una prueba fuga para verificar que el sistema está bien hermético.
- Etiquetar cada sistema con información clara sobre el equipo, los datos técnicos y el tipo y el volumen de refrigerante y lubricante que utiliza.
- Leer detenidamente la documentación disponible sobre la presión de los cilindros y los certificados de inspección de la presión, y asegurarse de que los contenedores corresponden a las placas de identificación.
- Verificar que se dispone de los dispositivos de seguridad necesarios y que se encuentran en buenas condiciones, i.e.: válvulas de seguridad, monitores de presión, sistema de interrupción de emergencia, vías de descarga y de escape de presión.
- Antes de conectar el sistema, volver a comprobar que es hermético.
- Una vez activado el sistema, verificar de nuevo su hermeticidad para el transporte y el almacenamiento.
- Preparar un libro de servicio, en el que se registren todos los datos técnicos señalables, tablas de comprobación a rellenar tras cada inspección, acción de mantenimiento o reparación. El libro debe estar siempre a disposición de los técnicos de servicio.
- Adjuntar al libro de servicio las instrucciones de seguridad (en el idioma local) para la puesta en funcionamiento y el mantenimiento.
- Insertar los datos sobre la instalación y la conexión en el libro, señalando los resultados de las pruebas de fuga y la comprobación de la instalación; no olvidar marcar la fecha y el nombre de los técnicos de servicio.

3 - Operación y mantenimiento del sistema

A la hora de operar y realizar el mantenimiento de los sistemas a base de CFC, han de respetarse los siguientes principios:

Acciones necesarias:

- Emplear siempre medidas de seguridad y conservación con el CFC.
- En caso de fuga, desconectar el sistema y repararlo luego.
- De ser necesaria la evacuación de CFC, utilizar un condensador y un contenedor para recuperarlo desde la válvula de salida de la bomba de vacío.
- Seguir las instrucciones del fabricante para la limpieza y vaciado en profundidad de un sistema contaminado, y cuando se reemplacen los filtros, los secadores, los acumuladores, etc.
- Recalentar el aceite antes de las actividades de servicio, para reducir la concentración de refrigerante disuelto en el aceite.
- Si el sistema se ha expuesto a la atmósfera durante el servicio, proceder a la evacuación y a una prueba de presión antes de conectarlo; utilizar el método de triple evacuación, si es necesario.
- Calibrar los controles con aire, nitrógeno u otros compuestos de calibración.
- Antes de recargar el sistema, comprobar posibles fugas y purgar los conductos de conexión.
- Verificar previamente el nivel de aceite o lubricante para evitar el desbordamiento.
- Ajustar la carga de refrigerante mediante los diagramas de presión y temperatura, hasta conseguir las condiciones operativas óptimas. No servirse de las mirillas o visores para estos efectos.

- Verificar que las mezclas de refrigerantes se cargan en estado líquido y no gaseoso.
- Realizar una prueba de operatividad, tras la recarga y la reconexión.
- Descongelar periódicamente para evitar la formación de hielo en el evaporador y favorecer una eficiente transferencia de calor.
- Mantener la sala de máquinas limpia y sin insectos.
- Comprobar que las compuertas de los compartimentos de la cámara congeladora cierran herméticamente, para evitar la entrada de humedad y aire caliente.

Bajo ningún concepto se debe:
- Evacuar el contenido de los conductos de carga a la atmósfera.
- Utilizar CFC para la limpieza de utensilios, bobinas o maquinaria, ni como disolventes para limpiar los compresores; de no existir otros disolventes, recurrir siempre al R&R.

Además de estos principios generales para ofrecer un servicio adecuado a los equipos con CFC, existen otros para sistemas sin CFC. Conciernen, en particular, a sistemas retroadaptados o a base de hidrocarbonos, cuya toxicidad e inflamabilidad exigen medidas de seguridad más estrictas. Este particular rebasa el campo de estudio de la presente publicación, por lo que se sugiere que los interesados soliciten información a los fabricantes de este tipo de sistema y a sus proveedores de refrigerantes.

4 - Inspección y mantenimiento preventivos

La inspección y el mantenimiento preventivos de los sistemas de gran tamaño contribuyen a prolongar su productividad y fiabilidad. A estos efectos, deben contratarse técnicos calificados y procurar llegar a un acuerdo de mantenimiento a largo plazo. Se exponen otros métodos para reducir el índice de fugas y otras averías en la sección 1, sobre la modificación del diseño.

NO

- Proceder al servicio de un sistema, sin antes comprobar el tipo de aceite y de refrigerante que contiene.
- Añadir aceite lubricante a un sistema sin averiguar qué clase de lubricante usa y el grado de acidez del sistema.
- Rellenar completamente un sistema con CFC sin comprobar antes posibles fugas o manchas de aceite.
- Cargar los refrigerantes a través del conducto de succión del compresor, sin comprobar antes que son gaseosos en lugar de líquidos, ya que el flujo de un líquido dañaría el compresor.
- Recargar un sistema de refrigeración, cuando caben dudas sobre su resistencia a la presión.
- Abrir la sección del sistema donde se encuentra el refrigerante, si no es indispensable. En caso de serlo, antes de abrir, aislar los componentes que requieren servicio y evacuar previamente los CFC.
- Servirse de CFC como gas de comprobación en una prueba de detección de fuga.
- Poner en funcionamiento un equipo con algún escape, sin determinar y rectificar primero el origen de la deficiencia.
- Enfriar cojinetes o partes de ensamblaje, rociándolos directamente con refrigerantes volátiles, si no puede asegurarse su recuperación.
- Utilizar herramientas metálicas o punzantes para retirar el hielo del evaporador o de los compartimentos de congelación.
- Usar el condensador como secador, ya que repercutiría en la correcta transferencia de calor.

- Conectar el compresor inmediatamente después de un corte de corriente.

La inspección preventiva de los técnicos de servicio repercutirá en la rentabilidad de las instalaciones más vulnerables, como el transporte refrigerado, y de las instalaciones industriales y comerciales mayores, cuya interrupción, aun siendo breve, puede causar grandes pérdidas.

También es importante la revisión de los sistemas menores. El usuario mismo puede verificar los elementos sensibles para evitar problemas posteriores. La detección temprana de fallas o defectos menores resultará de gran beneficio y poca inversión a largo plazo.

Acciones necesarias:

- Trazar un esquema de mantenimiento preventivo y de verificación sistemática de fugas, que asegure la regularidad del examen y el servicio del sistema. Establecer un examen frecuente evitará interrupciones inesperadas del funcionamiento habitual

- .Seguir las instrucciones del fabricante para el mantenimiento preventivo y consultarle directamente, si es posible y necesario.

- Inspeccionar siempre fugas potenciales y otros daños frecuentes (carga de aceite y refrigerante, parámetros de operatividad, fallos mecánicos, deterioro por el tiempo, restos de aceite, etc.).

- Observar posibles vibraciones anormales del sistema (fricción entre tuberías y soportes).

- Comprobar regularmente las condiciones de funcionamiento y el rendimiento del sistema.

- Conectar una vez por semana las bombas de aceite auxiliares para mantener lubricado el interior de los retenes mecánicos, los cojinetes y las prensaestopas, de modo que estén preparadas para una emergencia. En caso contrario, inspeccionar y lubricar cada elemento antes de conectar el sistema.

- Después del servicio, reponer y ajustar las tapas protectoras de todas las válvulas, incluidas las de los filtros y los secadores, de acuerdo con las instrucciones del fabricante.

- Seguir el procedimiento estipulado de detección de fugas, tales como una prueba de succión corriente, sirviéndose siempre de herramientas y equipos aprobados.

- Utilizar, mientras sea posible, gases no SAO para las pruebas de fuga (i.e.: el método de las burbujas de jabón con nitrógeno seco); si no puede aplicarse el método R&R, no usar mezclas de nitrógeno seco y R22 (detectores de escapes a base de haluros).

- Instalar sistemas de detección permanente de fugas, situando los sensores en las zonas más adecuadas.

- Si se observa alguna anomalía, debe consultase a un experto.

- Recoger todos los resultados de las inspecciones y transmitirlos a propietarios y operadores, de modo que puedan actuar y tomar medidas para el futuro (como gestionar los cortes de los sistemas para las operaciones de mantenimiento más importantes).

5 - Registro de datos y documentación

Se proporcionará siempre a los técnicos un informe sobre el funcionamiento del sistema a revisar. Éste debe recoger, de forma detallada y regular, los parámetros operativos y el rendimiento del sistema, las condiciones anormales, las reparaciones realizadas y el servicio que ha recibido. La historia del sistema facilita el diagnóstico de los fallos y la selección del método de reparación más adecuado. Gracias a ella, se puede determinar cuándo es necesario realizar una intervención importante, o una simple reparación menor.

Los datos que ha de contener el informe dependen del tipo, el tamaño y la aplicación del sistema en cuestión. En la refrigeración doméstica, se carece con frecuencia de detalles como los parámetros operativos o los indicadores de rendimiento; sin embargo, es importante disponer de información básica sobre el equipo y el proveedor, la clase de refrigerante y la carga, así como de las reparaciones y operaciones de servicio realizadas.

Todo manual de planta debe contener los siguientes datos, tal y como queda recogido en el formulario modelo del anexo A:

• Detalles técnicos y de diseño (anexo A.1).

• Datos específicos del usuario (anexo A.2).

• Instrucciones del fabricante para garantizar el servicio y el mantenimiento seguros.

En el libro de servicio, se registrarán los datos que se exponen a continuación:

Acciones necesarias:

- Mantener al día el registro de datos en un lugar adecuado, accesible a los funcionarios en servicio y cercano al sistema.

- Poner a su disposición también el manual de la planta, en un lugar cercano al sistema de refrigeración.

- Registrar la pérdida, la recuperación y el consumo de cada tipo de refrigerante por la empresa (si ésta se sirve de distintos sistemas de refrigeración).Ver anexo A.6.

- Si su empresa es una firma de servicios o de recuperación de sistemas, registrar la pérdida, la recuperación y el consumo de los refrigerantes de cada cliente, así como las actividades de adquisición y reciclado (ver anexo A.7).

- Informar de la adquisición de equipos de R&R a las instituciones gubernamentales pertinentes, si la legislación nacional así lo requiere (ver anexo A.8).

- Recomendar a los propietarios de empresas que creen su propio libro de registro de los refrigerantes que usan en todos los sistemas, especificando el consumo total de refrigerantes de la casa.

- Conservar una copia de seguridad de todos los archivos, durante el período que estipule la ley.

• Datos de servicio (anexo A.3).

• Información sobre retroadaptación (anexo A.4).

• Índices de uso de refrigerantes (anexo A.5).

6 - Recuperación, reciclaje y regeneración

La retención del refrigerante durante las operaciones de servicio y reparación, y su posterior reutilización, reciclaje o regeneración, es un método muy eficaz para reducir al mínimo las emisiones.

7 - Manipulación y almacenamiento de refrigerantes

La manipulación de los cilindros de refrigeración requiere un cuidado especial. Son recipientes a presión y están sujetos a condiciones de seguridad e inspecciones imperativas.

Acciones necesarias:

- Mantener al día el registro de datos en un lugar ordenado y accesible a los funcionarios en servicio y cercano al sistema

- Utilizar el material de R&R certificado, de acuerdo con las pautas estipuladas.

- Respetar las instrucciones del fabricante en la utilización y el mantenimiento del material de R&R, que sólo debe ser manipulado por personal cualificado o formado expresamente para ello.

- Si se carece de contenedores permanentes para refrigerantes líquidos en un sistema pequeño, servirse de recipientes o bolsas para guardarlos.
- Utilizar compresores de purga o aparatos de evacuación móviles para recuperar los residuos de refrigerante líquido o gaseoso de los tanques y cilindros.
- Investigar las repercusiones económicas derivadas de recuperar la mezcla de refrigerantes y gases inertes de presurización, utilizada en las pruebas de presión y detección de fugas.

Acciones necesarias:

- Seguir las instrucciones recomendadas por la industria, utilizando siempre equipos de manipulación y almacenamiento aprobados.
- Utilizar equipos de transferencia de refrigerantes de circuito cerrado al evacuar, cargar y almacenar frigorígenos.
- Transferir el refrigerante a otro contenedor por bombeo o diferencia de presión entre contenedores. Para lograrla, calentar cuidadosamente el contenedor a evacuar (i.e.: con agua caliente, donde el sistema de control tenga un dispositivo de apagado automático). Se recomienda reducir la presión del cilindro mediante una unidad de reciclaje, como primera alternativa recomendada.
- Utilizar tanto los dispositivos de calibrado de peso como de nivel de líquido, para evitar la saturación de los cilindros; controlar también el peso del refrigerante que se transfiere.
- Si los cilindros se rellenan con una mezcla de refrigerante y aceite, se corre el riesgo de superar el límite volumétrico de

seguridad, ya que la densidad de la mezcla es inferior a la del refrigerante solo.

- Enfriar los cilindros hasta que alcancen la temperatura ambiente, antes de reutilizarlos.

- Asegurar buenas condiciones de conservación para el refrigerante almacenado, durante la interrupción del sistema.

- Solicitar permiso a terceros para utilizar sus contenedores como receptáculos temporales, ya que los refrigerantes contaminados pueden ser corrosivos.

- Almacenar los cilindros en posición vertical y segura, en una zona bien ventilada, sin riesgo de incendio y alejados de fuentes directas de calor.

- Inspeccionar los cilindros que almacenan refrigerantes para que no tengan fugas y asegurarse de que las empaquetaduras de las tapas sean seguras.

- Inspeccionar los contenedores de refrigerantes después de su uso, por si hubiera señales de corrosión; si provienen de terceros, recomendarles que lo verifiquen.

- Respetar siempre el reglamento local sobre la manipulación, el transporte y el almacenamiento de refrigerantes nuevos, usados, contaminados y reciclados.

Bajo ningún concepto se debe:
- Liberar refrigerantes en la atmósfera a sabiendas.

- Manipular los refrigerantes mediante métodos distintos del R&R, la regeneración, la reutilización, el almacenamiento apropiado, o la destrucción.

- Exceder la presión máxima operativa o la capacidad indicadas en el cilindro de refrigerante.

- Mezclar refrigerantes, ya que la mayoría de los centros de recogida los rechazarán y deberán destruirse.

8 - Eliminación de refrigerantes y sistemas

En la actualidad, sólo Norteamérica, Europa Occidental y Japón poseen centros de eliminación de desechos peligrosos. Se confía en que se extiendan a otras regiones del mundo, en cuanto aparezcan la demanda y los incentivos económicos suficientes. Por el momento, se dispone de las tecnologías de destrucción (en la categoría de la oxidación térmica) siguientes:

• Incineradores de inyección líquida

• Ruptura molecular por medio de reactores

• Oxidación de gases y humos

• Incineradores de horno rotativo

• Hornos de cemento

Mientras el país o la región en desarrollo involucrados crean los medios de destrucción apropiados, los gobiernos, con la cooperación de los productores y proveedores de frigorígenos, las asociaciones de refrigeración y los gestores de desechos nocivos, tienen que diseñar una estrategia de contención provisional, que permita el almacenamiento a largo plazo, hasta que los desechos se puedan destruir o transportar a las plantas existentes.

- Conectar los contenedores de refrigerantes a otros recipientes o a sistemas con mayor presión, temperatura o altura; esto podría provocar un reflujo capaz de desbordar los contenedores llenos de líquido y provocar una explosión.
- Calentar los cilindros mediante una llama, un calentador incandescente o un radiador de calor directo, para transferir el refrigerante a otro contenedor.

- Enfriar los cilindros receptores liberando el refrigerante en la atmósfera, como medio de transferencia del refrigerante.
- Exponer al aire libre los residuos de refrigerante, tras el vaciado de cilindros, tanques, contenedores, etc.
- Dejar caer los cilindros, ya que se podrían dañar las válvulas o sus conductos capilares. Los locales de almacenamiento deben tener paneles de aviso indicándolo.

Acciones necesarias:
- Asesorar a los propietarios de sistemas de refrigeración con averías importantes (fugas, roturas en las tuberías, fallos del compresor o motor defectuoso), si la reparación resulta rentable.
- Desalojar y recuperar el refrigerante y el aceite de los sistemas que se vayan a desconectar, desmontar o desechar.

9 - Retroadaptación y alternativas
Cuando no existen alternativas inocuas para el ozono y el cambio de equipo no resulta económicamente aceptable (ya sea porque aún disfruta de una larga vida operativa, por la inversión que supone, o por la escasez o el precio del CFC), se debe optar por la retroadaptación a refrigerantes alternativos, con bajo potencial de agotamiento del ozono (como los HCFC).

Acciones necesarias:
- Además de los costos directos de retroadaptación, tener en cuenta el coeficiente de consumo y rendimiento, y el costo operativo del sistema a retroadaptar.
- Tener en cuenta las propiedades del refrigerante alternativo:
Inflamabilidad, toxicidad y contribución potencial al calentamiento mundial, ya que su uso podría exigir medidas de seguridad especiales.

- Cuando la reparación de un sistema dañado resulte muy costosa, plantearse su retroadaptación.

- Consultar con el fabricante del sistema el refrigerante o lubricante alternativo, así como los componentes del sistema (compresor, filtros, secadores, etc.) que habrá de cambiar para realizar la retroadaptación.

- Consultar con el fabricante el procedimiento de retroadaptación más adecuado, ya que, generalmente, hay un método específico para cada equipo.

- Antes de retroadaptar, verificar los parámetros operativos y el rendimiento del sistema en uso.

- Tras la retroadaptación, revisar los parámetros operativos y el coeficiente de rendimiento del sistema, así como los dispositivos de control.

- Renovar el etiquetado del sistema retroadaptado y de sus componentes, especificando los cambios de refrigerante y lubricante, al igual que las condiciones de servicio futuras.

- Insertar los detalles del proceso de retroadaptación en el libro de servicio.

- Cuando no sea rentable o factible el reciclaje o la regeneración de refrigerantes contaminados o ya mezclados y no reutilizables, se debe disponer de ellos de forma adecuada.

Respetar el reglamento local sobre recojo, transporte, almacenamiento y destrucción de desechos nocivos; ponerse en contacto con los proveedores, las asociaciones de refrigeración y las instituciones gubernamentales pertinentes.

10 - Normas de seguridad

No olvidar que los refrigerantes deben manipularse siempre como gases comprimidos, ya sea a baja o alta presión, y que sus contenedores son cilindros de presión que requieren unas condiciones de seguridad particulares. En la sección 7 de este capítulo, se describen el manejo y el almacenamiento correctos de los refrigerantes.

Bajo ningún concepto se debe:

- Sustituir los refrigerantes por alternativas provisionales, sin consultar previamente al fabricante.

Acciones necesarias:

- Utilizar válvulas de seguridad, para evitar que el exceso de presión dañe el equipo.
- Servirse de dispositivos duales de descompresión con piezas de recambio, para facilitar la reparación o el cambio de las válvulas de presión, sin afectar a la seguridad de la planta.
- Asegurarse de que no se puede exceder la presión máxima de funcionamiento cuando se combina la acción del disco de seguridad con la de una válvula de escape, para evitar la pérdida de refrigerante. El diseño ha de prevenir cualquier restricción a la entrada de la válvula de seguridad, incluso en caso de ruptura del disco de seguridad.
- Evitar que el refrigerante líquido pueda estancarse entre dos puntos de un sistema donde no exista un dispositivo de escape de presión, como una válvula descompresora de derivación, que desvíe el líquido a una zona de baja presión del sistema.
- Instalar sistemas de alarma para detectar el exceso de presión en la maquinaria, durante la interrupción del equipo.
- Aplicar un método de control eficaz del tratamiento de aguas.
- Asignar un color a cada contenedor, en función del refrigerante que contenga (ver documento 14 del anexo G).

- Respetar las normas obligatorias de seguridad para sistemas retroadaptados con refrigerantes alternativos, inflamables o tóxicos, como hidrocarburos o amoníaco (esta guía no trata de ese tipo de compuestos).
- Etiquetar todos los cilindros con placas de peligro aprobadas, donde sea aplicable.
- Dotar a los cilindros de refrigerante de casquetes protectores, para evitar posibles daños a la válvula que se encuentra sobre el cilindro.

11 - Regulaciones

Los códigos de buenos procedimientos en el servicio deben especificar el marco de regulación básico del país y las obligaciones inherentes de técnicos, operarios y propietarios de sistemas.

La normativa, los incentivos económicos y los acuerdos voluntarios son susceptibles de restringir la exportación y la fabricación local de CFC y de los sistemas que los contienen, por medio de prohibiciones, cuotas e impuestos. También tienden a promover el uso de tecnologías alternativas y la adquisición de equipos de R&R, mediante subsidios y liberaciones fiscales.

Acciones necesarias:

- Mantenerse informado sobre los requisitos de certificación para los técnicos de servicio y promover su participación en cursos de capacitación y certificación.
- Estar al tanto de los requerimientos de certificación para los equipos de R&R y comprar y utilizar únicamente equipos certificados.
- Informar a los clientes sobre los requisitos y las ventajas de contratar sólo a técnicos certificados.

Acciones necesarias:

- Informar sobre la normativa que debe observarse durante la instalación, el servicio, la puesta en funcionamiento y el desmontaje de sistemas de refrigeración.

- Informar sobre los requisitos relativos al transporte, el almacenamiento, la importación y la exportación, las prácticas de R&R, la eliminación y la destrucción definitiva de refrigerantes.

- Estar al tanto de la normativa sobre el registro de datos y la documentación.

- Informar sobre la aprobación de los equipos de refrigeración y R&R, así como la de los técnicos y los talleres de servicio.

- La capacitación y la certificación de los técnicos y otros individuos que manipulan refrigerantes debería ser obligatoria para adquirirlos.

- Informar de los incentivos y de las medidas económicas disuasorias que podrían afectar a la viabilidad de las opciones tecnológicas.

- Informar sobre la legalidad de los criterios nacionales e internacionales, y las particularidades de los equipos de R&R y refrigeración, así como de los códigos de buen servicio que deben aplicar talleres y técnicos. Los códigos pueden aplicarse de forma voluntaria o imponerse por medios legales.

- Actualizar con frecuencia el registro de direcciones de instituciones gubernamentales, fabricantes y proveedores de refrigerantes y equipos de refrigeración, organismos de certificación aprobados, talleres con material de reciclaje, centros de regeneración, e institutos de capacitación importantes.

- Recopilar datos sobre fuentes adicionales de información, como documentos sobre la materia, compañías ya retroadaptadas o con plantas de fabricación reconvertidas, actividades de investigación y desarrollo, expertos y consultores.

- Informar sobre las becas disponibles y la formación gratuita, y cómo acceder a equipos y material de reciclaje. Los teléfonos de información y emergencia pueden ser útiles cuando se necesita información específica.

- Informar de las medidas coercitivas, como penalizaciones, multas o confiscación de las licencias de servicio, si no se respetan las normas.

- Informar a los clientes sobre la normativa vigente y los riesgos implícitos en su incumplimiento.

EFECTO DE LOS REFRIGERANTES SOBRE LA CAPA DE OZONO

•Desde hace muchos años se ha sostenido la teoría de que los gases emanados de la tierra provocan un deterioro en la capa de ozono que la protégé de los rayos ultravioleta.

•Esta hipótesis presentada por primera vez en 1974, fue confirmada por la NASA mediante satélites y detectores de ozono en la Antártida.

•Luego se concluyó que algunos compuestos halogenados, entre ellos los CFCs eran los principales causantes de este fenómeno.

•El cloro, es el que mediante una acción acelerada por la luz del sol, ocasiona una destrucción del ozono.

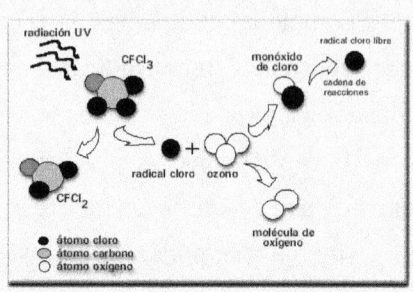

El cloro que se encuentra en la molécula del CFC se desprende mediante la acción de la radiación solar, reaccionando con una molécula de ozono para formar una molécula de monóxido de cloro y oxígeno.

El monóxido de cloro, por ser una molécula muy inestable, se separa fácilmente dejando el radical de cloro libre de nuevo para comenzar el proceso otra vez.

•La cantidad de moléculas de ozono que un CFC puede destruir es variable,

dependiendo del número de cloros y estabilidad que observe.

Los refrigerantes 11 y 12 son de los CFC's con más estabilidad y cloros en su

molécula, pero se pueden destruir hasta 100,000 moléculas de ozono con una

sola molécula de estos compuestos.

No todos los refrigerantes son igualmente dañinos a la capa de ozono estratosférico..

Los refrigerantes CFC contienen átomos de Cloro, Flúor y Carbono.

Los refrigerantes CFC son los que más dañan la capa de ozono.

Los refrigerantes HCFC contienen Hidrógeno, Cloro, Flúor y Carbono.

Aunque estos refrigerantes también atacan la capa de ozono, su efecto es aproximadamente la mitad de dañino que una cantidad igual de refrigerante CFC.

Alternativas para disminuir la emisión de los CFCs A la atmósfera

•Los refrigerantes HFC han sido inventados recientemente como una alternativa a largo plazo para sustituir a los refrigerantes CFC y HCFC.
Sus moléculas contienen Hidrógeno, Flúor y Carbono.
Dado que no contienen cloro, no contribuyen a la reducción del ozono.

•La industria en general, está apoyando el desarrollo de productos que no contengan cloro y que cumplan con las funciones que los CFC's tenían.

•Estos efectos potencialmente nocivos para los humanos y el ambiente han conducido a resoluciones internacionales diseñadas para descontinuar gradualmente la producción de substancias que deterioran el ozono. Como resultado, las comunidades industriales y científicas han colaborado para encontrar reemplazos seguros y económicos para los clorofluorocarbonos (CFC's), los químicos artificiales implicados en la destrucción del ozono.

El Protocolo de Montreal

•En 1978, Estados Unidos dio el primer paso en la reducción del monto del CFC En la atmósfera. Fueron prohibidos los aereosoles desodorantes y para el cabello.

•Los científicos de 24 naciones se reunieron en Montreal en 1987, para elaborar un acuerdo conocido como el Protocolo de Montreal. El acuerdo se hizo para congelar la producción de CFCs de 1986 para 1990 y bajar la producción a la mitad de la de 1986 para el año 1999.

•En 1989, el Congreso aprobó una ley que exigía un aumento en el impuesto de los refrigerantes CFC. La Ley decía que el impuesto inicial sería de $1.37 la lb., con un aumento anual de $4.90 por lb. Para el año 1999.
Este impuesto es diseñado para eliminar del mercado al CFC.

AUTOEVALUACIÓN

Refrigerantes. Almacenamiento. Recuperación y reciclaje de refrigerantes.

1. **En qué sistema se utiliza el refrigerante:**
   a) Sistema calorífico
   b) Sistema hidráulico
   c) Sistema gaseoso
   d) Sistema frigorífico
   e) Ninguna es correcta

2. **Los refrigerantes se identifican por su fórmula:**
   a) Física
   b) Mecánica
   c) Química
   d) Matemática
   e) Algebraica

3. **También se identifican por una denominación simbólica:**
   a) Alfabética
   b) Jeroglífica
   c) Numérica
   d) Todas son correctas
   e) Ninguna es correcta

4. **Para cada refrigerante existe una temperatura específica de:**
   a) Condensación
   b) Licuación
   c) Vaporización
   d) Solidificación
   e) Sublimación

5. **Cuál fue el refrigerante más usado durante mucho tiempo:**
   a) Refrigerante - 21
   b) Refrigerante - 11
   c) Refrigerante - 13
   d) Refrigerante - 12
   e) Refrigerante - 10

6. **¿Cuál es la sigla de la fórmula química de los refrigerantes que dañan la capa de ozono?**
   a) CQC
   b) CSC

c) CFC
d) FCF
e) SFS

7. Los refrigerantes de fórmula HCFC, no dañan la capa de ozono, pero producen efecto invernadero y calentamiento global. Según el protocolo de Montreal se retirarán en el 2015, pero su uso está restringido hasta el 1 de Enero de:
a) 2016
b) 2020
c) 2030
d) 2040
e) 2050

8. La fabricación del refrigerante de fórmula CFC, según el protocolo de Montreal, debía finalizar al final de:
a) 1990
b) 1992
c) 1993
d) 1994
e) 1995

9. Refrigerante es cualquier cuerpo o sustancia que actúa como agente de enfriamiento absorbiendo de otro cuerpo o sustancia:
a) El frío
b) La humedad
c) El calor
d) La presión
e) La densidad

10. Señalar la respuesta incorrecta. Las propiedades más importantes del refrigerante que influyen en su capacidad y eficiencia son:
a) El calor latente de Evaporación
b) La relación de fricción
c) La relación de compresión
d) El calor específico del refrigerante tanto en estado líquido como de vapor
e) a, c y d son correctas

11. ¿Cuántos son los grupos de refrigerantes?
a) 1
b) 2
c) 3
d) 4

e) 5

12. El refrigerante-12 pertenece al grupo:
   a) 1
   b) 2
   c) 3
   d) 4
   e) 5

13. Estos refrigerantes son muy inflamables y explosivos. ¿A qué grupo pertenecen estos refrigerantes?
   a) 1
   b) 2
   c) 3
   d) 4
   e) 5

14. Son los de toxicidad e inflamabilidad despreciables. ¿A qué grupo pertenecen estos refrigerantes?
   a) 1
   b) 2
   c) 3
   d) 4
   e) 5

15. Cuál de los siguientes es un tipo de refrigerante:
   a) Lejía
   b) Detergente
   c) Soda cáustica
   d) Amoníaco
   e) Ácido sulfúrico

16. Se emplea en sistemas de aire acondicionado domésticos y en sistemas de refrigeración comerciales e industriales incluyendo: cámaras de conservación e instalaciones para el procesado de alimentos: refrigeración y aire acondicionado a bordo de diferentes transportes; bombas de calor para calentar aire y agua. A qué refrigerante se refiere el enunciado:
   a) Freón 12
   b) Freón 123
   c) Freón 11
   d) Freón 22
   e) Refrigerante 402b

17. Los hidrocarburos directos son un grupo de fluidos compuestos en varias proporciones de los dos elementos hidrógeno y carbono. Algunos son:
a) Metano
b) Butano
c) Etileno
d) Todas son correctas
e) Ninguna es correcta

18. Para eliminar la humedad del refrigerante, se utilizan:
a) Decantadores
b) Derrapantes
c) Degradantes
d) Desecantes
e) Demarcantes

19. El Reglamento de seguridad para plantas e instalaciones frigoríficas es el Real Decreto:
a) 3099/1972 de 8 de septiembre
b) 3099/1973 de 8 de septiembre
c) 3099/1974 de 8 de septiembre
d) 3099/1977 de 8 de septiembre
e) 3099/1978 de 8 de septiembre

20. Clasificación y utilización de los refrigerantes, de los locales de emplazamiento y de los sistemas de refrigeración. Clasificación de los refrigerantes, A qué Capítulo del Real Decreto 3099/1977, corresponde el enunciado.
a) I
b) II
c) III
d) IV
e) V

21. Según las Notas Técnicas de Prevención (NTP) del Ministerio de Trabajo y Asuntos Sociales de España y la Directiva 92/32/CEE, Los productos químicos, tanto las sustancias químicas como los preparados, se considerarán:
a) Ventajoso
b) No peligrosos
c) Peligrosos
d) Inocuos
e) Ninguna es correcta

22. Señalar la respuesta incorrecta. Según las Notas Técnicas de Prevención (NTP) del Ministerio de Trabajo y Asuntos Sociales de España y la Directiva 92/32/CEE, los productos químicos se clasifican por sus propiedades fisicoquímicos y son:
   a) Explosivos
   b) Carburante
   c) Extremadamente inflamables
   d) Fácilmente inflamables
   e) Inflamables

23. Señalar la respuesta incorrecta. Según las Notas Técnicas de Prevención (NTP) del Ministerio de Trabajo y Asuntos Sociales de España y la Directiva 92/32/CEE, los productos químicos se clasifican por sus propiedades toxicológicas y son:
   a) Muy tóxicos
   b) Tóxicos
   c) Corrosivos
   d) Irritantes
   e) inocuos

24. Para el etiquetado y pictogramas de indicaciones de peligro de recipiente de sustancias tóxicas se debe indicar:
   a) Nombre de la sustancia. Deberá figurar bajo una de las denominaciones del Anexo 1 de la Directiva o bajo una denominación internacional mente reconocida.
   b) Símbolos e indicaciones de peligro. Deberán coincidir con los descritos en el cuadro, en negro sobre fondo amarillo anaranjado.
   c) Número CEE. Se indicará en aquellas sustancias que lo tengan asignado, que son las incluidas en el listado del Anexo I de la Directiva y que deberán llevar también la frase "etiqueta CEE".
   d) Todas son correctas
   e) Ninguna es correcta

25. El siguiente símbolo representa:
   a) Muy tóxico
   b) Irritante
   c) Explosivo
   d) Nocivo
   e) Corrosivo

SOLUCIONARIO

1. d) Sistema frigorífico
2. c) Química
3. c) Numérica
4. c) Vaporización
5. d) Refrigerante -12
6. c) CFC
7. c) 2030
8. e) 1995
9. c) El calor
10. b) La relación de fricción
11. c) 3
12. a) 1
13. c) 3
14. a) 1
15. d) Amoníaco
16. d) Freón 22
17. d) Todas son correctas
18. d) Desecantes
19. d) 3099/1977 de 8 de septiembre
20. d) IV
21. c) Peligrosos
22. b) Carburante
23. e) Inocuos
24. d) Todas son correctas
25. c) Explosivo

Unidades de tratamientos de aire: climatizadores. Principios de funcionamiento. Partes y elementos constituyentes. Distribución del aire. Conductos. Rejillas. Difusores. Procesos y acondicionamiento del aire. Filtración del aire.

UNIDADES DE TRATAMIENTOS DE AIRE: CLIMATIZADORES. PRINCIPIOS DE FUNCIONAMIENTO. PARTES Y ELEMENTOS CONSTITUYENTES. DISTRIBUCIÓN DEL AIRE. CONDUCTOS. REJILLAS. DIFUSORES. PROCESOS Y ACONDICIONAMIENTO DEL AIRE. FILTRACIÓN DEL AIRE.

Aire acondicionado y refrigeración

Conceptos generales

Refrigeración, proceso por el que se reduce la temperatura de un espacio determinado y se mantiene esta temperatura baja con el fin, por ejemplo, de enfriar alimentos, conservar determinadas sustancias o conseguir un ambiente agradable. El almacenamiento refrigerado de alimentos perecederos, pieles, productos farmacéuticos y otros se conoce como almacenamiento en frío. La refrigeración evita el crecimiento de bacterias e impide algunas reacciones químicas no deseadas que pueden tener lugar a temperatura ambiente. El uso de hielo de origen natural o artificial como refrigerante estaba muy extendido hasta poco antes de la I Guerra Mundial, cuando aparecieron los refrigeradores mecánicos y eléctricos. La eficacia del hielo como refrigerante es debida a que tiene una temperatura de fusión de 0 °C y para fundirse tiene que absorber una cantidad de calor equivalente a 333,1 kJ/kg. La presencia de una sal en el hielo reduce en varios grados el punto de fusión del mismo. Los alimentos que se mantienen a esta temperatura o ligeramente por encima de ella pueden conservarse durante más tiempo. El dióxido de carbono sólido, conocido como hielo seco o nieve carbónica, también se usa como refrigerante.

En 1902 Willis Carrier sentó las bases de la refrigeración moderna y al encontrarse con los problemas de la excesiva humidificación del aire enfriado, las del aire acondicionado y desarrolló el concepto de climatización de verano. Por esa época un impresor neoyorquino tenía serias dificultades durante el proceso de impresión, que impedían el comportamiento normal del papel, obteniendo una calidad muy pobre debido a las variaciones de temperatura, calor y humedad. Carrier se puso a investigar con tenacidad para resolver el problema: diseñó una máquina específica que controlaba la humedad por medio de tubos enfriados, dando lugar a la primera unidad de refrigeración de la Historia. Durante aquellos años, el objetivo principal de Carrier era mejorar el desarrollo del proceso industrial con máquinas que permitieran el control de la temperatura y la humedad. Los primeros en usar el sistema de aire acondicionado Carrier fueron las industrias textiles del sur de Estados Unidos. Un claro ejemplo, fue la fábrica de algodón Chronicle en Belmont. Esta fábrica tenía un gran problema. Debido a la ausencia de humedad, se creaba un exceso de electricidad estática haciendo que las fibras de algodón se convirtiesen en pelusa. Gracias a Carrier, el nivel de humedad se estabilizó y la pelusilla quedó eliminada. Debido a la calidad de sus productos, un gran número de industrias, tanto nacionales como internacionales, se decantaron por la marca Carrier. La primera venta que se realizó al extranjero fue a la industria de la seda de Yokohama en Japón en 1907. En 1915, empujados por el éxito, Carrier y seis amigos reunieron 32.600 dólares y fundaron "La Compañía de Ingeniería Carrier", cuyo gran objetivo era garantizar al cliente el control de la temperatura y humedad a través de la innovación tecnológica y el servicio al cliente. En 1922 Carrier lleva a cabo uno de los logros de mayor impacto en la historia de la industria: "la enfriadora centrífuga". Este nuevo sistema de refrigeración se estrenó en 1924 en los grandes almacenes Hudson de Detroit, en los cuales se instalaron tres enfriadoras centrífugas para enfriar el sótano y posteriormente el resto de la tienda. Tal fue el éxito, que inmediatamente se instalaron este tipo de máquinas en hospitales, oficinas, aeropuertos, fábricas, hoteles y grandes almacenes. La prueba de fuego llegó en 1925, cuando a la compañía Carrier se le encarga la climatización de un cine de Nueva

York. Se realiza una gran campaña de publicidad que llega rápidamente a los ciudadanos formándose largas colas en la puerta del cine. La película que se proyectó aquella noche fue rápidamente olvidada, pero no lo fue la aparición del aire acondicionado. En 1930, alrededor de 300 cines tenían instalado ya el sistema de aire acondicionado. A finales de 1920 propietarios de pequeñas empresas quisieron competir con las grandes distribuidoras, por lo que Carrier empezó a desarrollar máquinas pequeñas. En 1928 se fabricó un equipo de climatización doméstico que enfriaba, calentaba, limpiaba y hacía circular el aire y cuya principal aplicación era la doméstica, pero la Gran Depresión en los Estados Unidos puso punto final al aire acondicionado en los hogares. Hasta después de la Segunda Guerra Mundial las ventas de equipos domésticos no empezaron a tener importancia en empresas y hogares.

Termodinámica

La Termodinámica es una rama de la ciencia que trata sobre la acción mecánica del calor. Hay ciertos principios fundamentales de la naturaleza, llamados Leyes Termodinámicas, que rigen nuestra existencia aquí en la tierra, varios de los cuales son básicos para el estudio de la refrigeración. La primera y la más importante de estas leyes dice: La energía no puede ser creada ni destruida, sólo puede transformarse de un tipo de energía en otro.

Calor

El calor es una forma de energía, creada principalmente por la transformación de otros tipos de energía en energía de calor; por ejemplo, la energía mecánica que opera una rueda causa fricción y crea calor. Calor es frecuentemente definido como energía en tránsito, porque nunca se mantiene estática, ya que siempre está transmitiéndose de los cuerpos cálidos a los cuerpos fríos. La mayor parte del calor en la tierra se deriva de las radiaciones del sol. Una cuchara sumergida en agua helada pierde su calor y se enfría; una cuchara sumergida en café caliente absorbe el calor del café y se calienta. Sin embargo, las palabras "más caliente" y "más frío", son sólo términos comparativos. Existe calor a cualquier temperatura arriba de cero absoluto, incluso en cantidades extremadamente pequeñas. Cero absoluto es el término usado por los científicos para describir la temperatura más baja que teóricamente es posible lograr, en la cual no existe calor, y que es de -2730C, o sea -4600F. La temperatura más fría que podemos sentir en la tierra es mucho más alta en comparación con esta base.

Transmisión de calor

La segunda ley importante de la termodinámica es aquella según la cual el calor siempre viaja del cuerpo más cálido al cuerpo más frío. El grado de transmisión es directamente proporcional a la diferencia de temperatura entre ambos cuerpos.

El calor puede viajar en tres diferentes formas: *Radiación, Conducción y Convección.*

Radiación es la transmisión de calor por ondas similares a las ondas de luz y a las ondas de radio; un ejemplo de radiación es la transmisión de energía solar a la tierra. Una persona puede sentir el impacto de las ondas de calor, moviéndose de la sombra a la luz del sol, aun cuando la temperatura del aire a su alrededor sea idéntica en ambos lugares. Hay poca radiación a bajas temperaturas, también cuando la diferencia de temperaturas entre los cuerpos es pequeña, por lo tanto, la radiación tiene poca importancia en el proceso de refrigeración. Sin embargo, la radiación al espacio o al de un producto refrigerado por agentes exteriores, particularmente el sol, puede ser un factor importante en la carga de refrigeración.

Conducción es el flujo de calor a través de una substancia. Para que haya transmisión de calor entre dos cuerpos en esta forma, se requiere contacto físico real. La Conducción es una forma de transmisión de calor sumamente eficiente.

Convección es el flujo de calor por medio de un fluido, que puede ser un gas o un líquido, generalmente agua o aire. El aire puede ser calentado en un horno y después descargado en el cuarto donde se encuentran los objetos que deben ser calentados por convección.

La aplicación típica de refrigeración es una combinación de los tres procesos citados anteriormente. La transmisión de calor no puede tener lugar sin que exista una diferencia de temperatura. El acondicionamiento del aire es el proceso que enfría, limpia y circula el aire, controlando, además, su contenido de humedad. En condiciones ideales logra todo esto de manera simultánea. Como enfriar significa eliminar calor, otro término utilizado para decir refrigeración, el aire acondicionado, obviamente este tema incluye a la refrigeración.

Desarrollo histórico del acondicionamiento del aire

No obstante que la refrigeración, como la conocemos actualmente, data de unos sesenta años, algunos de sus principios fueron conocidos hace tanto como 10 000 años antes de Cristo. Uno de los grandes sistemas para suprimir el calor sin duda fue el de los egipcios. Este se utilizaba principalmente en el palacio del faraón. Las paredes estaban construidas de enormes bloques de piedra, con peso superior de 1000 Toneladas y de un lado pulido y el otro áspero. Durante la noche, 3000 esclavos desmantelaban las paredes y acarreaban las piedras al Desierto del Sahara. Como la temperatura el en el desierto disminuye notablemente a niveles muy bajos durante el transcurso de la noche, las piedras se enfriaban y justamente antes de que amaneciera los esclavos acarreaban de regreso las piedras al sitio donde el palacio y volvían a colocarlas al sitio donde estas se encontraban. Se supone que el faraón disfrutaba de temperaturas alrededor de los 26.7°C, mientras que afuera estas se encontraban hasta en los 54°C o más. Como se mencionó se necesitaban 3000 esclavos para poder efectuar esta labor de acondicionamiento, lo que actualmente se efectúa fácilmente.

Temperatura

La temperatura es la escala usada para medir la intensidad del calor y es el indicador que determina la dirección en que se moverá la energía de calor. También puede definirse como el grado de calor sensible que tiene un cuerpo en comparación con otro. En algunos países, la temperatura se mide en Grados Fahrenheit, pero en nuestro país, y generalmente en el resto del mundo, se usa la escala de Grados Centígrados, algunas veces llamada Celsius. Ambas escalas tienen dos puntos básicos en común: el punto de congelación y el de ebullición del agua al nivel del mar. Al nivel del mar, el agua se congela a 0°C o a 320°F y hierve a 1000°C o a 2120°F. En la escala Fahrenheit, la diferencia de temperatura entre estos dos puntos está dividida en 180 incrementos de igual magnitud llamados grados Fahrenheit, mientras que en la escala Centígrados, la diferencia de temperatura está dividida en 100 incrementos iguales llamados grados Centígrados. En nuestro país, la temperatura de confort recomendada para el verano se sitúa en 25 C, con un margen habitual de 1°C. La temperatura de confort recomendada para invierno es de 20 C, y suele variar entre 18 y 21 C según la utilización de las habitaciones.

Humedad relativa

Es la relación que existe entre la cantidad de agua que contiene el aire, a una temperatura dada, y la que podría contener si estuviera saturado de humedad. Los valores entre los que puede oscilar se sitúan entre el

30 y el 65%. Cuando la humedad del aire es muy baja, se produce un resecamiento de las mucosas de las vías respiratorias y, además, da lugar a una evaporación del sudor demasiado rápida que causa una desagradable sensación de frío. Por el contrario, una humedad excesivamente alta dificulta la evaporación del sudor, dando una sensación de pegajosidad. También puede llegar a producirse condensación sobre ventanas, paredes, etc.

Movimiento del aire

El aire de una habitación nunca está completamente quieto. Por la presencia de personas y por efectos térmicos, no se puede hablar de aire en reposo. Todo ello trae consigo un movimiento del volumen de aire que está dentro de la vivienda o local.

Limpieza del aire

El ser humano, en la respiración, consume oxígeno del aire y devuelve al ambiente anhídrido carbónico, otros gases diversos, vapor de agua y microorganismos. El polvo, que siempre podemos encontrar en el aire que respiramos, constituye otro punto importante de la calidad del aire. Por estas razones, se impone la renovación del aire y su limpieza o necesidad de filtrarlo.

Funcionamiento básico de un AA

El acondicionador de aire o clima toma aire del interior de una recamara pasando por tubos que están a baja temperatura estos están enfriados por medio de un líquido que a su vez se enfría por medio del condensador, parte del aire se devuelve a una temperatura menor y parte sale expulsada por el panel trasero del aparato, el termómetro está en el panel frontal para que cuando pase el aire calcule al temperatura a la que está el ambiente dentro de la recamara, y así regulando que tan frío y que tanto debe trabajar el compresor y el condensador.

El **acondicionamiento de aire** es el proceso más completo de tratamiento del aire ambiente de los locales habitados; consiste en regular las condiciones en cuanto a la temperatura (calefacción o refrigeración), humedad y limpieza (renovación, filtrado). Si no se trata la humedad, sino solamente la temperatura, podría llamarse **climatización**. Entre los sistemas de acondicionamiento se cuentan los autónomos y los centralizados. Los primeros producen el calor o el frío y tratan el aire (aunque a menudo no del todo). Los segundos tienen un/unos acondicionador/es que solamente tratan el aire y obtienen la energía térmica (calor o frío) de un sistema centralizado. En este último caso, la producción de calor suele confiarse a calderas que funcionan con combustibles. La de frío a máquinas frigoríficas, que funcionan por compresión o por absorción y llevan el frío producido mediante sistemas de refrigeración. La expresión aire acondicionado suele referirse a la refrigeración, pero no es correcto, puesto que también debe referirse a la calefacción, siempre que se traten (acondicionen) todos los parámetros del aire. Lo que ocurre es que el más importante que trata el aire acondicionado, la humedad del aire, no ha tenido importancia en la calefacción, puesto que casi toda la humedad necesaria cuando se calienta el aire, se añade de modo natural por los procesos de respiración y transpiración de las personas. De ahí que cuando se inventaron máquinas capaces de refrigerar, hubiera necesidad de crear sistemas que redujesen también la humedad ambiente.

Bases de la climatización

Durante los años el Hombre constantemente intentaba mejorar el nivel de comodidad ofrecido por su entorno. En las regiones frías, intentamos calentar nuestras casas durante los períodos fríos y refrescarlos durante períodos calientes. Pero el confort térmico, vital para nuestro bienestar, está sujeto a tres influencias principales:

El factor humano.
Nuestra manera de vestir, nuestro nivel de actividad y el tiempo durante el cual nos quedamos en la misma situación, influye sobre nuestra comodidad térmica.

Nuestro espacio.
La temperatura de radiación y la temperatura ambiental.

El aire.
Su temperatura, su velocidad y su humedad.

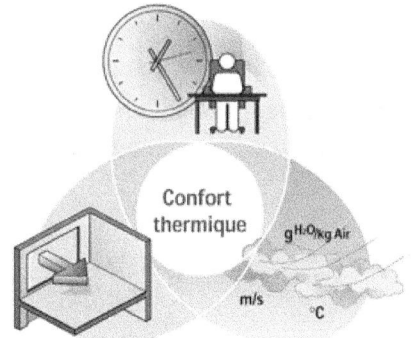

Entre estas influencias, el factor humano es lo más imprevisible. Por otra parte, los otros factores pueden ser controlados con el objetivo de ofrecer una sensación de bienestar. El cambio de la manera de construir los edificios, los métodos de trabajo, y los niveles de ocupación han creado nuevos parámetros a los que los diseñadores ahora deben prestar atención. Los edificios modernos producen, hoy día, mucho más cargas térmicas que hace 50 años, por varios motivos:

La radiación solar

Con el desarrollo de los nuevos edificios, las nuevas técnicas han favorecido el empleo del cristal y aunque los cristales protegen contra el sol, el incremento térmico es considerable.

La ocupación:

El número de inquilinos aumenta constantemente en los edificios, generando cada uno 120W / hora de calor.

La Ofimática:

Ordenadores, impresoras, y fotocopiadoras, son una parte integral de las oficinas modernas y generan cargas térmicas importantes.

La iluminación:

Muchos Grandes Almacenes modernos pueden calentarse gracias únicamente a su sistema de iluminación, obteniendo un promedio de 15 a 25 W / m ^{2}. Esta situación es bastante frecuente en Europa.

La ventilación:

La introducción de aire exterior en el edificio puede modificar la temperatura interna de éste, lo cual puede suponer un problema cuando el aire exterior está en 30°C. Todas estas cargas térmicas deberían ser dominadas y compensadas si uno desea obtener un ambiente confortable. El único medio de asegurarse esta comodidad es el aire acondicionado.

Los principios del aire acondicionado se basan en transporte de calor de un punto a otro, y el medio generalmente usado para este movimiento de calor es el refrigerante

Modo de refrigeración

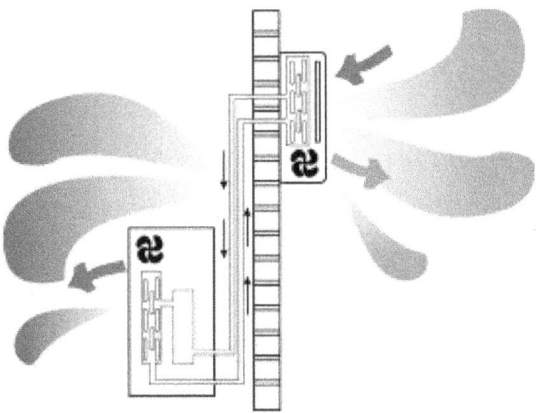

El refrigerante cruza las unidades internas para absorber el exceso de calor presente en el equipo. Pasa entonces al estado gaseoso y es transportado hacia la unidad exterior a través de estrechos tubos de cobre para descargar el calor acumulado en la atmósfera. El refrigerante de esta manera se hace otra vez líquido y es enviado a la unidad interna para comenzar otra vez el mismo ciclo, continuando todo esto, hasta la obtención de la temperatura deseada. Los climatizadores denominados reversible sí permiten, de un modo adicional, hacer el ciclo para el proceso de calentamiento. Un climatizador reversible extrae el calor 'libre" del exterior y lo transfiere hacia el interior. Este principio sigue trabajando en días muy fríos con las temperaturas exteriores de -5 °C, -10 °C y hasta-15°C, según el tipo de climatizador usado. Por consiguiente, el climatizador reversible constituye un sistema de calefacción separado y permite calentarse y refrescarse con la misma unidad reduciendo los gastos de energía durante todo el año.

Definiciones aire acondicionado

Frío: El frío, por definición, no existe. Es simplemente una sensación de falta de calor.

Caloría: Una caloría es la cantidad de calor que tenemos que añadir a 1 grm. de agua a 15ºC de temperatura para aumentar esta temperatura en 1ºC. Es equivalente a 4 BTU.

Frigoría: Una frigoría es la cantidad de calor que tenemos que sustraer a 1 kg. de agua a 15º C de temperatura para disminuir esta temperatura en 1º C. Es equivalente a 4 BTU.

Conversión de Watios a Frigorías: Multiplicar los watios de potencia del equipo por 0,86 (ejemplo 1.000 watios/hora = 860 frigorías/hora).

BTU: British Termal Unit. Unidad térmica inglesa. Es la cantidad de calor necesario que hay que sustraer a 1 libra de agua para disminuir su temperatura 1º F. Una BTU equivale a 0,252 Kcal.

Tonelada de refrigeración (TON): Es equivalente a 3.000 F/h., y por lo tanto, a 12.000 BTU/h.

Salto térmico: Es toda diferencia de temperaturas. Se suele emplear para definir la diferencia entre la temperatura del aire de entrada a un acondicionador y la de salida del mismo, y también para definir la diferencia entre la temperatura del aire en el exterior y la del interior.

Zona de confort: Son unas condiciones dadas de temperatura y humedad relativa bajo las que se encuentran confortables la mayor parte de los seres humanos. Estas condiciones oscilan entre los 22º y los 27º C. (71-80º F) de temperatura y el 40 al 60 por 100 de humedad relativa.

Temperatura de bulbo húmedo (termómetro húmedo): Es la temperatura indicada por un termómetro, cuyo depósito está envuelto con una gasa o algodón empapados en agua, expuesto a los efectos de una corriente de aire intensa.

Temperatura de bulbo seco (termómetro seco): Es la temperatura del aire, indicada por un termómetro ordinario.

Temperatura de punto de rocío: Es la temperatura a que debe descender el aire para que se produzca la condensación de la humedad contenida en el mismo.

Depresión del termómetro húmedo o diferencia psicrométrica: Es la diferencia de temperatura entre el termómetro seco y el termómetro húmedo.

Humedad: Es la condición del aire con respecto a la cantidad de vapor de agua que contiene.

Humedad absoluta (densidad del vapor): Es el peso del vapor de agua por unidad de volumen de aire, expresada en gramos por metro cúbico de aire.

Humedad específica: Es el peso del vapor de agua por unidad de peso de aire seco, expresada en gramos por kilogramo de aire seco.

Humedad relativa: Es la relación entre la presión real del vapor de agua contenida en el aire húmedo y la presión del vapor saturado a la misma temperatura. Se mide en tanto por ciento.

Calor sensible: Es el calor empleado en la variación de temperatura, de una sustancia cuando se le comunica o sustrae calor.

Calor latente: Es el calor que, sin afectar a la temperatura, es necesario adicionar o sustraer a una sustancia para el cambio de su estado físico. Específicamente en psicometría, el calor latente de fusión del hielo es hf = 79,92 Kcal/kg.

Calor total (Entalpía): Es la suma del calor sensible y el latente en kilocalorías, por kilogramo de una sustancia, entre un punto arbitrario de referencia y la temperatura y estado considerado.

Normas UNE, ARI Y ASHRAE (capacidad): Son las frigorías hora producidas por un acondicionador a 35º C (95º F) de temperatura seca exterior y 23,8º C (75º F) de temperatura húmeda exterior, con el aire de la habitación, retornando al acondicionador a 26,6º C (80º F) de temperatura seca y 19,4º C (67º F) de temperatura húmeda.

COP (Coeficient of Performance): Coeficiente de prestación. Es el coeficiente entre la potencia calorífica total disipada en vatios y la potencia eléctrica total consumida, durante un periodo típico de utilización.

Gases refrigerantes: En el ciclo de refrigeración circula un gas refrigerante (para reducir o mantener la temperatura de un ambiente por debajo de la temperatura del entorno se debe extraer calor del espacio y transferirlo a otro cuerpo cuya temperatura sea inferior a la del espacio refrigerado, todo esto lo hace el refrigerante) que pasa por diversos estados o condiciones.

La bomba de calor: aplicada a la climatización de viviendas cada día gana más adeptos dentro de los consumidores españoles. Es el elemento ideal para lugares con calurosos veranos e inviernos no excesivamente fríos. Es capaz de transportar calor desde lugares fríos hasta lugares más calientes. Es un elemento aparentemente mágico puesto que estamos habituados a que el calor fluya de los lugares calientes hacia los más fríos. Una nevera es una bomba de calor, está transfiriendo calor desde su frío interior hacia la cocina. Incluso en las temperaturas más frías de la Tierra existe calor en el aire y una parte considerable de este calor puede ser aprovechado. La bomba de calor extrae calor del aire exterior, aumenta su temperatura por compresión y seguidamente la bombea al interior. Es además un sistema confortable al mantener la relación correcta entre temperatura y humedad del aire.

Si se compara con cualquier otro sistema eléctrico, las bombas de calor son unos sistemas rentables a largo plazo, con un ahorro de energía considerable. Un convector tradicional de calefacción mediante energía eléctrica obtiene de un consumo de 1 kWh de energía eléctrica 1 kWh de calor, es una relación de 1 X 1. En cambio una bomba de calor de 1 kWh de consumo eléctrico produce 3 kWh de calor equivalente actuando como calefactor, el rendimiento es de 1X3. Este importante ahorro energético es debido a que el transporte de calor requiere exclusivamente el consumo eléctrico del compresor y del ventilador.

Instalación de los equipos

Un equipo de aire acondicionado doméstico tipo SPLIT está formado por 2 unidades, una interior y otra exterior. Entre estas dos unidades se deben tirar las líneas frigoríficas compuestas por dos tubos de cobre y unas mangueras eléctricas que unen los dos equipos. Estas líneas se ocultan tras una canaleta. También se debe tener prevista la conducción del desagüe de los condensados de la unidad interior. Estos condensados son el resultado de la alta capacidad de los equipos para reducir el nivel de humedad del aire constituyendo un factor decisivo en la calidad del confort. El instalador buscará la ubicación más adecuada para la instalación del equipo asegurándose de que el confort sea el indicado y que las molestias y el impacto en la estética de la estancia sean las mínimas. Si las características de la estancia hacen muy difícil la instalación de un equipo tipo SPLIT o bien se opta por un equipo con movilidad entre estancias, los TRANSPORTABLES NO REQUIEREN DE INSTALACION, y reúnen las ventajas del confort al más alto nivel para la climatización residencial o de oficinas y comercios.

Cálculo de la potencia frigorífica necesaria

En el cálculo de la potencia frigorífica necesaria para absorber el calor de un recinto intervienen numerosos factores: superficie de las paredes, el techo, temperatura exterior, superficie acristalada, orientación de la habitación, sombras exteriores, ubicación geográfica, época del año, materiales de construcción. En la práctica se utiliza como base del cálculo unas 100 frigorías por metro cuadrado. Es decir, un recinto de 40 m2 necesitaría un aparato de 4000 frigorías. Esta es una recomendación orientativa, para obtener más precisión se recomienda consultar a un profesional que analice su local y efectúe un cálculo más preciso o utilizar programas de cálculo específicos. Si el recinto tiene una gran carga térmica por disponer de una gran superficie acristalada o por el color oscuro de la pared exterior que absorbe más radiación o el recinto está en una zona calurosa, etc., se recomienda incrementar la base del cálculo de 100 a 130 frigorías metro cuadrado.

Tabla orientativa para elegir la potencia:

Superficie a refrigerar (m2)	Potencia de refrigeración (en Kw)
9-14	1,5
15-20	1,8
20-25	2,1
25-30	2,4
30-35	2,7
35-40	3,0
40-50	3,6
50-60	4,2

En caso de habitaciones muy soleadas o áticos se deben incrementar los valores en 15%. Si existen fuentes de calor (como por ejemplo, la cocina) hay que aumentar la potencia en 1 Kw. En el ciclo de refrigeración circula un refrigerante (para reducir o mantener la temperatura de un ambiente por debajo de la temperatura del entorno se debe extraer calor del espacio y transferirlo a otro cuerpo cuya temperatura sea inferior a la del espacio refrigerado, todo esto lo hace el refrigerante) que pasa por diversos estados o condiciones, cada uno de estos cambios se denomina procesos. El refrigerante comienza en un estado o condición inicial, pasa por una serie de procesos según una secuencia definitiva y vuelve a su condición inicial. Esta serie de procesos se denominan "ciclo de refrigeración". El refrigerante R-22 es el que se utiliza habitualmente en los equipos de aire acondicionado para aplicaciones residenciales y comerciales. Es un HCFC (hidroclorofluorocarburo CHCLF2), una serie de sustancias que, debido a su contenido en cloro, afectan a la capa de ozono. Es inodoro, ininflamable e incombustible y su temperatura de ebullición en °C a presión normal es de - 40,6.

Refrigerante

Hemos asistido, desde hace algunos años, a un debate considerable sobre los efectos de la liberación de los refrigerantes en la atmósfera, y su incidencia sobre el cambio de la capa de ozono que protege la Tierra de los rayos UV del sol. Estos debates se centraron sobre los efectos nefastos de los refrigerantes como CFC, que se prohibieron más tarde. Los problemas provocados por CFC están unidos al hecho de que contienen componentes de cloro (Cl.), que son responsable de la destrucción del ozono (O3). El Protocolo de Montreal, acuerdo internacional para la protección de la capa de ozono, especificó en sus directivas, primero la eliminación de los clorofluorocarburos (CFC) de mayor contenido en cloro y ahora, la retirada gradual de los HCFC.

Se encontró una solución intermedia para sustituir CFC: EL HCFCS, por ejemplo R22. Este refrigerante posee un nivel bueno de funcionamiento y es muy eficaz. Pero aunque R22 es con mucho, menos agresivo, todavía posee moléculas de cloro. La amenaza para la capa de ozono, aunque es ínfima, permanece sujeta a una reglamentación muy estricta. En Europa, la producción de R-22 se irá reduciendo progresivamente a partir del 2004, llegándose al mínimo en el 2015. Está ya prohibido su uso en transporte por carretera y ferrocarril, y por encima de una cierta capacidad frigorífica, está prohibido su uso en sistemas de climatización para edificios. Posteriormente se han encontrado otras soluciones para sustituir los anteriores refrigerantes, son conocidas con el nombre de "refrigerantes verdes", como el R-407C, el R-134A y el R-410A.

R-410A

Es un refrigerante libre de cloro (sin CFC´s ni HCFC´s) y por lo tanto no produce ningún daño a la capa de ozono y su uso no está sujeto a ningún proceso de retirada marcado por la legislación. Tiene un elevado rendimiento energético, es una mezcla única y por lo tanto facilita ahorros en los mantenimientos futuros. No es tóxico ni inflamable y es reciclable y reutilizable.

R-407C

Es un refrigerante libre de cloro (sin CFC´s ni HCFC´s) y por lo tanto no produce ningún daño a la capa de ozono y su uso no está sujeto a ningún proceso de retirada marcado por la legislación. Posee propiedades termodinámica muy similares al R-22. A diferencia del R-410A, es una mezcla de tres gases R-32, R-125 y R-134a. Si se precisa reemplazar un componente frigorífico o se produce una rotura de uno de ellos, el sistema se debe purgar completamente. Una vez reparado el circuito y probada su estanqueidad, se rellenará de nuevo, cargando refrigerante con la composición original.

R-134A

Es un refrigerante libre de cloro (sin CFC´s ni HCFC´s) y por lo tanto no produce ningún daño a la capa de ozono y su uso no está sujeto a ningún proceso de retirada marcado por la legislación. Es ampliamente usado en otras industrias: aire acondicionado en automóviles, frigoríficos, propelente de aerosoles farmacéuticos. En aire acondicionado se utilizan desde unidades transportables o deshumidificadores, hasta unidades enfriadoras de agua con compresores de tornillo o centrífugos de gran capacidad.

Sistemas de refrigeración

La refrigeración es el proceso de producir frío, en realidad extraer calor. Para producir frío lo que se hace es transportar calor de un lugar a otro. Así, el lugar al que se le sustrae calor se enfría. Al igual que se puede aprovechar diferencias de temperatura para producir calor, para crear diferencias de calor, se requiere energía. Se consigue producir frío artificial mediante los métodos de compresión y de absorción.

Refrigeración por compresión

El método convencional de refrigeración, y el más utilizado, es por compresión. Mediante energía mecánica se comprime un gas refrigerante. Al condensar, este gas emite el calor latente que antes, al evaporarse, había absorbido el mismo refrigerante a un nivel de temperatura inferior. Para mantener este ciclo se emplea energía mecánica, generalmente mediante energía eléctrica. Dependiendo de los costos de la electricidad, este proceso de refrigeración es muy costoso. Por otro lado, tomando en cuenta la eficiencia de las plantas termoeléctricas, solamente una tercera parte de la energía primaria es utilizada en el proceso. Además, los refrigerantes empleados hoy en día pertenecen al grupo de los fluoroclorocarbonos, que por un lado dañan la capa de ozono y por otro lado contribuyen al efecto invernadero.

Ciclo de refrigeración:

Un ciclo simple frigorífico comprende cuatro procesos fundamentales:

1. La regulación
2. La evaporación
3. La compresión
4. La condensación

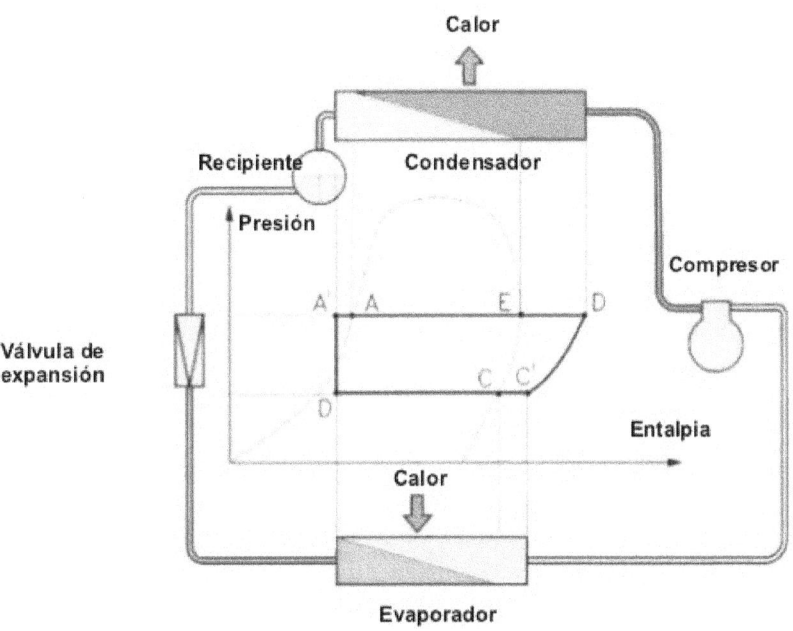

Ciclo de refrigeración y Diagrama de Mollier

1. La regulación

El ciclo de regulación ocurre entre el condensador y el evaporador, en efecto, el refrigerante líquido entra en el condensador a alta presión y a alta temperatura, y se dirige al evaporador a través del regulador.

La presión del líquido se reduce a la presión de evaporación cuando el líquido cruza el regulador, entonces la temperatura de saturación del refrigerante entra en el evaporador y será en este lugar donde se enfría. Una parte del líquido se evapora cuando cruza el regulador con el objetivo de bajar la temperatura del refrigerante a la temperatura de evaporación.

2. La evaporación

En el evaporador, el líquido se vaporiza a presión y temperatura constantes gracias al calor latente suministrado por el refrigerante que cruza el espacio del evaporador. Todo el refrigerante se vaporizada completamente en el evaporador, y se recalienta al final del evaporador. Aunque la temperatura del vapor aumenta un poco al final del evaporador debido al sobrecalentamiento, la presión se mantiene constante. Aunque el vapor absorbe el calor del aire alrededor de la línea de aspiración, aumentando su temperatura y disminuyendo ligeramente su presión debido a las pérdidas de cargas a consecuencia de la fricción en la línea de aspiración, estos detalles no se tiene en cuenta cuando uno explica el funcionamiento de un ciclo de refrigeración normal.

3. La compresión

Por la acción del compresor, el vapor resultante de la evaporación es aspirado por el evaporador por la línea de aspiración hasta la entrada del compresor. En el compresor, la presión y la temperatura del vapor aumenta considerablemente gracias a la compresión, entonces al vapor a alta temperatura y a alta presión es devuelto por la línea de expulsión.

4. La condensación

El vapor atraviesa la línea de expulsión hacia el condensador donde libera el calor hacia el aire exterior. Una vez que el vapor ha prescindido de su calor adicional, su temperatura se reduce a su nueva temperatura de saturación que corresponde a su nueva presión. En la liberación de su calor, el vapor se condensa completamente y entonces es enfriado. El líquido enfriado llega al regulador y está listo para un nuevo ciclo.

Refrigeración por absorción

Un método alternativo de refrigeración es por absorción. Sin embargo este método por absorción solo se suele utilizar cuando hay una fuente de calor residual o barata, por lo que la producción de frío es mucho más económica y ecológica, aunque su rendimiento es bastante menor. En estos sistemas la energía suministrada es, en primer lugar, energía térmica. El refrigerante no es comprimido mecánicamente, sino absorbido por un líquido solvente en un proceso exotérmico y transferido a un nivel de presión superior mediante una simple bomba. La energía necesaria para aumentar la presión de un líquido mediante una bomba es despreciable en comparación con la energía necesaria para comprimir un gas en un compresor. A una presión superior, el refrigerante es evaporado desorbido del líquido solvente en un proceso endotérmico, o sea mediante calor. A partir de este punto, el proceso de refrigeración es igual al de un sistema de refrigeración por compresión. Por esto, al sistema de absorción y desorción se le denomina también "compresor térmico". En este sistema de refrigeración, al igual que en el de compresión se aprovecha que ciertas sustancias absorben calor al cambiar de estado líquido a gaseoso. En el caso de los ciclos de absorción se basan físicamente en la capacidad de absorber calor que tienen algunas sustancias, tales como el agua y algunas sales como el bromuro de litio, al disolver, en fase líquida, vapores de otras sustancias tales como el amoniaco y el agua, respectivamente. Más en detalle, el refrigerante se evapora en un intercambiador de calor, llamado evaporador, el cual enfría un fluido secundario, para acto seguido recuperar el vapor producido disolviendo una solución salina o incorporándolo a una masa líquida. El resto de componentes e intercambiadores de calor que configuran una planta frigorífica de absorción, se utilizan para transportar el vapor absorbido y regenerar el líquido correspondiente para que la evaporación se produzca de una manera continua.

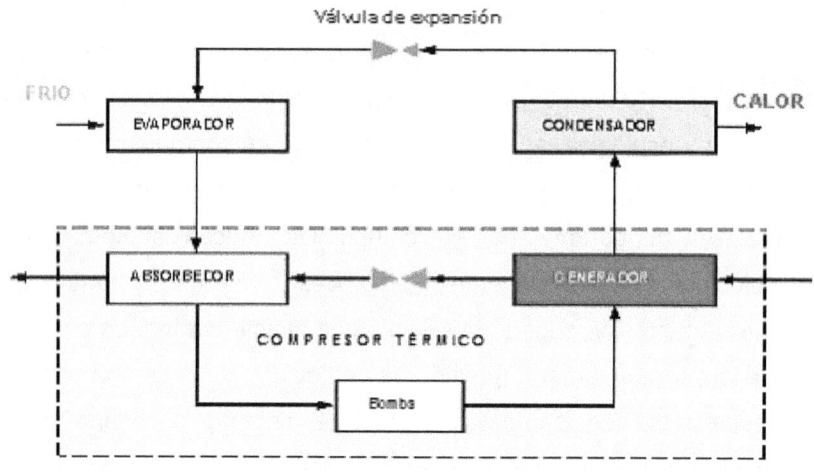

Ciclo de refrigeración por absorción

En los sistemas de refrigeración por absorción se diferencia entre dos circuitos, el circuito del refrigerante entre compresor térmico, condensador y evaporador, y el circuito del solvente entre el absorbedor y el separador. Una ventaja notable de los sistemas de absorción es que el refrigerante no es un fluoroclorocarbono. La mezcla de refrigerante y solvente en aplicaciones de aire acondicionado y para temperaturas mayores a 0°C es agua y bromuro de litio (LiBr). En aplicaciones para temperaturas hasta -60°C es amoniaco (NH 3) y agua. Hasta hoy no se han encontrado otras mezclas apropiadas para estas aplicaciones, aunque se están desarrollando sistemas de adsorción, en los que el refrigerante es absorbido en matrices sólidas de ceolitos.

Ventajas e inconvenientes de la refrigeración por absorción

El rendimiento es menor que en el método por compresión (0,8 frente a 5,5), sin embargo en algunos casos compensa el que la energía proveniente de una fuente calorífica sea más económica, incluso residual o un subproducto destinado a desecharse. También hay que tener en cuenta que el sistema de compresión, utiliza normalmente la energía eléctrica, y cuando ésta llega a la toma de corriente lo hace con un rendimiento inferior al 25% sobre la energía primaria utilizada para generarla, lo que reduce mucho las diferencias de rendimiento.

Al calor aportado al proceso de refrigeración se le suma el calor sustraído de la zona enfriada. Con lo que el calor aplicado puede volverse a reutilizar. Sin embargo, el calor residual se encuentra a una temperatura más baja (a pesar de que la cantidad de calor sea mayor), con lo que sus aplicaciones pueden reducirse. Los aparatos son más voluminosos y requieren inmovilidad (lo que no permite su utilización en automóviles, lo que sería muy conveniente como ahorro de energía puesto que el motor tiene grandes excedentes de energía térmica, disipada en el radiador).

Agua / Bromuro de Litio (LiBr)

Ventajas

Inconvenientes

- El refrigerante agua tiene una alta capacidad calorífica
- El sistema no puede enfriar a temperaturas menores del punto de congelación de agua
- La solución de bromuro de litio no es volátil
- El bromuro de litio es solvente en agua sólo limitadamente
- Las sustancias no son tóxicas ni inflamables
- El vacío demanda una alta impermeabilidad del sistema

Amoniaco (NH3) / Agua

Ventajas

Inconvenientes

175

- El refrigerante amoniaco tiene una alta capacidad calorífica
- Presión muy alta del refrigerante (tuberías más gruesas)
- Aplicaciones de temperaturas muy bajas, hasta -60°C
- Volatilidad del solvente (es necesaria una rectificación)
- Propiedades muy buenas de transferencia de calor y masa
- Toxicidad del amoniaco

Esquema del circuito frigorífico

A continuación se presenta un equipo acondicionador con los componentes básicos integrados:

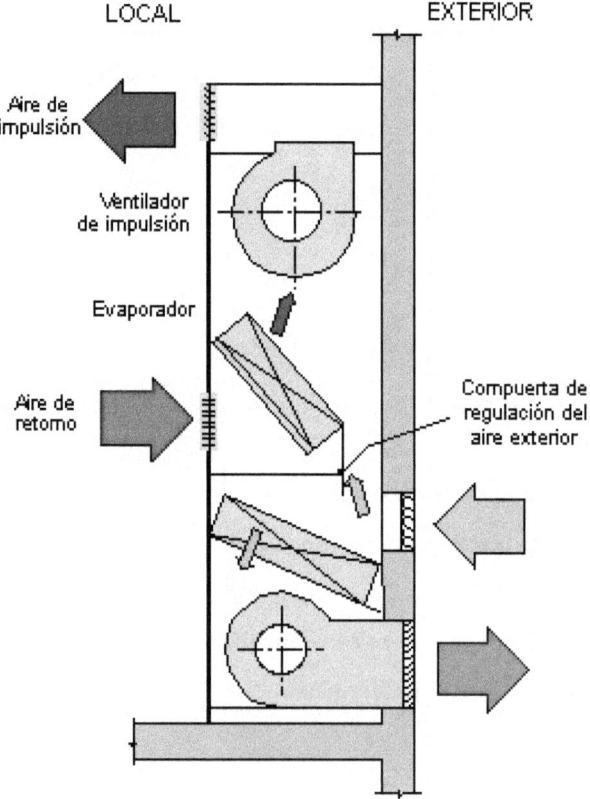

La sequedad y los cambios bruscos de temperatura generan faringitis e infecciones

La Sociedad Española de Neumología y Cirugía Torácica (SEPAR) advierte de que el uso incorrecto de los sistemas de aire acondicionado provoca muchos de los resfriados, faringitis u otras infeccione respiratorias que se contraen durante los meses de calor. "Lo idóneo sería llevar siempre una prenda que mitigara el efecto, ya que las oscilaciones bruscas de temperatura producen oscilaciones negativas de las defensa inmunológicas", señala el doctor Vera Hernando, neumólogo del Hospital Juan Canalejo de La Coruña y miembro de SEPAR. "Los aparatos de climatización producen unas condiciones ambientales no naturales frente a las que nuestro cuerpo no responde con la celeridad adecuada", prosigue. Además, cuando la humedad es alta y la ventilación insuficiente, aumentan los microorganismos y las colonias de ciertos hongos y bacterias, produciéndose una falta de limpieza en las conducciones, lo que puede resultar nocivo. Los efectos que puede producir un mal sistema de climatización son letargia, dolor de cabeza, irritación ocular, estornudos y obstrucción nasal; también pueden irritar el aparato respiratorio y provocar bronquitis o reacciones asmáticas, como explica el citado especialista. Estos efectos inciden más en los fumadores, porque sus mucosas están más indefensas frente a los virus y bacterias. Los centros hospitalarios, afirma el doctor Vera, tienen conductos que hacen que el humo del tabaco de una sala pueda ir a parar a las habitaciones de los pacientes o que microorganismos alojados en un cuarto pasen a otros. "Los edificios destinados a instalaciones comerciales y oficinas en ocasiones a pesar de su aparente asepsia, originan un proceso nocivo, reconocido por la Organización Mundial de la Salud (OMS) como **"Síndrome del Edificio Enfermo"**, caracterizado por cefaleas, fatiga, irritación de los ojos y de la piel, sequedad de las vías respiratorias superiores y alergias cutáneas", concluye.

Terminología y aspectos relativos a climatizadores y refrigeración
Aire de impulsión
Los aires de impulsión no sólo renuevan y tratan el aire deshumectándolo, sino también se encarga de filtrarlo y limpiarlo para luego introducirlo en el lugar, en el caso de tener un equipo de aire acondicionado con bomba de calor también se encargará de climatizarlo o enfriarlo. Las instalaciones de los aires de impulsión se encargan de producir condiciones en el aire de los locales en donde son situados; estas condiciones deben estar sujetadas a valores determinados que se relacionará con el uso de estos locales o dependencias, los mismos pueden dividirse en: Locales de permanencia o de trabajo, y en locales especiales. Las instalaciones de los aires de impulsión se clasifican según el grado de preparación de este artefacto: instalaciones que poseen limpieza de aire, aires de impulsión y extracción; instalaciones que tengan limpieza y tratamiento del aire. Dentro de este rubro están los que poseen enfriamiento, calentamiento, humectación, con deshumectación, con deshumectación y humectación, instalaciones de climatización e instalaciones con calefacción y refrigeración. Como con los aires acondicionados tradicionales, para los equipos de aire de impulsión se recomienda tener espacio suficiente para sus instalaciones, este sitio debe ser el apropiado para que la consola tenga un eficiente funcionamiento.

Aire de extracción
La tarea de los sistemas de aire de extracción, que generalmente se ubican en aquellos sitios en donde no hay ventanas ni ventilación, es eliminar este aire viciado, sacándolo fuera de la vivienda o estancia. Los

aparatos más vendidos para realizar esta tarea son los ya conocidos extractores de aire. Muchas veces ciertos lugares de nuestro hogar no cuentan con ventanas ni sistemas de ventilación, y como consecuencia el aire tiende a viciarse mucho más; para lograr una correcta aireación es recomendable instalar rejillas que suelen ir acompañadas por celosías, su conducto se coloca en la pared utilizando un tubo de fibrocemento o de plástico. Esta alternativa es para las personas que no opten por un equipo de aire de extracción. El aire de extracción es también muy útil en el caso de tener pérdidas de gas, en muchos países se recomienda que aunque el aire no se encuentre viciado (muchas veces nosotros no lo notamos) se prende un extracto por al menos 30 minutos. No sólo sacará las impurezas sino que nos protegerá de una posible fuga de gases tóxicos. Existen diversos tipos de estos artefactos, cada uno se adapta sin ningún tipo de problemas a la superficie que quiera ser tratada, *lo que se aconseja es comprar el equipo adecuado según las dependencias*: no es lo mismo un extractor para baño que para cocina.

Higrómetro

Muchos de los equipos de aire acondicionado poseen un higrómetro, éste es un instrumento primordial que se emplea para medir la humedad del ambiente; posee a su vez un órgano sensible que se encuentra constituido por materiales por materiales orgánicos que cambian la longitud de su volumen cuando la humedad del ambiente varía.

Antes de que los higrómetros existieran en las consolas de aires acondicionado, se utilizaban para confeccionarlos, membranas de animales, cabellos, fibras textiles, madera y otros materiales de tipo artificial. El higrómetro también es conocido como hidrómetro, su unidad de medida está dada en porcentaje; este instrumento se utilizó a principios en cabellos, cuando la humedad aumentaba los mismos absorbían el vapor de agua y aumentaban su longitud y viceversa.

Los higrómetros de aire acondicionado poseen un *higrostato*, que son los encargados de medir mediante un sistema de palancas los cambios de longitud que se llevan a cabo.

Refrigeración

Para que el sistema de refrigeración se considere aire acondicionado, el mismo debe consistir en un conjunto de equipos que tienen un funcionamiento encadenado y nos brindan al ambiente aire controlado, haciendo uso de la selección de la temperatura. Y, por último, cuando hablamos de climatizador, no estamos hablando únicamente de elegir grados mediante el uso de una consola, sino de corregir factores como la humedad del ambiente, por ejemplo. Es por esto que realizar el acondicionamiento de la vivienda no es igual a climatizarla. Por lo general, los artefactos logran una temperatura de climatización de entre 21 y 25 grados, esta misma se denomina confort. Estos sistemas son mucho más complejos, no imprescindible en un hogar y más costoso, el cual se utiliza en ciertos meses del año. La colocación de un sistema de refrigeración por aire acondicionado no requiere de grandes obras, estos sistemas se encuentran en el mercado en diferentes formas, la más recomendada es el tipo Split que posee una unidad interior (evaporador) y una exterior (compresor) y son muy fáciles de instalar.

Climatizador

Para escribir una definición más técnica, un climatizador de aire es un artefacto que se encarga de mantener el aire de las dependencias a una temperatura preestablecida; también tiene como función mantener los niveles de humedad dentro de los límites correctos, así como a su vez, de filtrar el aire. Más allá que un climatizador es una consola de aire acondicionado que posee dos funciones, debemos establecer ciertas diferencias entre una consola simple y un climatizador. El aire acondicionado es, simplemente, un artefacto que introduce aire frío dentro de un sitio, incluso su temperatura puede ser inferior a la del aire de la calle, para realizar dicha función utiliza un evaporador (o enfriador), un condensador y un compresor que se coloca fuera de la habitación.

Un climatizador, es una consola que ejerce un control sobre los sistemas de aire acondicionado, ventilación y calefacción. Controla la temperatura dentro de la vivienda gobernando la temperatura de caudal de aire e inclusive la salida del mismo.

Aire de retorno

El aire de retorno lleva a cabo un proceso más complejo que los otros tipos de aires, el mismo realiza un proceso similar al aire de recirculación pero su característica específica se basa en su vuelta a la dependencia como aire refrigerado y filtrado. El aire de retorno es aquél que se refrigera dentro del aparato de aire acondicionado, se filtra y luego se expulsa al interior de una casa o habitación. La relación que mantiene con el aire de expulsión es justamente la que nombramos antes, es el aire expulsado por la consola de aire acondicionado que previamente sufrió un proceso de refrigeración y filtrado. El aire de retorno junto con el aire de recirculación son términos que sólo utilizamos cuando hablamos de refrigeración ya que son típicos de este proceso, tampoco se producen en la ventilación ya que aquí no existe un aire de retorno porque nada se absorbe. En el proceso de ventilación las paletas de los ventiladores o turbos simplemente se mueven a gran velocidad con el fin de provocar una corriente de aire, es decir, no absorben aire, lo transforman y lo expulsan nuevamente al entorno. El aire de retorno posee como característica principal ser parte de un proceso de acondicionamiento, lo mismo ocurre aquí si hablamos de climatización por aire acondicionado; el aire frío se absorbe, luego se filtra y por último se expulsa ya climatizado a mayores temperaturas.

Instalación unitaria

La instalación unitaria de aire acondicionado, la misma se ha convertido en un auténtico lujo en materia de refrigeración. Aunque su lanzamiento, años atrás, alegaba un gran costo, hoy en día son muchas las familias que pueden disponer de una instalación unitaria a un módico precio; una consola portátil puede costar tan solo € 250. Según datos de entidades entendidas en el asunto, tales como el Instituto de Diversificación y Ahorro de la Energía, indica el crecimiento de las compras de una instalación unitaria de aire acondicionado se ha disparado por completo en los últimos años, antes se calculaba que sólo el 12% de cada país de Latinoamérica contaba con este sistema. La instalación unitaria incluye el sistema Split de aire acondicionado, el mismo consta de una unidad interior y otra exterior; la primera es lo que se denomina evaporador, que a la vez contiene el *filtro de aire, el ventilador y el sistema de control.* La unidad exterior es la que comprende el compresor y el condensador. Esta instalación unitaria viene equipada con filtros purificadores de aire, desodorizantes, sistemas de prevención de humedad y demás aplicaciones que mejoran nuestra calidad de vida. Dimos un ejemplo de un modelo de unitario de aire acondicionado, pero ¿Qué significa realmente instalación unitaria? Una instalación unitaria de aire acondicionado es aquella la cual está compuesta por una unidad interior y otra exterior, esto quiere decir, que debe ubicarse una por dependencia, lo opuesto de las instalaciones centralizadas que son capaces de climatizar varios ambientes. La instalación unitaria sólo puede climatizar la dependencia en la cual se encuentra y no más que esa. Los climatizadores de ventana también forman parte de esta gama de aires acondicionado, el mismo se define como compacto y unitario, reubica en un hueco (hecho a medida) de una ventana o muro exterior, dejando así medio equipo fuera y otra mitad dentro.

Infiltración

El proceso de infiltración que se da en una vivienda o habitación determinada se relaciona con el aire exterior esta infiltración habla de la entrada incontrolable de caudales de aire exterior debido a que existe algún hueco o abertura que lo permite. La infiltración de aire exterior es una de las causas del mal funcionamiento de las consolas de aire acondicionado, como así de sus bajos rendimientos. Cuando se produce una infiltración hay una manera fundamental de detectarla y es mediante el uso del aire acondicionado; las consola poseen un termostato y un sistema de "corte" automático que funciona de acuerdo a como lo hayamos programado. Ajustamos la temperatura en 24°C por ejemplo, y el aire acondicionado tendrá que alcanzar esa temperatura y una vez hecho esto, el *termostato* la captará y cortará el funcionamiento automáticamente. En el caso de que exista una infiltración grande, el funcionamiento del aire acondicionado se verá limitado ya que al existir una entrada continua de aire caliente y viciado la consola no cortará jamás ya que nunca alcanzará la temperatura programada. Esta es la forma más fácil de detectar si se ha producido una infiltración en algún lugar de nuestra dependencia; es por esto que también se recomienda comprar un aire acondicionado con termostato incluido y sistema de corte automático.

Programador

El control remoto es ese programador, y aunque sean muchos los que ignoren su gran utilidad, el programador hace que el uso del aire acondicionado sea mucho más eficiente y pueda disfrutarse más. El programador de aire acondicionado tiene diversas funciones, que también dependerán del tipo de consola que se haya adquirido; entre ellas la de *refrigerar, deshumectar, climatizar, ajustar el sistema automático*, etc. El programador del aire acondicionado nos brinda ciertas ventajas que las primeras consolas no tenían, una de ellas es utilizar el mando sin tener que estar cerca de ella; otra, es poder programar los tiempos de funcionamiento del aire acondicionado. Muchas veces el calor no aprieta tanto, y sólo sentimos un poco de humedad, por lo que no necesitamos de un uso constante del aire acondicionado. Mediante el programador podemos programar una temperatura ideal durante un cierto tiempo. Este control remoto también posee funciones como "sleep timer" el cual se activará siempre y cuando lo deseemos, esta función del programador nos es muy útil cuando nos vamos a dormir; programamos la temperatura automáticamente para que durante la noche no pasemos ni frío, ni calor

Termostato

El termostato en el aire acondicionado es un dispositivo que se emplea para mantener la temperatura en un punto determinado de un ambiente o sistema; los mismos adquieren varias formas o tipos, pueden ser tan simples como una lámina metálica o extremadamente complejos como microprocesadores. Los termostatos vienen de varias formas, electrónicos, digitales, proporcionales, analógicos y mecánicos, los mismo nos dan la posibilidad de abrir o cerrar un circuito eléctrico en función de la temperatura, el mismo se encarga de mantener esta última de forma regular. El termostato también se emplea en los sistemas de refrigeración con el objetivo de controlar el caudal de líquido refrigerante el cual es desviado hacia el radiador; el termostato de aire acondicionado está compuesto por una válvula que maneja o acciona la temperatura. Dicha válvula se encuentra conectada que posee parafina, una sustancia muy dilatable; cuando el motor permanece frío, la válvula no se abre haciendo que el líquido vuelva por otro conducto a la bomba impulsora. La válvula recién se abrirá cuando la parafina se dilate a causa del calentamiento del motor; de esta forma el líquido se dirigirá al radiador brindando su calor a la atmósfera. El termostato es la parte central de cualquier consola de aire acondicionado y es por eso que a la hora de comprar uno hay que tener en cuenta el nivel y la calidad del mismo, existen termostatos que son capaces de consumir hasta el 60% más de electricidad que otros. Un termostato de un aire acondicionado de 3.000 frigorías que funciona de forma constante durante al menos una hora consume 1,4 KWH, esto se equivale con un precio de 0,08 euros. Este sería el precio de un termostato que funcione en óptimas condiciones, ya que los que son deficientes consumen no menos del doble. Cuando instalamos un aire acondicionado debemos cerciorarnos que la unidad interior no quede muy lejos de la exterior ya que cuanto mayor es la distancia mayor será el consumo del termostato y de todo el equipo. El funcionamiento del termostato puede darse de forma deficiente siempre que el mismo se ubique cerca de focos de calor o de electrodomésticos que provoquen calor, tales como bombillas, o generadores, etc. Esto es importante ya que si no se ubica el equipo de aire acondicionado de en el lugar adecuado será casi imposible que funcione de manera eficiente. El aire acondicionado es un equipo que nos brinda confort pero a la vez debe ser usado con moderación ya que si regulamos el termostato a una muy baja temperatura puede ocasionarnos serias lesiones tales como infecciones pulmonares. El termostato de cualquier equipo de aire acondicionado debe estar regulado a una temperatura no menor a los 25°C; cada grado de temperatura que disminuya, haré que se aumente se aumente el consumo de energía un 10% pero no aumentará de la misma forma el confort.

Aire de recirculación

Entendemos por aire de recirculación aquél que se introduce nuevamente en la habitación o dependencia del cual salió originariamente. El aire de recirculación no es más que el aire que fue tratado por la consola de aire acondicionado, es decir, participa del proceso de refrigeración que la misma realiza. El aire acondicionado divide al aire en varias formas: de retorno, de recirculación, acondicionado, etc.; el proceso que lleva a cabo este aparato es absorber el aire viciado de una dependencia e incorporarlo dentro de su sistema; una vez allí, dicho aire sufre diferentes procesos, uno de ellos es el filtrado. Durante la filtración el aire original será purificado, lo que quiere decir, se tornará libre de las impurezas con las que entró dentro del sistema; una vez logrado esto, el aire pasará por el proceso de refrigeración en donde se disminuirá su temperatura. Y luego este aire se convertirá en aire de recirculación ya que no desaparecerá, sino que volverá de conde provino pero totalmente reacondicionado. Se dice que este tipo de aire es de un aire de recirculación porque jamás deja la dependencia; cuando compramos una *consola de aire acondicionado*, sabemos que uno de los parámetros a seguir para su buen funcionamiento es cerrar todas las puertas y ventanas para evitar una infiltración y hacer que el equipo trabaje y consuma más. Una vez que la habitación permanece cerrada allí se pone en marcha el sistema que trabajará siempre con el mismo aire, es decir, absorberá el mismo caudal de aire una y otra vez, haciendo circular hasta que la consola se apague, es por esto que a este tipo de aire se lo llama aire de recirculación.

Este aire se encontrará circulando todo el tiempo en la dependencia esto difiere de un proceso de ventilación común, en donde si abrimos las ventanas, no obtendremos siempre el mismo aire sino un caudal diferente por períodos de tiempo. El aire de recirculación, repetimos, es aquél que permanece en la estancia y es filtrado y refrigerado de forma continua una y otra vez para alcanzar la temperatura deseada.

Ventilación

La ventilación más efectiva para contrarrestar el calor es la que se obtiene del aire acondicionado, ya que no sólo renueva el aire de una estancia sino que utiliza el mismo aire solo que lo trata químicamente. Este procedimiento de ventilación es muy simple; el aire acondicionado absorbe el *aire viciado* de la habitación en la que fue instalado, y una vez dentro su filtro será el encargado de que este aire se purifique, posteriormente este aparato disminuirá su temperatura y lo devolverá al lugar de donde salió completamente limpio. La ventilación por aire acondicionado es la más efectiva de todas las alternativas ya que nos permite respirar un aire limpio y como consecuencia sano; en cambio la ventilación por dispositivos mecánicos no renueva completamente el aire. Los ventiladores tradicionales lo único que realizan es una tarea de ventilación simple, es decir, mediante el movimiento de sus paletas generan una corriente de aire pero sin filtrarlo. Estos dispositivos son sólo recomendables cuando el calor no aprieta de gran forma, de lo contrario nuestro ambiente no se vería ventilado ya que las altas temperaturas opacarían las tareas de la ventilación mecánica.

Retorno

El equipo de retorno es uno de los componentes fundamentales de la consola, ya que sin éste todo el proceso de refrigeración o climatización no podría llevarse a cabo; *esta parte de la consola lo que hace específicamente es devolver a la dependencia el aire una vez que este fue tratado.* El aire acondicionado una vez que se instala, tiene como función cumplir con la tarea programada, la cual puede ser refrigerar o climatizar dependiendo del modelo del artefacto. Una vez que se programa la tarea, suponiendo que ésta es la refrigeración, la consola aspirará el aire del ambiente transportándolo a sus diversos componentes para que realicen el proceso de tratamiento. Primero el aire será filtrado para eliminar todas las toxinas o enviciamiento que éste pueda tener (existen casos en donde el aire es filtrado dos veces ya que varios modelos poseen doble filtro. Un vez hecho esto, el aire será deshumectado por otro de los componentes de la consola y posteriormente refrigerado con el objetivo de alcanzar la temperatura programada. Cuando el aire esté completamente tratado, el equipo de retorno será el encargado de devolverlo a la dependencia completamente renovado. Este proceso se realizará una y otra vez, mientras la consola se encuentre encendida, se llevará a cabo con mayor o menor frecuencia dependiendo de la temperatura programada y de la temperatura ambiente que existe en la propiedad.

Fan-coil

Los ventiloconvectores (fan-coils) son pequeñas unidades de tratamiento del aire, destinadas a filtrar y enfriar o calentar las condiciones ambientales, facilitando la recirculación del aire tratado. Se ubican dentro o muy próximos al local a climatizar. Para cubrir sus amplias posibilidades de trabajo, hay al menos tres versiones diferentes por tamaño y cada una con tres velocidades, que junto con la gran diversidad de temperaturas de suministro del agente térmico, son muy apropiados para la climatización de hoteles, oficinas, comercios, hospitales, colegios, residencias, viviendas, etc. Las instalaciones de climatización por fan-coils, además de su gran flexibilidad de funcionamiento y control individualizado, representan unos reducidos costes de inversión y utilización en comparación con otros sistemas. Los hay de piso, de techo, de pared y de usos especiales. Verticales y horizontales. El control de funcionamiento puede realizarse actuando sobre el caudal de aire, sobre el caudal de agua y/o sobre la temperatura del agua.

Accesorios:

- Brida de impulsión.
- Motor potenciado.
- Kit de válvulas de regulación.
- Termostatos de ambiente, con selector de velocidades,
- para instalaciones a dos o cuatro tubos.
- Termostato con sonda incorporada en el fan coil.
- Bandeja auxiliar grande.
- Rejillas de impulsión y retorno.

Sistemas de Climatización

Introducción (Clasificación de los sistemas)

El objetivo de un sistema de climatización es proporcionar un ambiente confortable. Esto se consigue mediante el control simultáneo de la humedad, la temperatura, la limpieza y la distribución del aire en el ambiente, incluyendo también otro factor, el nivel acústico. Existen diferentes clasificaciones. Aquí presentaremos una clasificación en función del fluido encargado de compensar la carga térmica en el recinto climatizado. Así, podemos diferenciar los sistemas como:

- *Todo aire*: El aire es utilizado para compensar las cargas térmicas en el recinto climatizado, en el cual no tiene lugar ningún tratamiento posterior. Tienen capacidad para controlar la renovación del aire y la humedad del ambiente. Un sistema puramente todo aire sería el basado en una UTA, figura 1, aunque también se llama así a los sistemas dotados de climatizadores que acondicionan el aire de una zona y que posteriormente se distribuye en los locales.

- *Sistema todo agua*: Son aquellos en que el agua es el agente que se ocupa de compensar las cargas térmicas del recinto acondicionado (aunque también puede tener aire exterior para la renovación). Aquí podemos encontrar las instalaciones de calefacción con radiadores o con suelo radiante, y las instalaciones de aire acondicionado con fan-coils.

- *Sistema aire-agua*: Se trata de sistemas donde llega tanto agua como aire para compensar las cargas del local. Un ejemplo de este tipo de instalaciones son los sistemas de inducción, figura 3.

- *Sistemas todo refrigerante*: Se trata de instalaciones donde el fluido que se encarga de compensar las cargas térmicas del local es el refrigerante. Dentro de estos sistemas podemos englobar los pequeños equipos autónomos (split y multisplit). Su regulación puede ser todo o nada o los sistemas de refrigerante variable mediante inverter, figura 4.

También se pueden clasificar en función de si se trata de un sistema unitario o un sistema centralizado:
- *Un sistema unitario* utiliza un equipo donde todos los elementos son montados por el fabricante y se venden de una pieza.
- *Un sistema centralizado* es aquel donde los componentes se encuentran separados y son instalados y montados por el instalador.
Otra clasificación que podemos encontrar es por la zona a que climatiza, distinguiendo así sistemas de una única zona y sistemas multizona:
- *Sistemas de una única zona* son aquellos que climatizan sólo una zona del local.
- *Sistemas multizona* son aquellos que pueden acondicionar de forma satisfactoria un número de diferentes zonas.

Zonificación

Las diferentes áreas del edificio que tienen similar carga de calentamiento, enfriamiento y humedad se agrupan en una zona de tratamiento de aire. Las diferentes fachadas de un edificio se agrupan en zonas diferentes, ya que el momento del día en que se produce la carga térmica máxima es diferente. Por ejemplo la fachada sur de un bloque modular de oficinas, está expuesta a idéntica ganancia de calor durante las horas de trabajo y sus ganancias máximas se producen de forma simultánea, suponiendo que cada oficina tiene el mismo tipo de ocupación. Sin embargo, hay que tener en cuenta que los pisos más bajos de la fachada sur pueden estar protegidos de la radiación solar directa por la sombra de otros edificios. En este caso, la fachada sur se debería dividir en dos o más zonas, cada una de ellas con diferente temperatura de suministro de aire a lo largo del año. La elección de las diferentes zonas se basa en los siguientes criterios:

- *Momento en que se produce la carga máxima*: Permite que la instalación de tratamiento de aire suministre a toda la zona la temperatura de aire adecuada.

- *Orientación*: Cada fachada del edificio tiene una variación de la exposición a la radiación solar. Los locales con grandes áreas acristaladas son muy vulnerables a la climatología exterior. Un edificio con un perímetro irregular puede tener más de una fachada con orientación diferente dentro de una zona y un edificio con pocas ventanas es relativamente insensible al ciclo de ganancias por radiación solar, debido a su capacidad de almacenamiento térmico y al desfase en la transferencia de calor, que puede durar hasta 12 horas.

- *Espacios interiores*: Los locales o habitaciones que no tienen superficies expuestas al ambiente exterior tienen, normalmente, una carga térmica constante.

- *Alturas sobre el suelo*: Los edificios altos se dividen en zonas por niveles de pisos debido a su exposición a la radiación solar y para reducir el tamaño de los conductos de distribución del aire. Los locales subterráneos se agrupan conjuntamente en una zona independiente.

- *Aislamiento*: Las áreas del edificio que deben ser independientes para restringir la posible contaminación producida por el transporte de olores, de microorganismos o de partículas radiactivas se sitúan en zonas independientes. Por ejemplo, cocinas, quirófanos, salas de rayos X, laboratorios de investigación, salas blancas, etc.

Para terminar, una zona puede ser un grupo de superficies, habitaciones, pisos o la totalidad del edificio, o bien una única habitación o local del edificio. Un sistema de tratamiento de aire de conducto único puede suministrar el aire a la totalidad del edificio en las mismas condiciones. La regulación del volumen o la temperatura final garantiza que en cada local se pueda mantener el estado deseado.

Sistema de todo aire

Los sistemas convencionales todo aire son aquellos en los que se el aire se acondiciona bien directamente o bien mediante agua fría y/o caliente en un equipo centralizado, que posteriormente se lleva a un climatizador (UTA – unidad de tratamiento de aire), donde el aire es impulsado a los locales a climatizar.

Dentro de los sistemas, todo aire podemos encontrar diferentes variantes en función del control de la temperatura efectuado. Así, podemos encontrar instalaciones de:

-Un solo conducto con volumen de aire constante.

- Instalaciones de una zona

- Instalaciones de varias zonas (multizonas)

-Un solo conducto con volumen de aire, variables (VAV).

-Doble conducto

- Volumen de aire constante
- Volumen de aire variable

Sistema de todo agua

También llamados sistema hidrónicos. En los sistemas todo agua, el agua se enfría y calienta en unidades centralizadas y se lleva a los elementos terminales ubicados en los locales a climatizar.

Estos elementos terminales pueden ser fan-coils, radiadores etc.

Los sistemas todo agua pueden clasificarse en sistemas de tubería simple (dos tubería) y sistemas de varias tuberías.

- En los sistemas de tubería simple cada unidad terminal recibe la entrada de agua fría o caliente, según la estación del año y termina en una tubería de retorno.

- En los sistemas de varias tuberías cada unidad terminal tiene una doble entrada de agua (caliente y fría) y una tubería (tres tuberías) o dos tuberías de retorno (cuatro tuberías).

Sistema aire-agua

En los sistemas aire-agua, el aire exterior es tratado en separadamente para todo el edificio. El agua (fría o caliente) se distribuye hasta los elementos terminales, donde pasa el aire tratado junto con el aire de recirculación en el mismo local.

Sistema todo refrigerante

Los sistemas todo refrigerante sólo se emplea en instalaciones de pequeña o mediana potencia. En estos sistemas se emplean tuberías de refrigerante que transportan el frío y calor hasta los locales a climatizar. Podemos distinguir entre:

- Sistemas individuales Es el sistema de climatización más elemental formado por una pequeña unidad de habitación. Si el sistema es de una capacidad adecuada puede servir a un espacio de mayores dimensiones mediante una pequeña red de conductos de aire.

Estas unidades autónomas encuentran su aplicación en las habitaciones pequeñas y zonas segregadas. También se instalan estas unidades en residencias particulares, oficinas, establecimientos comerciales o grupos de oficinas que constituyen zonas individuales.

Un conducto. Sistemas de una zona y multizona

Instalaciones para una sola zona: Bajo costo inicial, mantenimiento centralizado y económico, bajo cose de operación y posibilidad de funcionar con aire exterior en la época marginal.

A. Instalación con regulación de temperatura actuando sobre la batería de enfriamiento.

Funcionamiento: Tomando la temperatura del aire de retorno, el termostato T regulará la potencia frigorífica de la batería de enfriamiento. Esta regulación puede ser todo o nada (como en la figura) o regulación proporcional o por etapas.

Características: Actuando sobre la batería se regula también la humedad relativa del aire impulsado. La HR tiende a aumentar ante pocas necesidades de la batería fría (que actúa como deshumectador).

Aplicación: Este tipo de instalación se adapta bien a aquellos casos en que el ambiente posee una carga térmica aprox. cte y en que el caudal de aire exterior de ventilación es bajo.

B. Instalación con regulación de temperatura por by-pass

Funcionamiento: Tomando la temperatura del aire de retorno, el termostato T regulará el caudal de aire que atraviesa la batería fría y el caudal de by-pass, actuando sobre un servomotor, M.

Características: Este tipo de regulación presenta ventajas en la capacidad de regulación (ante un todo-nada) y el control de la HR es notablemente mejor, ya que el caudal de by-pass tiene, por lo general, menor HR que el exterior.

C.Instalación con regulación de temperatura por batería de postcalentamiento.

Funcionamiento: Tomando la temperatura del aire de retorno, el termostato T regulará la actuación de la batería de postcalentamiento. También se puede regular la HR actuando simultáneamente sobre la batería de enfriamiento (deshumectación).

El RITE no admite que para el mantenimiento de las condiciones termohigrométricas de un local se mezclen dos caudales de aire, uno frío y otro caliente (p.e. sistemas de doble conducto de caudal constante) o se someta el aire a dos procesos sucesivos de enfriamiento y calentamiento (por ejemplo sistemas monoconducto con unidades terminales equipadas con batería de postcalentamiento). Salvo raras excepciones.

Instalaciones múltiples zonas

A. VAC y TV

Funcionamiento: Es una ampliación lógica del sistema anterior. Aquí el caudal de aire es enfriado de forma centralizada en función de la zona de carga térmica máxima. Para cada zona, la regulación de la temperatura dependerá de la batería de postcalentamiento. Ello provocará un dimensionado de las máquinas de producción de frío ligeramente por encima de las necesidades.

El RITE no admite que para el mantenimiento de las condiciones termohigrométricas de un local se mezclen dos caudales de aire, uno frío y otro caliente (p.e. sistemas de doble conducto de caudal constante) o se someta el aire a dos procesos sucesivos de enfriamiento y calentamiento (por ejemplo sistemas monoconducto con unidades terminales equipadas con batería de postcalentamiento). Salvo raras excepciones.

B. VAV y TC

Tomando como referencia la temperatura de la zona, se actúa sobre el servomotor que mueve la compuerta, variando así el caudal de aire impulsado a temperatura Cte. Existe un regulador de presión estática entre la boca de impulsión y el ambiente de referencia para ajustarse a las necesidades de caudal de aire para todas las zonas. Este tipo de instalaciones debe limitarse, por lo general, a zonas interiores de los edificios, caracterizados por cargas térmicas aprox. constantes.

El caudal de aire de cada zona debe ser calculado tomando como base el calor sensible del ambiente y para una temperatura del aire igual a la requerida por la mayor parte de las zonas servidas.

Se recomienda que los conductos de dimensionen mediante recuperación estática y los conductos de retorno por perdidas de carga constante.

Las cargas térmicas se calcularán para cada zona. El FCS, determinará el punto de impulsión. En los sistemas de varias zonas, se debe realizar una elección juiciosa para producir variaciones aceptables en la humedad relativa de las zonas implicadas.

Nota. – Existen combinaciones de regulación de caudal y temperatura de forma simultáneamente.

Instalaciones Multizona

El sistema se basa en un climatizador multizona que está constituido básicamente por una caja de mezcla, una sección de filtros, un ventilador y baterías de calefacción y de refrigeración. Estas baterías conducen, respectivamente, a un plenum caliente y a uno frío. Finalmente, una serie de compuertas de mezcla permiten realizar la mezcla adecuada para cada zona. El termostato de la zona 1, T_1, realiza la mezcla en función de la temperatura detectada, regulando un servomotor M_1, acoplado a las compuertas de mezcla que sirven a dicha zona. La mezcla así producida es conducida por medio de un único conducto hasta los locales de dicha zona. La temperatura del plenum caliente es regulada en función de la temperatura exterior mediante el termostato T_C. Normalmente, en verano no es necesario efectuar calentamiento. Así mismo, la temperatura del plenum frío es regulada, en invierno, por el termostato T_F, que modula las compuertas de aire exterior, retorno y expulsado. Cómo es lógico, la temperatura del plenum frío será la que se necesite para compensar la carga térmica positiva. El número de zonas a suministrar por un mismo equipo se ve limitado por el número de parejas de compuertas disponibles (no superando un número de 15). A efectos de cálculo de conductos, el caudal de aire necesario para cada zona se calculará en función del calor sensible máximo de cada zona, aumentando dicho caudal en un 10% para tener en cuenta las infiltraciones que pudieran ocurrir en el plenum. Por lo que respecta al caudal máximo de aire a enfriar será calculado en función de la carga sensible máxima simultánea de las diferentes zonas servidas por el climatizador, siendo igual a la suma de dichos caudales máximos más un 10%. En funcionamiento de invierno la temperatura requerida del aire caliente puede ser calculada mediante la siguiente expresión:

$$T_C = T_{SL} + \frac{q_T}{1200V_{aire}}$$

Para logra un buen funcionamiento será necesario equilibrar las caídas de presión en las baterías fría y caliente (idénticas).

El RITE no admite que para el mantenimiento de las condiciones termohigrométricas de un local se mezclen dos caudales de aire, uno frío y otro caliente (p.e. sistemas de doble conducto de caudal constante) o se someta el aire a dos procesos sucesivos de enfriamiento y calentamiento (por ejemplo sistemas monoconducto con unidades terminales equipadas con batería de postcalentamiento).

Instalaciones de doble conducto

Se suministran dos corrientes de aire, una caliente y otra fría, que son mezcladas por un dispositivo terminal gobernado por un termostato ambiente. Estas instalaciones pueden ser tanto de alta velocidad como de baja, aunque la distribución más difundida es la de alta velocidad con terminales de mezcla de alta caída de presión. Estas instalaciones se diseñan, en modo verano, generalmente para temperaturas del aire frío entre los 10 y 13ºC y temperaturas del aire caliente unos dos o tres grados superiores a la temperatura seca del local (debido al calentamiento del aire de retorno en el ventilador). En invierno, la temperatura del aire frío está normalmente entre 13 y 16ºC y la del caliente entre 35 y 45ºC. En ocasiones, uno de los ventiladores puede estar eventualmente parado, y en funcionamiento normal el aire frío se tomará directamente del exterior. En las épocas marginales, puede trabajar con todo aire exterior. El RITE no admite que para el mantenimiento de las condiciones termohigrométricas de un local se mezclen dos caudales de aire, uno frío y otro caliente (p.e. sistemas de doble conducto de caudal constante) o se someta el aire a dos procesos sucesivos de enfriamiento y calentamiento (por ejemplo sistemas monoconducto con unidades terminales equipadas con batería de postcalentamiento). El dimensionado de los conductos calientes y fríos que alimentan a una misma zona se efectúa normalmente por el método de recuperación estática. Los demás tramos se pueden dimensionar con este mismo método o con el método de pérdida de carga constante, al igual que los conductos de retorno.

Instalaciones de conducto dual (Dual Conduit)
En este tipo de instalaciones, cada uno de los locales recibe dos corrientes de aire independientes, denominados aire primario y aire secundario.

El aire primario funciona normalmente a caudal constante y temperatura variable, teniendo como misión principal el regular la HR del ambiente y proporcionar el aire exterior necesario para satisfacer las necesidades mínimas de renovación y contrarrestar las cargas térmicas por conducción-convección a través de los cerramientos exteriores. Por lo tanto, su temperatura se regulará en función de la temperatura exterior.

El aire secundario, a temperatura constante y caudal variable, tiene la misión de compensar las cargas térmicas sensibles debidas a iluminación, ocupantes y radiación solar. Funcionamiento en verano: Los termostato ambiente, T_5, regulan el caudal de aire primario en función de las necesidades del local. El termostato T_2, junto con el T_3 (de temperatura exterior), regulan el funcionamiento de la batería de post-calentamiento del aire primario, actuando sobre la válvula V_2. Un presostato, P_1, regula las compuertas y/o el ventilador del aire secundario. Funcionamiento en invierno: Similar al funcionamiento en verano, salvo la parada del equipo de producción de frío, regulando ahora el termostato T_4 el caudal de aire exterior, de retorno y expulsado, de manera que la mezcla se mantenga entre 10 y 13°C.

A efectos de cálculo, el aire primario se diseña en verano con una temperatura alrededor de 11ºC y no superior a 45ºC en invierno. La temperatura del aire primario variará en función de la temperatura exterior. El aire secundario se suele mantener alrededor de 11ºC durante todo el año. El RITE no admite que para el mantenimiento de las condiciones termohigrométricas de un local se mezclen dos caudales de aire, uno frío y otro caliente (p.e. sistemas de doble conducto de caudal constante) o se someta el aire a dos procesos sucesivos de enfriamiento y calentamiento (por ejemplo sistemas monoconducto con unidades terminales equipadas con batería de postcalentamiento). Salvo raras excepciones.

Tratamiento y filtración del aire

Renovación de aire

La renovación de aire en una vivienda o dependencia es más que necesaria, es por esto que son muchos los que ventilan su casa para poder cambiar, al menos por unos instantes, el aire viciado. Los equipos de aire acondicionado se hicieron para facilitarnos esta tarea; los mismos plantean múltiples renovaciones de aire de forma constante, pero el truco aquí, es que estos equipos trabajan siempre con el mismo aire que se encuentra en el lugar. Los absorben, lo filtran purificándolo, lo climatizan o refrigeran y luego lo de vuelven a la habitación completamente renovado. Los equipos de aire acondicionado se hicieron famosos en el mercado no sólo por su capacidad de refrigerar o climatizar un ambiente en cuestión de pocos segundos, sino también, por su capacidad de efectuar renovación de aire de forma constante. No nos olvidemos de que estas consolas poseen más de una función: filtran el aire, deshumectan, refrigeran, climatizan, etc. Es por esto también, que su precio es mucho mayor que el de un equipo de *ventilación mecánica* (ventiladores de techo, de pie, turbos). La renovación de aire es fundamental para cualquier vivienda para llevar un estilo de vidas saludables, además las mismas son necesarias en aquellos lugares en donde muchos miembros de la familia fuman o en donde suelen haber olores desagradables (comida, humedad, etc.). Estos artefactos se encargan de librarnos de todos ellos mediante un simple proceso que realiza diversas acciones a la vez; o también programándolos para que efectúen la tarea que nosotros demandamos. Pero para que estas funciones funcionen de forma correcta debemos seguir ciertos parámetros: lo primero que debemos hacer es cerrar todos los espacios abiertos para evitar las filtraciones e infiltraciones de aire exterior lo que sobre exigiría la consola. Luego, una vez alcanzada la temperatura deseada, y si lo único que queremos es renovar el aire, debemos fijar su temperatura en no menos de 24ºC, de esta forma obtendremos un confort absoluto sin hacer peligrar nuestra salud.

Humectación

La humectación es el proceso de tratar el aire aumentando su humedad, y esto es lo que realiza el calor. Los antiguos equipos de ventilación, tales como los ventiladores de pie o techo, junto con los turbos, no eran ni son capaces de contrarrestar este proceso de humectación del aire, y es por esto que el aire acondicionado surgió como una solución tanto para el calor como para la humedad. La consola de aire acondicionado, dependiendo los modelos, posee varias aplicaciones, las tradicionales que encontramos en todos los equipos son dos: una es refrigerar y otra es acabar con la humectación del aire que se encuentra en el ambiente. Este dispositivo toma el aire viciado y pesado, lo filtra, le quita la humectación elevada, baja su temperatura y luego lo devuelve a la dependencia completamente renovado y refrigerado. Durante años muchos eran los que intentaban combatir la humedad del aire inventando aparatos o consolas que pudieran deshumectar el ambiente, este trabajo se llevaba a cabo con un éxito parcial ya que aunque la humectación bajaba, no se eliminaba totalmente. Pero con el correr del tiempo, dichos artefactos fueron perfeccionándose

Saturación del aire

El aire se encuentra saturado cuando la cantidad de vapor de agua que hay en él es el máximo para la temperatura existente. En términos más simples, nos damos cuenta de que el aire no es el mismo cuando encontramos que el ambiente de la dependencia en la que estamos se vuelve pesado y hasta muchas veces inhabitable. Las consolas de aire acondicionado no fueron hechas con el único objetivo de refrigerar, sino también de tratar el aire librándolo de esa saturación que tanto nos molesta. Las consolas realizan varios procesos en el mismo artefacto con el fin de devolvernos un aire más menos y viciado, totalmente puro. Este proceso es muy simple; el aparato toma el aire contaminado de la dependencia (cuando decimos contaminados nos referimos a un aire con altos índices de humedad y saturación), lo filtra, lo deshumecta, modifica su temperatura (previamente consignada por el control remoto) y lo devuelve a la dependencia en condiciones completamente nuevas. Por medio del aire acondicionado evitamos respirar un aire húmedo y pesado, cambiándolo por corrientes de aire refrescantes y puras.

La eliminación de saturación es una de las características principales de estos aparatos, como también la deshumectación y la refrigeración. Este proceso es imposible de alcanzar mediante la utilización de otros artefactos ya que no existe ninguno que realice un proceso de filtrado y de refrigeración al mismo tiempo.

Tratamiento del aire

Dentro de la jerga del aire acondicionado nos encontramos con una palabra muy pronunciada y a su vez conocida, el tratamiento del aire. El mismo nos es cualquier tipo de tratamiento, sino un proceso por el cual se modifican o quitan ciertas características al aire que se encuentra dentro de un ambiente. Dichas características se relacionan muy íntimamente con la humedad y las toxinas que puedan existir dentro del aire que respiramos. Los equipos de aire acondicionado no se fabricaron únicamente para refrigerar un local o dependencia, sino también para realizar otro tipo de aplicaciones que se relacionan con nuestro confort y bienestar. Entre estas aplicaciones tenemos el proceso de filtrado y de deshumectación; lo primero que realiza un equipo de aire acondicionado cuando lo prendemos es tomar aire de nuestra habitación e inmediatamente filtrarlo. Cuando se lo filtra se quitan todas las toxinas que el aire pueda llegar a contener en ese momento y lo prepara para la siguiente fase que es la deshumectación. El tratamiento del aire es una característica fundamental que toda consola tiene debido a que es un artefacto confeccionado para brindarnos confort y calidad en el aire; al deshumectarlo se quitan los últimos restos de aire viciado convirtiéndolo en un aire completamente renovado y listo para ser respirado nuevamente. Estas cualidades son cruciales ya que son las que marcan la diferencia entre un equipo de refrigeración y un ventilador de techo, el tratamiento del aire. Estas dos características, deshumectación y filtrado, fueron las que pusieron a los equipos de aire acondicionado como los reyes de la climatización, ya que al poco tiempo, incursionaron en el campo de las bombas de calor para brindarnos un equipo aún más completo: que refrigere, que filtre, que deshumecte y que climatice.

Dentro del proceso de climatización por bomba de calor también se trata el aire de forma eficiente, también se lo filtra y deshumecta, lo cual convierte a este sistema de calefacción en uno de los más demandados del mercado. Las frigorías de cada equipo también determinarán la velocidad de los proceso de filtrado y de deshumectación.

Filtros

La **filtración** es una técnica, proceso tecnológico u operación unitaria de separación, por la cual se hace pasar una mezcla de sólidos y fluidos, gas o líquido, a través de un medio poroso o **medio filtrante** que puede formar parte de un dispositivo denominado **filtro**, donde se retiene de la mayor parte del o de los componentes sólidos de la mezcla. Las aplicaciones de los procesos de filtración son muy extensas, encontrándose en muchos ámbitos de la actividad humana, tanto en la vida doméstica como de la industria general, donde son particularmente importantes aquellos procesos industriales que requieren de las técnicas de Ingeniería química. La filtración se ha desarrollado tradicionalmente desde un estadio de arte práctico, recibiendo una mayor atención teórica desde el siglo XX. La clasificación de los procesos de filtración y los equipos es diverso y en general, las categorías de clasificación no se excluyen unas de otras. La variedad de dispositivos de filtración o filtros es tan extensa como las variedades de materiales porosos disponibles como medios filtrantes y las condiciones particulares de cada aplicación: desde sencillos dispositivos, como los filtros domésticos de café o los embudos de filtración para separaciones de laboratorio, hasta grandes sistemas complejos de elevada automatización como los empleados en las industrias petroquímicas y de refino para la recuperación de catalizadores de alto valor, o los sistemas de tratamiento de agua potable destinada al suministro urbano. Hay casos en que se colocan diferentes modelos de filtros a la vez por equipo.

Tipos de Filtros de Aire

Filtros Metálicos
Lavables para Particulado Grueso
Aplicación en zonas limpias con poca presencia de polvo en suspensión. Los trabajos de mantenimiento se limitan a lavar los filtros, la vida útil depende del cuidadoso lavado. (Aplicación por ejemplo en Ciudades, borde del mar, en el campo).

Filtros desechables para particulado Grueso
Aplicación en zonas limpias con poca presencia de polvo en suspensión. Los trabajos de mantenimiento se limitan a cambiar filtros. (Aplicación por ejemplo en Ciudades, borde del mar, en el campo)

Filtros Desechables para Particulado Fino
Aplicación después de los filtros mencionados anteriormente. En el caso de filtros de Mangas o Cartridge, este filtro solamente es de seguridad en caso de rotura de una Manga o un Cartridge. Para otros tipos de prefiltros, es la segunda etapa para retener el particulado fino. En este caso, el prefiltro ayuda a proteger el filtro fino, alargando así su vida útil y su frecuencia de cambio.

Filtros en Rollos para Particulado Grueso - Mediano
Aplicación en zonas limpias con poca presencia de polvo en suspensión. Un dispositivo de control automático de saturación del filtro hace avanzar el rollo. Los trabajos de mantenimiento se limitan a cambiar los rollos de filtros. (Aplicación por ejemplo en Ciudades, borde del mar, en el campo).

Filtros Absolutos para particulado extremadamente Fino

(Aplicación después de los filtros de particulado fino mencionados. En este caso, el filtro de particulado fino ayuda a proteger el filtro absoluto, alargando así su vida útil y su frecuencia de cambio. Se usa solamente en recintos que requieren presurización con aire estéril.

Carbón Activado (Filtro Químico)

La selección de la calidad del carbón activado depende del tipo de gas en suspensión. La vida útil depende de la concentración de gases.

Alúmina o Permanganato de Potasio (Filtro Químico)

Aplicación para eliminar gases tóxicos y/o corrosivos tales como Etileno, H2S, SO2, Cloro, etc. La selección de la calidad del medio filtrante depende del tipo de gas en suspensión. La vida útil depende de la concentración de gases. Para lograr larga vida útil, se seleccionan filtros de Lecho Profundo.

Filtros de Inercia

Aplicación para particulado grueso como la arena en el desierto. El aire pasa a gran velocidad entre lamas dobladas, donde se aprovecha la inercia de las partículas, las cuales chocan contra las lamas, mientras el aire dobla y sigue por los espacios libres entre las lamas. Existen modelos con ventilador para extraer de forma automática el polvo separado del aire. El mantenimiento es mínimo para modelos sin ventilador y mayor si el separador incluye un ventilador.

Filtros de Mangas con o sin Limpieza Jet-Pulse

Aplicación en zonas con extrema presencia de cantidad de polvo en suspensión, seco o de bajo contenido de humedad o con características electroestáticas. El mantenimiento es mínimo. Requiere gran espacio. (Industria de Cemento, desierto con fuertes vientos)

Filtros tipo Ciclón
Aplicación en la industria de la madera con polvo húmedo de madera en suspensión. El mantenimiento es mínimo.

Scrubber (Filtro Químico)
Son filtros donde el aire circula en contracorriente de una cascada de agua en un relleno del tipo nido de abeja o anillos Raschig. El contacto con agua neutraliza los gases químicos. Una regulación con bomba dosificadora y aditivos químicos controlan el valor de ph del agua en recirculación. Son sistemas que requieren mucho cuidado y mantenimiento.

Filtros Cartridge con o sin Limpieza Jet-Pulse
Aplicación en zonas con extrema presencia de cantidad de polvo en suspensión, seco o de bajo contenido de humedad o con características electroestáticas. El mantenimiento es mínimo. Requiere menor espacio que los filtros de manga. (Industria de Cemento, Mineras, desierto con fuertes vientos)

Etiquetas de la Energía en los aparatos de Aire Acondicionado
La etiqueta energética informa de los valores de consumo de energía y agua del aparato (eficiencia), así como de las prestaciones del mismo. Es decir, lo bien que un electrodoméstico es capaz de realizar sus tareas (eficacia). Es obligatoria en frigoríficos, congeladores, lavadoras, secadoras, lavavajillas, hornos y aparatos de aire acondicionado.
Esta etiqueta es obligatoria desde 2004 por una norma europea que, en el caso de aire acondicionado, concierne a los climatizadores, bombas

de calor, sistemas aire-aire o aire-agua de una potencia inferior o igual a 12 kW. Tiene la gran ventaja que orienta inmediatamente hacia los equipos más económicos y eficientes.

Esto obliga a fabricantes/proveedores, en su momento, a realizar a partir de entonces, por cada modelo que se introduce en el mercado, una serie de ensayos que miden los parámetros indicativos del consumo de energía y a reflejar los resultados de estas medidas en la etiqueta.
(Fuentes: IDAE y diversas fuentes). Clase energética en modo frío y en modo calor; coeficiente entra la potencia efectiva restituida y la potencia eléctrica consumida.

COP (Coeficient of Performance): Coeficiente de rendimiento. Es el coeficiente entre la potencia calorífica total disipada en vatios y la potencia eléctrica total consumida por el equipo de AA, durante un periodo típico de utilización.

EER: coeficiente de eficacia frigorífica. Representa el rendimiento energético de la bomba a calor cuando funciona en modo enfriamiento.

La *Central enfriadora de agua* produce frío para climatización y fines industriales en un proceso de varias etapas con regulación automática. Según aplicación existen versiones del equipo optimizadas a una máxima eficiencia o con respecto a la potencia frigorífica. En muchas ocasiones, la potencia de enfriamiento evaporativo será suficiente para bajar la temperatura de impulsión del agua al valor de consigna, por ejemplo en las épocas frías del año o por las noches. En caso de temperaturas exteriores más altas, el enfriamiento evaporativo funciona en combinación con el circuito de refrigeración mecánica. Incluso cuando la refrigeración mecánica cubre la totalidad de la carga de enfriamiento, la eficaz combinación de los componentes asegura unos coeficientes altos de rendimiento.

Estados de funcionamiento

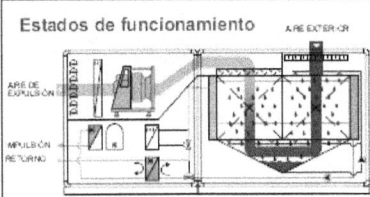

1   Free Cooling y enfriamiento evaporativo
En caso de una baja temperatura (y humedad) exterior, el calor del agua de retorno se evacua a través del aire de expulsión. Para conseguir una reducción adicional de la temperatura del aire de entrada y un aumento de la potencia de enfriamiento se activará el sistema de enfriamiento evaporativo. El agua de proceso se enfría en su paso por un intercambiador intermedio a la temperatura de impulsión deseada. La regulación de la potencia de enfriamiento se efectúa de forma continua mediante la variación del caudal de aire.

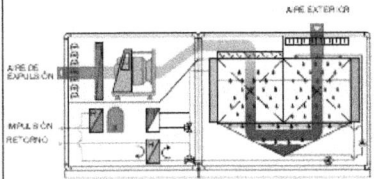

2   Funcionamiento de carga parcial con Free Cooling y enfriamiento evaporativo
Circuito frigorífico condensa al aire de expulsión
Con el aumento de temperatura y humedad exteriores se reduce la cantidad de calor que puede ser evacuada a través del enfriamiento evaporativo. Cuando ya no se consigue cumplir la temperatura de consigna del agua de proceso, se realiza un enfriamiento adicional en el evaporador del circuito frigorífico integrado. El calor de condensación del circuito, funcionando con su potencia parcial, se desprende al aire de expulsión.

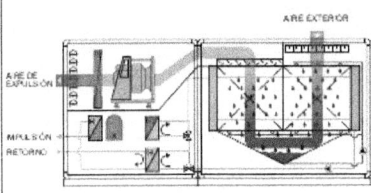

3   Free Cooling y enfriamiento evaporativo-
Circuito frigorífico condensa al aire de expulsión y al circuito secundario
Con el aumento de la cuota de la refrigeración mecánica en la potencia total de refrigeración, ya no resulta posible evacuar el calor de la condensación exclusivamente con el aire de expulsión. Después del intercambiador intermedio, un caudal parcial de agua se conduce hacia el condensador enfriado por agua para evacuar el calor restante de condensación. El sistema de control regula la presión de condensación para garantizar una producción de agua frío con un COP* óptimo.

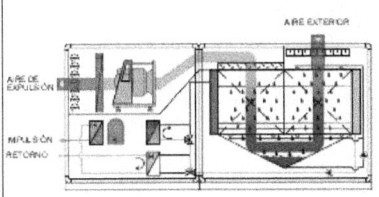

4   Enfriamiento con circuito frigorífico
Cuando la temperatura del agua en el circuito secundario es más alta que la temperatura del agua de proceso, la potencia total de enfriamiento será producida por el circuito frigorífico. Gracias a la evacuación del calor de condensación en dos vías - al aire de expulsión y al agua del circuito secundario - se necesita solamente un caudal pequeño de aire. Las bajas presiones de condensación, logradas gracias al enfriamiento evaporativo, son la base para conseguir un alto COP* del circuito frigorífico.
*Coefficient of performance

Etapas de una Central de frío

AUTOEVALUACIÓN

Unidades de tratamientos de aire: climatizadores. Principios de funcionamiento. Partes y elementos constituyentes. Distribución del aire. Conductos. Rejillas. Difusores. Procesos y acondicionamiento del aire. Filtración del aire.

---

1. **El fin de la refrigeración es:**
    a) Humedecer
    b) Calentar
    c) Entibiar
    d) Enfriar
    e) Mojar

2. **Cuando solo se trata la temperatura y no la humedad, podría llamarse:**
    a) Ambientación
    b) Ventilación
    c) Humidificación
    d) Climatización
    e) Ninguna es correcta

3. **Los sistemas de acondicionamiento son:**
    a) Autónomos y centralizados
    b) Independientes y fijos
    c) Autistas y centrípetos
    d) Únicos y varios
    e) Todas son correctas

4. **Acondicionar el aire, significa:**
    a) Refrigerar y calefaccionar
    b) Humidificar y secar
    c) Enfriar y calentar
    d) Todas son correctas
    e) Ninguna es correcta

5. **El refrigerante absorbe:**
    a) La humedad
    b) El calor
    c) El frío
    d) La presión
    e) Ninguna es correcta

6. **Qué define el siguiente enunciado. Es la cantidad de calor que tenemos que sustraer a 1 kg. de agua a 15° C de temperatura para disminuir esta temperatura en 1° C:**
   a) Caloría
   b) Temperatura
   c) Frigoría
   d) Humedad
   e) Presión

7. **Qué define el siguiente enunciado. Es la condición del aire con respecto a la cantidad de vapor de agua que contiene:**
   a) Calor
   b) Frío
   c) Presión
   d) Humo
   e) Humedad

8. **En la práctica se utiliza como base del cálculo en potencia frigorífica:**
   a) 1000 frigorías x m2
   b) 100 frigorías x m2
   c) 10 frigorías x m2
   d) 1 frigoría x m2
   e) Ninguna es correcta

9. **Los sistemas de refrigeración son:**
   a) Uno
   b) Dos
   c) Tres
   d) Cuatro
   e) Cinco

10. **Señalar el ciclo correcto de refrigeración:**
    a) Compresión - Regulación - Evaporación - Condensación
    b) Evaporación - Regulación - Compresión - Condensación
    c) Regulación - Evaporación - Compresión - Condensación
    d) Regulación - Compresión - Evaporación - Condensación
    e) Condensación - Regulación - Evaporación - Compresión

11. **El condensador libera el calor hacia:**
    a) Interior
    b) Compresor
    c) Exterior
    d) Todas son correctas
    e) Ninguna es correcta

12. Qué energía utiliza el sistema de refrigeración por absorción:
   a) Energía mecánica
   b) Energía hidráulica
   c) Energía solar
   d) Energía térmica
   e) Ninguna es correcta

13. De los siguientes cuál se utiliza en el sistema de refrigeración por absorción:
   a) Plomo
   b) Mercurio
   c) Amoniaco
   d) Nitrógeno
   e) Agua

14. Qué entidad advierte de que el uso incorrecto de los sistemas de aire acondicionado provoca muchos de los resfriados, faringitis u otras infeccione respiratorias que se contraen durante los meses de calor:
   a) La Sociedad Española de Neumología y Cirugía Torácica
   b) La Sociedad Española de Nosocomios y Cirugía Torácica
   c) La Sociedad Europea de Neumología y Cirugía Torácica
   d) Todas son correctas
   e) Ninguna es correcta

15. Qué controla el termostato, habitualmente:
   a) La presión
   b) La humedad
   c) La temperatura
   d) El refrigerante
   e) El condensador

16. Los Fan-coil se denominan también:
   a) Ventiladores
   b) Ventiloconvectores
   c) Ventosas
   d) Convectores
   e) Ventoenfriadores

17. En el sistema de climatización todo aire, se utiliza para climatizar los recintos:
   a) Agua
   b) Gas
   c) Vapor
   d) Aire
   e) Amoniaco

18. En el sistema de climatización todo refrigerante, se utiliza:
   a) Agua
   b) Agua-aire
   c) Aire
   d) Vapor
   e) Refrigerante

19. Los sistemas de todo agua se denominan también:
   a) Hidráulicos
   b) Hidrostáticos
   c) Hidrónimos
   d) Hidrógenos
   e) Ninguna es correcta

20. Los sistemas de climatización individuales se utiliza en:
   a) Grandes centros comerciales
   b) Pequeñas habitaciones
   c) Una vivienda completa
   d) Plantas Industriales
   e) Todas son correctas

21. Para tratamiento del aire una de las funciones del acondicionador es:
   a) Despresurarlo
   b) Desenfriarlo
   c) Deshumectarlo
   d) Desatomizarlo
   e) Todas son correctas

22. Para quitar del aire los sólidos mezclados se utilizan:
   a) Gases
   b) Alarmas
   c) Filtros
   d) Equipos especiales
   e) Descontaminadotes

23. ¿Pueden usarse varios tipos de filtros a la vez?
   a) Sí
   b) No
   c) A veces
   d) Todas son correctas
   e) Ninguna es correcta

24. Los filtros metálicos son:
   a) Desechables
   b) Enrollables
   c) Apilables
   d) Lavables
   e) Ninguna es correcta

25. La etiqueta de energía de la CEE, en refrigeradores y equipos de aire acondicionado, es obligatoria desde el año:
   a) 2000
   b) 2001
   c) 2002
   d) 2003
   e) 2004

SOLUCIONARIO

1. d) Enfriar
2. d) Climatización
3. a) Autónomos y centralizados
4. a) Refrigerar y calefaccionar
5. b) El calor
6. c) Frigoría
7. e) Humedad
8. b) 100 frigorías x m2
9. b) Dos
10. c) Regulación – Evaporación – Compresión – Condensación
11. c) Exterior
12. d) Energía térmica
13. c) Amoniaco
14. a) La Sociedad Española de Neumología y Cirugía Torácica
15. c) La temperatura
16. b) Ventiloconvectores
17. d) Aire
18. e) Refrigerante
19. c) Hidrónimos
20. b) Pequeñas habitaciones
21. c) Deshumectarlo
22. c) Filtros
23. c) A veces
24. d) Lavables
25. e) 2004

Materiales aislantes. Tipos. Aislamiento de tuberías. Aislamiento de conductos.

Materiales aislantes. Tipos. Aislamiento de tuberías. Aislamiento de conductos

Las tuberías son elementos de diferentes materiales que cumplen la función de permitir el transporte del agua u otros fluidos en forma eficiente. Cuando el líquido transportado es petróleo, se utiliza la denominación específica de oleoducto. También es posible transportar mediante tuberías materiales que, si bien no son un fluido, se adecuan a este método: cemento, hormigón, gas, documentos, etcétera.

Materiales

Las tuberías se construyen en diversos materiales en función de consideraciones técnicas y económicas. Suele usarse el acero, el polipropileno, el PVC, el PEAD, etcétera.

Agua

Los materiales más comunes son polipropileno, cobre, plomo.

Desagüe

Los materiales más comunes son PVC, Uralita.

Gas

Suelen ser de cobre o hierro dependiendo del tipo de instalación, aunque siempre serán de un material metálico para poder realizar una conexión eléctrica a la toma de tierra.

Calefacción y refrigeración

El cobre es el material más usado en las instalaciones nuevas, mientras que en instalaciones antiguas es muy común encontrar tuberías de hierro.

Flujo del calor y aislamiento térmico

La transmisión del calor dentro y fuera de un edificio o sus partes puede disminuirse sustancialmente mediante materiales que resistan el flujo de calor o mediante un tipo de construcción que logre ese propósito. Algunos materiales estructurales, como la madera y el concreto ligero, tienen también buenas propiedades de aislamiento. Pero, en general, algunos materiales no estructurales ofrecen mayor resistencia al flujo del calor para un espesor dado, y por tanto, pueden ser más económicos para muchas aplicaciones. La mayor parte de los materiales aislantes emplean aire elástico como aislante. Algunos, como el corcho, el vidrio celular y las espumas plásticas, encierran pequeñas partículas de aire en celdas. Los materiales granulados, como la piedra poma, la vermiculita y la perlita, atrapan el aire en recintos relativamente grandes. En los materiales fibrosos, delgadas películas de aire se adhieren en forma persistente a todas las superficies y sirven como barrera al calor. En la construcción de muros con piezas huecas, se forma un espacio de aire muerto entre los medios muros. El aislamiento reflector supone un principio diferente. Se combina una película metálica con un espacio de aire para reducir el flujo de calor. El metal brillante refleja calor, lo conduce rápidamente lejos de su fuente y lo irradia con lentitud. Un espacio de aire de ¾ a 2 pulgadas por lo menos, en un lado de la película, actúa como barrera a la transmisión del calor por conducción. Entonces, si el calor es irradiado a una película brillante de aluminio, el 95% será reflejado. Si se recibe calor por conducción, solamente perderá el 5% por radiación de la cara opuesta. Para evitar problemas de condensación, por lo menos se usan dos superficies reflectoras separadas por un espacio de aire sin circular. No debe colocarse una película del lado frío de una construcción, a menos que se proporcione una mejor barrera al vapor cerca del lado caliente.

El calor se transmite por *conducción, convección y radiación*. Todos los materiales conducen el calor; pero algunos, como los metales, son conductores excelentes, mientras que otros, como el corcho, son malos conductores. Existe convección cuando el calor se transmite por un flujo de aire; el calor se transmite por conducción de una superficie tibia al aire más frío con el que está en contacto, y el aire tibio a una superficie más fría. Debido a que el aire caliente tiende a elevarse y el aire frío a bajar, el flujo de aire puede llevar calor de un área caliente a otra fría. El calor transmitido por convección o conducción es proporcional al diferencial de temperatura. En contraste, la radiación es el flujo de calor entre una superficie tibia y una fría sin ningún tipo de contacto material.

El calor generalmente se mide en **unidades térmicas británicas (Btu)**. En la práctica, una Btu es la cantidad de calor requerido para elevar la temperatura de 1 libra de agua en 1°F. El flujo de calor se mide en términos de **conductividad térmica**, *K*. Esta se define como el número de Btu que fluyen en una hora a través de 1 pie^2 de material de 1 pulgada de espesor, debido a un diferencial de temperatura de 1°F. De la misma manera, la **conductancia térmica** *C* se define como el flujo de calor a través de un espesor dado de 1 pie^2 de material con un diferencial de temperatura de 1°F. Las unidades básicas no incluyen los valores aislantes de las películas de aire en la superficie del material, sino únicamente el flujo de superficie a superficie. La **resistencia** *R* es el recíproco de la conductancia.

Acústica

Aplicada a edificios, la acústica es la creación de condiciones necesarias para escuchar cómodamente y de los medios para controlar los ruidos. La acústica es arte y ciencia, porque el concepto de lo que es comodidad y lo que es ruido depende de la forma y la función del local que se está proyectando. Un sonido que para una persona no es demasiado fuerte, para otra puede ser molesto; lo que es confortable en una fábrica puede ser indeseable en una escuela; la música que disfruta un aficionado puede considerarse como ruido para un vecino que está tratando de dormir. El ruido es un sonido indeseable. Los sonidos se caracterizan por el tono o frecuencia, intensidad o fuerza, y distribución espectral de energía o calidad. Una persona promedio puede escuchar de 20 a 20000 cps (ciclos o vibraciones por segundo). Los sonidos de alta frecuencia o de tono alto molestan más a la mayoría de las personas que los sonidos de tono bajo de la misma intensidad. Sin embargo, los sonidos de tono alto se atenúan más rápidamente en el aire que los de tono bajo. La intensidad es una evaluación subjetiva de la presión del sonido o su nivel. Debido a que la respuesta humana a la fuerza del sonido varía con la frecuencia, cualquier medida de fuerza debe, de alguna manera, incluir la frecuencia así como la presión o la intensidad para que pueda ser importante en la acústica de las construcciones. Además, los cambios en la respuesta humana a la fuerza dependen de la relación de las intensidades del sonido. En la acústica, la relación 10:1 se llama bel. En la práctica, la unidad que se utiliza con mayor frecuencia es el decibel (dB), que es igual a 0.1 bel.

El **nivel de intensidad** IL, en dB, usado como medida de fuerza, se define mediante:

$$IL = 10\log_{10}\frac{I}{I_0}$$

donde: I = intensidad, medida en W/cm^2

I_0 = intensidad de referencia = 10^{-16} W/cm^2

Esta ecuación indica que el nivel cero corresponde a $I = I_0$, la intensidad de referencia, la cual a su vez corresponde al umbral auditivo promedio del hombre de alrededor de 1000 Hz (hertz o ciclos por segundo).

El **nivel de la presión del sonido** SPL, dB, tomando en cuenta que la intensidad varía con al cuadrado de la presión, puede definirse mediante:

$$SPL = 20 \log_{10} \frac{p}{p_0}$$

donde: p = presión, medida en pascales (Pa).

P_0 = presión de referencia = 0.00002 Pa.

Intensidad relativa	SPL (dBA*)	Fuerza (intensidad)
100.000.000.000.000	140	Avión de propulsión a chorro y fuego de artillería
10.000.000.000.000	130	Límite de dolor
1.000.000.000.000	120	Límite de sensibilidad
100.000.000.000	110	
10.000.000.000	100	Interior de avión de hélice
1.000.000.000	90	Orquesta sinfónica completa o banda
100.000.000	80	Interior de un automóvil con velocidad alta.
10.000.000	70	Conversación cara a cara
1.000.000	60	
100.000	50	Interior de oficina general
10.000	40	Interior de oficina privada
1.000	30	Interior de recámara
100	20	Interior de teatro vacío
10	10	
1	0	Umbral de audición

Un cambio en el nivel de sonido de menos de 3 dB probablemente no sea perceptible; un cambio de 5 dB será notable. Un aumento de 10 dB parecer ser 2 veces mayor que un aumento que un aumento de 5 dB, y un aumento de 20 dB mucho mayor que un aumento de 10 dB, pero no exactamente proporcional. Los niveles de sonido en general se miden con instrumentos electrónicos que responden a la presión de sonido. La lectura sobre la escala A de dicho instrumento se utiliza porque esta escala se ajusta a las frecuencias que corresponden de alguna manera con la respuesta del oído humano. En dichos casos, la unidad se indica por dBA. La proyección y análisis de la acústica tienen por objeto controlar el sonido y la vibración. El control del sonido se logra mediante barreras o confinamientos, utilización de materiales acústicamente absorbentes y otros fabricados y armados en forma adecuada. El control de la vibración se logra mediante la construcción que absorbe energía, en general con materiales elásticos, o por amortiguamiento con materiales viscoelásticos. La eficacia de una barrera para detener el sonido se mide mediante la **pérdida de transmisión de sonido** (pts), o sea, la pérdida de nivel de energía conforme pasa el sonido a través de una barrera. Cuanto mayor sea la masa de la barrera, mayor la pérdida de transmisión de sonido, y, por tanto, es más eficaz la barrera. Sin embargo, la relación entre la masa y pérdida de transmisión no es lineal. En bajas frecuencias las pérdidas tienden a ser más grandes; en otras frecuencias, menores que las que indicarían una relación lineal. Una barrera con una gran pérdida de transmisión de sonido puede perder su efecto, si el sonido puede pasar alrededor de la barrera a través de aberturas o mediante transmisión a través de la construcción adjunta. Los conductos, tuberías y casi cualquier componente rígido continuo de un edificio pueden llevar el sonido alrededor de una barrera. Por tanto, hay que tomar precauciones para evitar esto. El empleo de una alfombra sobre una bajo alfombra elástica, por ejemplo, es muy eficaz para absorber algunos sonidos, como pisadas, taconazos, y el ruido de objetos ligeros que caen. Las aberturas se tapan. La vibración de máquinas y otros equipos puede absorberse apoyándolos sobre resortes, cojines elastométricos u otras monturas elásticas. La vibración de las barreras que resulta del impacto del sonido o la transmisión de las vibraciones de las máquinas, puede atenuarse mediante el ensamble adecuado de muchas maneras. Una forma es fijarlas a un material de barrera que tenga una fricción interna alta o mala conexión entre las partículas, o con los materiales viscoelásticos, como los compuestos asfálticos que no son completamente elásticos ni completamente viscosos. Además, los componentes de una barrera pueden conectarse mediante un adhesivo viscoelástico.

Absorción del sonido

La reflexión del sonido de una superficie puede reducirse recubriendo ésta con un absorbente acústico, generalmente tableros porosos y ligeros, que convierten la energía mecánica del sonido en calor. Las superficies expuestas pueden ser lisas o texturizadas, fisuradas o perforadas o decoradas de muchas maneras. La selección de un absorbente se basa en su eficacia de absorción, apariencia, resistencia al fuego, resistencia a la humedad, resistencia al esfuerzo y necesidades de mantenimiento. Sin embargo, un absorbente puede tener poca resistencia a la transmisión del sonido y no debe emplearse para tratar de mejorar el aislamiento del sonido de una barrera de aire.

Los **coeficientes de absorción de sonido** se utilizan como una indicación de la eficacia absorbente de materiales de construcción. El coeficiente de absorción de sonido de un producto es la relación de la energía que puede absorber de una onda de sonido al total de energía que llega. A un absorbente perfecto se le asignaría un coeficiente de 1. Sin embargo, la absorción de sonido depende de la frecuencia de éste. Por tanto, los coeficientes para un producto generalmente se dan para frecuencias específicas, o algunas veces para un grupo de frecuencia. Coeficientes de reducción de ruido y absorción de sonido.

Absorbente	Espesor (pulg.)	Densidad (lb/pie^3)	Coeficiente de reducción de ruido
Paneles de fibra de vidrio o minerales	½ - 4	½ - 6	0.45 – 0.95
Losetas, paneles o tablas moldeadas	½ - 1 1/8	8 - 25	0.45 – 0.90
Repelladas (porosos)	3/8 – 3/4	20 - 30	0.25 – 0.40
Fibras y aglutinantes rociados	3/8 – 1 1/8	15 - 30	0.25 – 0.75
Espumas, plásticos de celda abierta, elastómeros, etc.	½ - 2	1 - 3	0.35 – 0.90
Alfombras	Varía con ondulaciones, textura, respaldo, bajo alfombras, etc.		0.30 – 0.60
Cortinas	Varía con pliegues, textura, peso, tejido abierto		0.10 – 0.60

Absorbente	Coeficiente de absorción por pie^2 de área de piso a diferentes frecuencias, Hz					
	125	250	500	1000	2000	4000
Auditorio sentado	0.60	0.75	0.85	0.95	0.95	0.85
Butacas vacías con vestidura de tela	0.50	0.65	0.80	0.90	0.80	0.70

Reverberación: Es el sonido que se refleja en una superficie que no lo absorbe. Los absorbentes en general no se utilizan únicamente para reducir la reflexión indeseable del sonido, como los ecos y la trepidación, sino también para asegurar las reverberaciones deseables. Los *ecos* son reflexiones bien definidas. La *trepidación* se produce mediante ecos parcialmente reconocibles, repetitivos y rápidos, como los que ocurren entre las paredes paralelas de un corredor. La *reverberación* resulta de ecos aislados, repetitivos, muy rápidos que producen un sonido mal definido y continuo, el cual persiste después que ha cesado el sonido que producen ecos. La reverberación en un local puede mezclar la voz o distorsionar la música. Pero, debidamente controlada, ésta puede mejorar el sonido de la música. Se logra una buena reverberación dando las proporciones adecuadas a los locales, controlando los ecos y la absorción del ruido. Por regla general, los absorbentes acústicos en la superficie de los locales son deseables para absorber la potencia acústica y evitar el acumulamiento de sonidos indeseables.

La **reducción del ruido** *NR*, dB, se logra mediante la adición de absorbentes y puede calcularse así:

$$NR = 10\log_{10}\frac{A_0 + A_a}{A_0}$$

Es el tiempo, en segundos, que tarda un impulso de sonido dentro de un local para atenuarse 60 dB, hasta una millonésima de su nivel original. El tiempo de reverberación *T* puede calcularse de la fórmula de Sabine:

$$T = \frac{0.49V}{A}$$

donde: V = volumen del local, en pie^3.

A = absorción acústica total en el local.

Sistemas de clasificación

La American Society for Testing and Materials (ASTM) ha adoptado sistemas de clasificación para evaluar el comportamiento acústico de ciertos materiales, algunos ejemplos son:

La *clase de transmisión de sonido* es el *STC* para indicar el aislamiento contra el sonido conducido por el aire de divisiones, conjuntos de pisos y techos y de otras barreras (ASTM E90 y E413).

Criterio acústico

En la siguiente tabla se muestran algunos criterios acústicos que pueden usarse como guías para el diseño de diferentes clases de habitaciones.

Niveles de fondos aceptables

Espacio	Nivel de fondo, dbA
Estudio de grabación	25
Recámara suburbana	30
Teatro	30
Iglesia	35
Aula	35
Oficina privada	40
Oficina general	50
Comedor	55
Cuarto de computador	70

Láminas de aislación térmica

La radiación térmica representa entre un 93% y un 60% de las ganancias y pérdidas de calor de casas, galpones, edificios industriales a través de techos y muros perimetrales, y en ductos de aire acondicionado y calefacción. Las láminas de aislación térmica son las barreras radiantes que instaladas en las estructuras logran las mayores eficiencias en la reducción de calor ganado en verano el calor perdido en invierno.

El proceso de laminación asegura una adhesión permanente de las distintas capas, una mayor resistencia al desprendimiento del aluminio durante la instalación en obra y un mejor comportamiento frente al fenómeno de envejecimiento del material. El formato de venta es en rollos de 1 metro de ancho por 75 metros de largo.

Las láminas se pueden encontrar en 5 clases diferentes:

Clase 1: láminas con una cara de aluminio, recomendada para aplicaciones donde no se requiere una gran resistencia mecánica y se tenga solo una cámara de aire. Puede ser instalado en techos sobre entablados continuos.

Clase 2: láminas con una cara de aluminio, reforzada con una malla cruzada de fibra de vidrio y que posee una mayor resistencia mecánica. Su uso es recomendado en las aplicaciones en las cuales se tienen una cámara de aire, y también como recubrimiento de ductos de aire acondicionado.

Clase 3: Lámina con dos caras de aluminio, recomendada para aplicaciones donde es posible materializar dos cámaras de aire, obteniéndose el doble de la resistencia térmica. Puede ser instalado en entre techos bajo las costaneras o bajo las vigas de las cerchas.

Clase 4: láminas con dos caras de aluminio, reforzada con una malla cruzada de fibra de vidrio recomendada para trabajar con dos cámaras de aire contiguas y donde los elementos de fijación están separados, como en galpones industriales.

Clase 5: este es un poliéster metalizado con buena resistencia mecánica a la ruptura, al roce mecánico, a la corrosión y a agentes químicos hostiles. Barrera al vapor y a la humedad. Posee una cara de aluminio, y es recomendado para aplicaciones en viviendas o en climatización.

Características

La capacidad de aislación se basa en la propiedad de reflexión de las radiaciones térmicas incidentes sobre el aluminio y la baja aislación térmica del mismo, es decir, no solo refleja un gran porcentaje de la radiación incidente (95%), sino que adicionalmente tiene una emisión muy baja, reduce a un 5% el flujo térmico de calor radiante. Para que la barrera de radiación funcione en forma eficiente, es necesario que el calor que recibe sea radiante, luego es imprescindible que la lámina este orientada a un espacio de aire de al menos 2 cm.

Ventajas

1.- Liviano, fácil y rápido de instalar.

2.- Fácil de transportar: al ser en rollo se ocupa poco espacio. Volumen 50 veces menor que los aislantes de masa tradicionales.

3.- Barrera contra la humedad (por la impermeabilidad que otorga el aluminio y el polietileno, 50 veces más impermeable que el fieltro o láminas asfálticas).

4.- No contiene vitumen, por lo tanto es estable a la variación de temperatura y más resistente a la manipulación en obra y mayor vida útil.

5.- Amplio rango de operación, de –20ºC a 80ºC.

Usos

- Viviendas.
- Bodegas, galpones.
- Supermercados, frigoríficos, agroindustria.
- Techumbre, paredes, mansardas.
- Ductos, cobertizos, etc.

Formas de transmisión del Calor

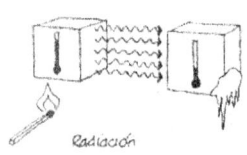

RADIACIÓN: es el desplazamiento de energía en forma de radiaciones, es decir de ondas electromagnéticas. Se habla de radiación en el caso de un cuerpo que emite hacia otro cuerpo.

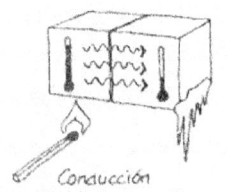

CONDUCCIÓN: es también el desplazamiento de energía en forma de ondas, pero en el interior de un mismo material.

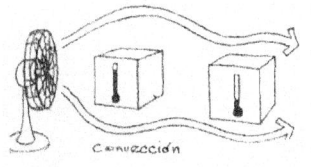

CONVECCIÓN: es el movimiento de un fluido líquido o gaseoso, debido a la gravedad y al calentamiento diferencial de este fluido, por ejemplo. Por contacto con un material de temperatura distinta.

Fenómenos en relación a la transmisión de la energía calórica en las envolventes

➢ REFLEXIÓN: es la porción de radiación que rebota del material, sin cambiar la temperatura de este. La parte de la radiación reflejada, lo hace en la misma longitud de onda que la radiación incidente.

➢ ABSORCIÓN: es la porción de radiación que penetrará en el material y hará subir su temperatura.

➢ EMISIÓN: es la reirradiación de la energía absorbida. Funciona en el sentido inverso a la absorción y numéricamente son iguales, pues se reirradia lo que se absorbe.

➢ TRANSMISIÓN: es el paso de la radiación de cierta longitud de onda a través de los cuerpos transparentes. Es nula en los cuerpos opacos.

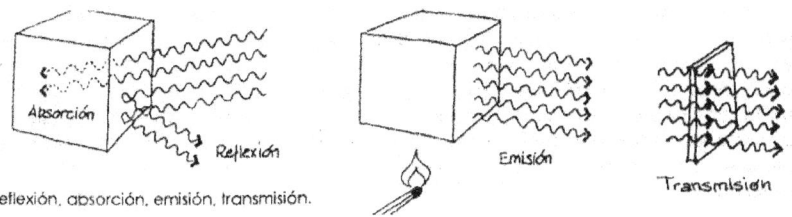

. Reflexión, absorción, emisión, transmisión.

Aislamiento térmico

El objeto del aislamiento térmico es minimizar la pérdida de energía debida a la diferente temperatura del exterior. Como el aire es mal conductor de calor, en muchos materiales aislantes se utilizan cámaras de aire. El uso de placas refractantes reduce la cantidad de calor irradiado. Por el contrario, el metal es muy buen conductor de calor; las cañerías, los depósitos y otras paredes metálicas deben, por tanto protegerse con aislantes. Lo ideal es que las paredes que conserven el calor estén formadas por varias capas, separadas por cámaras de aire, y que los cristales sean dobles para utilizar el mismo principio aislante del aire. En cuanto a los materiales aislantes propiamente dichos, cabe decir que se utilizan aislantes vegetales (corcho, fibra de madera), aislantes minerales (la fibra de vidrio, productos de silicio y aluminio) y aislantes sintéticos (materiales plásticos expandidos, polietileno, poliuretano).

Materiales aislantes para tuberías

Los Materiales Aislantes se usan en la construcción para la protección de la obra arquitectónica, de sus envolventes; logrando así, disminuir los peligros de incendio. Los efectos del calor y del frío, los ruidos inevitables y evitar la humedad. Con ello se busca lograr el Confort Humano.

Debemos recordar que todos los materiales presentan algún comportamiento específico ante el calor, el agua, el fuego o el ruido.

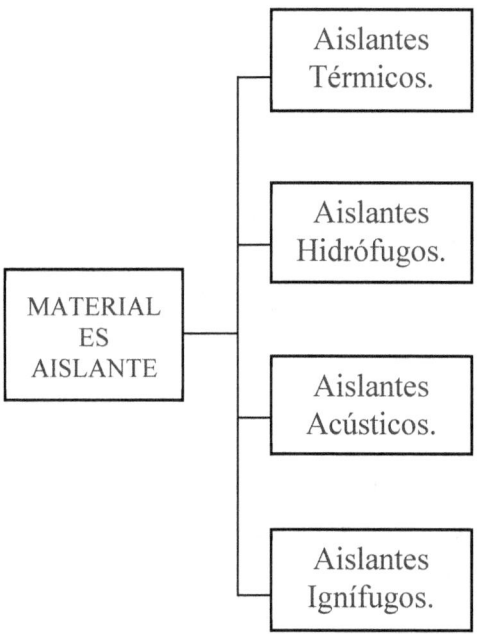

Aislantes Térmicos e Hidrófugos

Aislantes térmicos

Aquel material que tiene la propiedad de impedir la transmisión del calor o frío y que se caracteriza por su Resistividad Térmica.

Su poder radica en su baja densidad, por tener celdillas con aire seco. Si dichas celdillas entran en contacto con el agua o la humedad, pierden su propiedad aislante, ya que en ese caso pasan a ser más pesados, densos y conductores.

FUNCIONES	CARACTERÍSTICAS	EJEMPLOS
• Economizar energía • Reducir la pérdida en las envolventes. • Mejorar el confort térmico. • Aumentar la resistencia térmica en las envolventes.	• Porosos (celdas con aire o algún gas seco encapsulado en su interior, en estado inerte o quieto). • Posee baja capacidad de conductividad. • Alta Reflectividad. • Impermeable al vapor de agua. • Materiales blancos y brillantes.	• Corcho aglomerado. • Espuma de Poliuretano. • Poliestireno expandido. • Lana de vidrio. • Vermiculita. • Arcilla expandida. • Piedra pómez o escoria de lava volcánica. • Fibras vegetales de madera, de eucalipto, aglomerado, fibras de caña, de paja, de amianto, etc.

➤ CORCHO AGLOMERADO: Tejido vegetal formado por la agrupación de células muertas dispuestas muy regularmente y próximas entre sí con escasos espacios intercelulares.

Propiedades

- Su densidad varía entre amplios límites, desde la más baja de 80 Kg. / m3 hasta los 300 Kg. / m3 o más, según su empleo.
- Resistencia al fuego altamente estimable.
- Químicamente inerte.
- Imputrescible y resistente a insectos o roedores, así como a microorganismos.
- Amortiguador de ruidos y vibraciones.

Aplicaciones: su excelente resistencia mecánica a la compresión en relación con el aislante térmico, posibilita su utilización en lugares con cargas de compresión como forjados, pavimentos y terrazas de edificios, así como el aislamiento de tuberías y conducciones.

> ESPUMA DE POLIURETANO RÍGIDO: Material sintético de muy baja conductividad térmica. Esto es importante ya que permite mayor aislamiento con menor espesor de materiales. Ejemplo: tenemos el techo de un recinto al que queremos aislar para mantener una temperatura interior algunos grados centígrados menos que el exterior. Si utilizamos la Espuma Rígida de Poliuretano, el espesor aislante es por ejemplo, 1´´. en cambio utilizamos Lana de Vidrio, necesitamos 2´´ de espesor. Si usáramos Poliéstireno expandido, el espesor sería de 1,6 ´´. Esto es importante desde el punto de vista del costo del aislamiento aplicado. Los materiales que intervienen en la obtención de la espuma son más caros que otros aislantes, pero los espesores necesarios son mucho menores y el proceso de aplicación es rígido y seguro en cuanto a los resultados finales.

Propiedades: liviano, rígido, estable. Resistente a productos químicos para aislaciones entre −200 °C a 110 °C.

Aplicación: "in situ", fácil de cortar y modelar, no constituye alimentos para gusanos e insectos, resistente a hongos, resistente al vapor de agua.

> POLIESTIRENO EXPANDIDO: Material aislante sintético, derivado del benceno; que proviene de la dilatación de la hulla o del petróleo.

Propiedades:
- Su densidad varía entre los 10 y 30 Kg./ m3.
- Material combustible.
- Resistencia a los hongos, bacterias, parásitos pero no así ante los insectos y roedores.

- Resistencia química: se disuelve en contacto con ácidos anhídridos, gasolina, base de benceno, hidrocarburos clorados, cetonas y aceites minerales.
- Imputrescibles.
- Ámbito de empleo entre temperatura de −150°C a 900°C.
- Coeficiente de conductividad: de 0,026 a 0,032 Kg./ m.h.°C.

Aplicación: por su versatilidad y característica resistente, es un material que se puede utilizar tanto en cerramientos verticales y cubiertas planas e inclinadas como en soleras y pavimentos.

Forma de comercialización: partículas sueltas pre-expandidas, en forma de bloques, placas de poco espesor, rollos y medias cañas para la aislación de cañerías.

➤ LANA DE VIDRIO: Constituida por numerosas pequeñas celdas de aire que disminuye el pasaje del calor. Esta característica confiere a la Lana de Vidrio, coeficientes de conductividad térmica bajos, que combinados con espesores adecuados ofrece elevada resistencia térmica, es decir, la dificulta al intercambio de vapor de la resistencia, mejor será la aislación.

Propiedades:
- Excelente coeficiente de conductividad térmica, que oscila de 0,028 a 0,036 Kcal./m.h.°C, según tipos.
- Químicamente inertes. No corrosivos en contacto con los metales. Inatacables por agentes químicos (excepto al ácido fluorhídrico y bases concentradas).
- Imputrescible e inodoros.
- Livianos.

- De difícil manipulación y corte.
- No constituye un medio adecuado para el desarrollo y proliferación de insectos y microorganismos.
- No giroscópicos.
- Su débil calor específico permite "puesta en régimen", rápidas en instalaciones intermitentes.
- Es incombustible (sin revestimiento) y no desprende gases tóxicos ni irritantes.

Aplicación: las mantas de lana de vidrio se colocan sobre superficies horizontales o inclinadas sin cargas, solapando unas con otras mediante la lengüeta de que van provistas, perfectamente al tope. En las uniones transversales se realizará un solape de 6 cm.; sellando la junta de forma continua mediante fijaciones o cintas adhesivas de materiales no transmisores. Los paneles se colocaran a tope, sellando las juntas con materiales, para la formación de falsos techos aislantes. La colocación de la borra vaquerizada de lana de vidrio se realiza por inyección. Es ideal, tanto para obras nuevas como para refacciones o reciclados. Su uso también está indicado para cajas de ascensores y escaleras.
Aumenta el aislamiento térmico y acústico de muros exteriores y tabiques interiores, separadores de lugares fríos, mejorando notablemente el nivel de confort.

➢ VERMICULITA: Material liviano, incombustible e imputrescible, fabricado mediante la exposición a alta temperatura de un mineral de la familia de las micas.

Especificaciones técnicas:
-Presentación: bolsas de 50 dm3 (20 bolsas por m3)
-Peso específico: 140 a 200 Kg./m3.

-Coeficiente de conductividad térmica: =0.035 a 0.04 Cal m /m2.h °C

-Forma de aplicación: es sumamente sencillo ya que no difiere en mucho de las mezclas comunes con arena.

<u>Preparación de la mezcla:</u>

1- Deben mezclarse en seco, vermiculita y cemento en las proporciones que correspondan, cuidando que los materiales lleguen a formar un conjunto homogéneo.

2- Debe agregarse el agua hasta lograr la consistencia de una mezcla para revoque grueso.

3- En una de las últimas partes de agua debe agregarse vermiculita en dosis correspondiente, diluida en un balde de agua para su distribución más homogénea.

<u>Colocación:</u> el mortero se vuelca sobre la loza y se dan los niveles con el sistema más adecuado. Se empareja con regla, sin apisonar, e incluso puede terminarse con fratas.

Luego de realizarse esta aplicación se debe proceder a la impermeabilización.

Está formado por estructuras de poliestireno expandido, que forma una estructura cerrada y sin ninguna comunicación entre los huecos.

Aplicación: por su versatilidad y características resistentes es un material que se puede aplicar en paredes y tabiques, suelos, techos, y cubiertas.

➢ ARCILLA EXPANDIDA: Obtenida a partir de una arcilla natural y se consiguen pequeñas piedras. Se utiliza como agregado en morteros y hormigones, para mejorar su capacidad aislante en contrapisos y cubiertas, piezas de cerramiento de hormigón, etc.

➢ FIBRA VEGETAL: Son paneles rígidos de virutas de madera aglomerada con cemento o magnesita calcinada, que mantienen las propiedades elásticas naturales de la fibra de madera.

Propiedades:
- Su densidad varía entre 300 y 600 Kg./ m3.
- Resistencia al fuego: apreciable como material ignífugo.
- Imputrescible.
- No atacable por parásitos animales o vegetales.
- Por su tratamiento, reacción neutra contra metales y hormigón, así como con todos los colorantes y elementos de construcción.
- Resistente a la humedad y ala intemperie.
- Excelente absorción acústica.
- Buena adherencia del revoque.
- Durabilidad ilimitada.
- Coeficiente de conductividad: de 0.07 a 0.08 Kcal./ m.h.°C

Aplicaciones: aislamiento interior de muros, sobre soleras en contacto con el terreno conformado con espuma de poliestireno en cubiertas inclinadas y con plafones en falsos techos.

Aislantes hidrófugos

Aquel material que busca resistir el paso del agua o la humedad, desde el exterior hacia el interior de la construcción. Su poder radica en que es un material muy compacto, sin poros.

FUNCIONES	CARACTERÍSTICAS	EJEMPLOS
▪ Impermeabilizar. (impedir el paso del agua o la humedad). ▪ Complementar y aumentar la aislación térmica.	▪ Muy compactos. ▪ Impermeable.	▪ Pintura asfáltica. ▪ Fieltro asfáltico. ▪ Polietileno (Ej. Lámina de 200 micrones.) ▪ P.V.C. (para altas exigencias) ▪ Ceresita, Pluviol, Sika, etc.

➢ CERESITA: Hidrófugo en pasta, constituido por una emulsión y otros compuestos metálicos de efecto inmediato al fraguar la arena y el Pórtland cuya aptitud hidrófuga queda desde ese momento incorporada al material en forma permanente, produciendo un efecto repelente al agua, no alterando la resistencia del mortero.

Usos:

- Mézclese bien en seco: una parte (por ej. Balde) de Pórtland fresco. Tres partes de arena mediana o gruesa y agréguese este mortero exclusivamente (hasta lograr un efecto empastado) la cantidad de líquido necesaria de la siguiente preparación: una parte o Kilo de pasta "Ceresita" disuelto en diez partes o litros de agua. Cuidando al utilizarla que esté bien disuelta y no forme asiento.

Rendimiento:

- 1 Kg. De Ceresita rinde 3 m2 de revoque común, 20 Kg. De Ceresita rinden 1 m3 de Pórtland y arena (1:3 aprox.). 10 Kg. De Ceresita rinden 1 m3 de hormigón (1 portland, 3 arena, 5 pedregullo).

Aplicación:

- a) las capas aisladoras y los revoques impermeables se efectuarán con hidrófuga Ceresita en pasta. b) para el empaste de los morteros con destino a capas aisladoras y revoques impermeables se empleará una dispersión de 1 Kg. De Ceresita pasta por cada 10 Lts. de agua. c) indispensable en todas las construcciones, en la impermeabilización de tanques de agua, diques, fachadas, paredes linderas, terrazas, túneles, etc.

Apariencia:

- pasta de color amarillento.

Presentación: tarros de 1, 4, 10 y 20 Kg. Tambores de 50, 100 y 200 Kg.

➤ PLUVIOL: Es un hidrófugo líquido, de efecto inmediato al fraguar la mezcla, cuya aptitud hidrófuga queda desde ese momento incorporada al material en forma permanente. Resolviendo de esta manera la posibilidad de impermeabilizar los morteros de cal con o sin refuerzo de Pórtland, como una solución de carácter práctico de muy bajo costo.

Usos:

- Sáquese la tapa del envase, de 150 cc. Volviéndola hacia arriba para su empleo. Mortero de cal y arena y Pórtland. Por cada balde de 10 Lts. de mezcla ya pronta para usar debe agregarse una medida de 150 cc. De hidrófugo Pluviol, siendo su eficacia siempre perfecta aun variando las proporciones del mortero. Pluviol se mezcla uniformemente asegurando una impermeabilización homogénea.

Rendimiento:

- Su rendimiento es idéntico al de la Ceresita.

Aplicación:

- Impermeabilización sumamente exitosa en su aplicación sobre medianeras y paredes en general contra las lluvias. Es el único hidrófugo capaz de resistir una presión de agua equivalente a 50 mts. Según certificado de la facultad de Ingeniería: 5 Kg. Por centímetro cúbico.

Apariencia: líquido de color Rosado.

Presentación: envases plásticos de 1, 2, 5, 10, 20 y 50 Lts. tambor de 200 Lts.

➢ SIKA 1: Hidrófugo químico inorgánico larga vida. Es una suspensión coloidal líquida, viscosa, de color amarillo, con densidad aprox. a 1,00 Kg/lt. Por poseer partículas muy finas, se mezcla perfectamente con los demás componentes del mortero de cemento, produciendo mejores resultados de impermeabilidad.

Propiedades:

- De naturaleza inorgánica y no se degrada por la acción bacteriana con el tiempo.
- No afecta el tiempo de fragüe.
- La adhesión de una capa a otra, con la adición de Sika no es alterada.
- El mortero de Sika es impermeable, no se cuartea y permite el pasaje del vapor de agua.

Usos: se emplea como agregado al mortero de revoques de cemento, para toda clase de impermeabilización contra la presión del agua, en paredes interiores y exteriores, pisos, sótanos, piletas de natación, túneles, tanques, etc.

Otros materiales

Aislantes de Polietileno
Aislamientos para Tuberías de calefacción, agua y líquidos en general. Todas las medidas y formatos.

Sogas Cerámicas
Estabilidad de temperatura.
Aislamiento eléctrico.
Baja conductibilidad.
Amplia Variedad y Medidas.

Thermo-Foil - Aislante Térmico
Alto poder aislante.
Rollos de 1X30m.
Retardador de Llamas/Fuego.
100% Aluminio.
Calidad ISO.

Papel Cerámica
Altamente resistente.
Aislamiento eléctrico.
Baja conductibilidad.
Amplia Variedad y Medidas.

Placas Acústicas

Tratamiento acústico para interiores.

Reduce la reverberación o eco.

Fácil montaje.

Consultar colores.

PVC Policloruro de Vinilo

Material ignífugo, resistente a la intemperie, atóxico, posee además otras cualidades que lo hacen muy frecuentado en el desarrollo de las actividades de la construcción. Se conforman con él perfiles para marcos de ventanas y puertas, caños para desagües domiciliarios y de redes, mangueras, tubería en general, revestimiento de cables, aberturas, alfombras, papel vinílico, entre otros muchos usos que lo hacen uno de los materiales plásticos más utilizados en el sector.

Cañuela de fibra de vidrio

Lana de fibra de vidrio rígida, preformada como medias cañas para aislar tuberías calientes y frías, con temperaturas entre -120°F y 850°F y con diámetro nominal desde ½" en adelante y una densidad de 5Lbs/Pies3. Conductividad térmica: K=0.24 BTU. Pul/hr pie2. °F(a 75°F) o sea 0.034 Vatio/m °C a 24°C de temperatura promedio.

Silicato de calcio

Termo-12 Gold, es un aislamiento térmico en forma de medias cañas para tuberías y en bloques para superficies planas, resistente a altas temperaturas. Está fabricado con silicato de calcio hidratado para ser utilizado en sistemas con temperaturas máximas de operación hasta de 649°C (1200°F)

Lana mineral o lana de roca

Temperatura de operación: 60°C

600°C - No corrosivo a agentes químicos de la atmósfera.

Excelente resistencia a la humedad de la atmósfera.

Poliuretano

Aislamiento térmico para tuberías y equipos en frío que operen entre - 40°C y 80°C, con poliuretano rígido en sistema de inyección o premoldeado. Aislamiento térmico para tuberías y equipos en caliente que operen entre 80°C y 150a.C., con polisocianurato rígido en sistema de inyección o premoldeado.

Sistema spray

Sistema desarrollado para ser aplicado sobre la superficie se va aislar y se adhiere prácticamente a cualquier superficie, se utiliza en el campo de industria y la construcción.

Sistema de elastómero de poliuretano spray

Este sistema proporciona protección y sellamientos efectivos y durables, su fácil aplicación junto con su excelentes propiedades finales de adhesión, resistencia climática resistencia a bajas y altas temperaturas, resistencia química y biológica y sellamiento homogéneo, continuo, sin uniones y sin puntos débiles y a prueba de agua son ideales para impermeabilización de cubiertas terrazas e incluso como acabado final para el recubrimiento de cualquiera de los aislamientos térmicos existentes.

Cuartos fríos

Sistema de paneles con poliuretano para cuartos fríos.

- Para sistema de refrigeración

- Para sistema de congelación.

Densidades utilizadas 35Kl/m3 - 40Kl/m3

Chaquetas aislantes flexibles y reutilizables, tipo flexin

Para equipos, válvulas, bridas, etc. Que requieran inspección o pequeñas tuberías con muchos accesorios difíciles de aislar con los sistemas tradicionales.

Su densidad es de (12 Lbs/Pie3) y maneja temperaturas hasta los 2300°F.

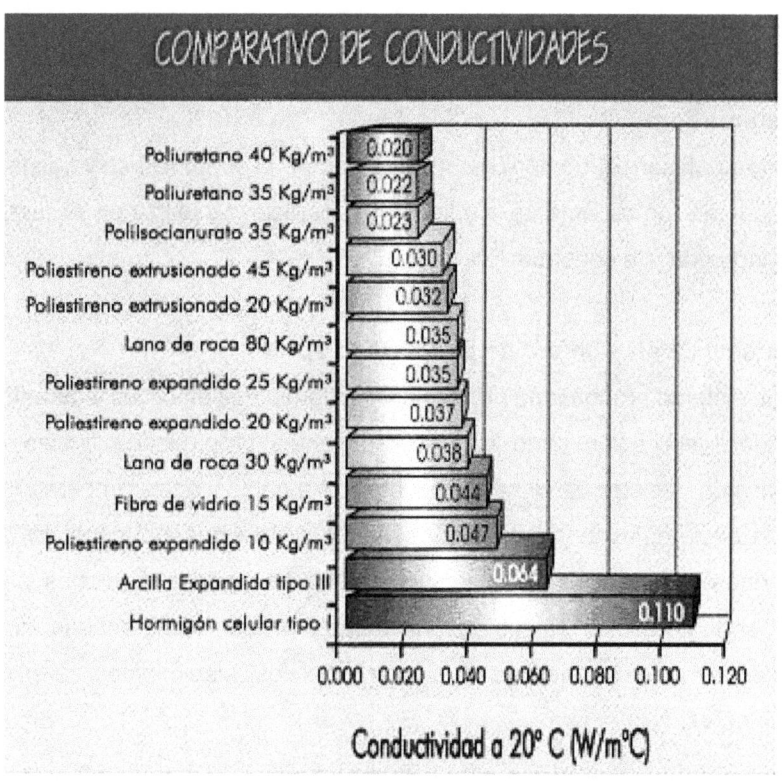

COMPARATIVO DE CONDUCTIVIDADES

Conductividad a 20° C (W/m°C)

Aislantes acústicos: Son los materiales aislantes que absorben los ruidos que dañan al oído. (Ver capítulo anterior acústica).

Aislantes Ignífugos: Son los materiales aislantes que protegen contra los incendios o el fuego. (Ver capítulo posterior protección contra incendios).

Aislantes eléctricos: Son los materiales aislantes contra fallos eléctricos. (No tratado en este tema).

Conductos

Los conductos de aire son los elementos de una instalación a través de los cuales se distribuye el aire por todo el sistema; aspiración, unidades de tratamiento de aire, locales de uso, retorno, extracción de aire, etc.

Sus propiedades determinan en gran parte la calidad de la instalación, al jugar un papel fundamental en determinados factores, como por ejemplo, el aprovechamiento energético o el comportamiento acústico de la misma. La normativa de aplicación en vigor para regular las características que deben cumplir los conductos de distribución de aire, está contenida en el Reglamento de Instalaciones Térmicas en los Edificios (RITE), con desarrollo en sus Instrucciones Térmicas Complementarias (ITE). En estas instrucciones se hace referencia a diversas normas UNE o EN del Comité 100 de Normalización. El RITE hace referencia a los conductos metálicos, que deben cumplir lo especificado en la norma UNE-EN-12237, y conductos no metálicos, que deben cumplir lo especificado en la norma UNEEN- 13403. También se mencionan las conexiones flexibles **(conductos flexibles)** entre las redes de conductos de aire y las unidades terminales, **indicando que la longitud máxima de dichas conexiones debe ser de 1,2 m debido a su elevada pérdida de presión.**

Tipos de conductos más utilizados

- Conductos de chapa metálica.

- Conductos de lana de vidrio.

- Conductos flexibles y sus limitaciones de uso.

Conductos de chapa metálica

Se trata de conductos realizados a partir de planchas de chapa metálica (acero galvanizado o inoxidable, cobre, aluminio) las cuales se cortan y se conforman para dar al conducto la geometría necesaria para la distribución de aire. Puesto que el metal es un conductor térmico, los conductos de chapa metálica **deben aislarse térmicamente.** Habitualmente, el material empleado consiste en mantas de lana de vidrio para colocar en el lado exterior del conducto. Estas mantas incorporan un revestimiento de aluminio que actúa como barrera de vapor. También pueden colocarse, en el interior del conducto, mantas de lana de vidrio con un tejido de vidrio que permite la absorción acústica por parte de la lana y refuerza el interior del conducto.

Aislamiento para conductos metálicos:

Los productos de lana de vidrio utilizados para el aislamiento de conductos metálicos son:

Producto	Aplicación	Descripción	Revestimiento	Resistencia térmica m² · K/W
IBR Aluminio	Aislamiento por el exterior del conducto metálico	Manta de lana de vidrio, 55 mm de espesor	Aluminio + kraft	1,31
Isoair		Manta de lana de vidrio, en 30 ó 40 mm de espesor	Aluminio reforzado + kraft	30 mm: 0,80 40mm: 1,00
Intraver Neto	Aislamiento por el interior	Manta de lana de vidrio, 25 mm de espesor	Tejido de vidrio negro de alta resistencia mecánica	15 mm: 0,36* 25 mm: 0,73

(*) No cumple el RITE por su espesor.
Hay que considerar que espesores inferiores a los indicados en esta tabla no cumplirían el RITE.

Clasificación de los conductos de chapa

a) Respecto a la presión máxima y estanqueidad

Los conductos de chapa se clasifican de acuerdo a la máxima presión que pueden admitir:

Clase de conductos	Presión máxima (Pa)
Estanqueidad A	500 Pa (1)
Estanqueidad B	1000 Pa (2)
Estanqueidad C	2000 Pa (2)
Aplicaciones especiales	2000 (2)

(1) Presión positiva o negativa.
(2) Presión positiva.
Norma UNE-12237.

b) Respecto al grado de estanqueidad

Se establecen tres clases. Los sistemas de montaje y tipos de refuerzos vienen definidos en el proyecto de norma europea prEN 1507. Ver también norma UNE -EN-12237.

Conductos de lana de vidrio

Son conductos realizados a partir de **paneles de lana de vidrio de alta densidad,** aglomerada con resinas termoendurecibles. El conducto se conforma a partir de estas planchas, cortándolas y doblándolas para obtener la sección deseada. Las planchas a partir de las cuales se fabrican los conductos se suministran con un **doble revestimiento:**

La cara que constituirá la *superficie externa* del conducto está recubierta por un complejo de aluminio reforzado, que actúa como barrera de vapor y proporciona estanqueidad al conducto.

Los paneles que se utilizan como base para construir el conducto tienen las siguientes dimensiones:

Largo (m)	Ancho (m)	Espesor (mm)
3	1,19	25

La gama **CLIMAVER** está compuesta por varios tipos de paneles, atendiendo a su configuración y a las aplicaciones deseadas para cada uno de ellos:

Gama Climaver	Conductivi-dad térmica λ (W/m·K) a 10 °C	Marcas de calidad	Clase de rigidez	Presión estática (mm.c.a)	Velocidad del aire (m/s)	Temperatura máxima de utilización (°C)
Plata	0,032	N	R4	≤ 50	≤ 12	90
Superficie exterior: Lámina de aluminio exterior, kraft y malla de vidrio textil. Superficie interior: Velo de vidrio de color amarillo.						
Plus R	0,032	N	R5	≤ 80	≤ 18	70
Superficie exterior: Lámina de aluminio exterior, malla de vidrio textil y kraft. Superficie interior: Aluminio y kraft. El canteado "macho" del panel está rebordeado con este revestimiento.						
Neto	0,032	N	R5	≤ 80	≤ 18	90
Superficie exterior: Lámina de aluminio exterior, kraft y malla de textil. Superficie interior: Tejido de vidrio negro de alta resistencia mecánica.						
A2	0,032	N	R5	≤ 80	≤ 18	70
Superficie exterior e interior: Lámina de aluminio reforzada con una malla de vidrio textil.						
A2 Neto	0,032	N	R5	≤ 80	≤ 18	90
Superficie exterior e interior: Lámina de aluminio reforzada con una malla de vidrio textil. Superficie interior: Tejido de vidrio negro de alta resistencia mecánica.						

Conductos flexibles

Se trata de conductos flexibles con forma de fuelle, constituidos generalmente por dos tubos de aluminio y poliéster entre los cuales se dispone un fieltro de lana de vidrio que actúa como aislamiento térmico. Están regulados por la norma UNE-EN- 13180. El RITE limita su uso a longitudes de 1,2 m debido a su elevada pérdida de carga y a los problemas acústicos que pueden originar; por lo que se utilizan principalmente para la conexión entre el conducto principal de aire y las unidades terminales (difusores, rejillas).

Resumen. Tipos de conductos.

Dentro de los conductos para distribución de aire, podemos distinguir:

a) **Conductos de chapa metálica.** De conformación en taller, necesitan de un aislamiento térmico y acústico adicional. Están regulados por la norma UNE-EN-12237.

b) **Conductos de lana de vidrio.** De conformación en obra, aportan de por sí aislamiento térmico y acústico. Regulados por la norma UNE-EN-13403.

c) **Conductos flexibles.** Limitados por el RITE a una longitud máxima de 1,2 m por su elevada pérdida de presión, se utilizan para las conexiones entre el conducto principal y las unidades terminales. Regulados por la norma UNE-EN 13180.

Aislamiento térmico en la climatización

El primer factor de gran influencia que debe considerarse para reducir el **consumo energético** de una instalación es el **aislamiento térmico del local a acondicionar.** Es preciso conocer las cargas térmicas del edificio, y que éste haya sido proyectado según la normativa vigente, cumpliendo con los valores mínimos de aislamiento exigido.

Por otra parte, las condiciones térmicas del aire que circula por el interior de los conductos en las instalaciones son diferentes a las del aire exterior, lo que se traduce en una transferencia de calor entre las dos masas de aire. Si esta transferencia es elevada, se producirá una pérdida de eficiencia de la instalación y un aumento de su coste energético. Otro posible efecto es el riesgo de condensaciones en las paredes de los conductos, debido al enfriamiento localizado del aire y al aumento de su humedad relativa. Es por esto que el RIT E incide en los espesores mínimos de aislamiento necesario en conductos para evitar condensaciones. Podemos encontrar cómo calcular estos espesores en la IT .2.4.2.2. En el presente capítulo desarrollaremos los conceptos teóricos y prácticos para el cálculo de los espesores mínimos de aislamiento necesarios para minimizar las pérdidas energéticas en una red de conductos. Todos los cálculos se realizan de acuerdo con la norma UN E-EN 12241 "Aislamiento térmico para equipos de edificación e instalaciones industriales".

Generalidades

Conducción del calor

Entre dos zonas a diferente temperatura, se produce un flujo de calor desde la que se encuentra a mayor temperatura hacia la de menor temperatura. La existencia de un elemento físico separador de ambos ambientes, establece unas condiciones de flujo de calor que dependen de las características geométricas del elemento físico y del grado de facilidad que ofrece al paso del calor (concepto de resistencia térmica).

Transferencia superficial de calor

De la misma manera que existe una transferencia de calor por conducción a través del elemento separador entre dos medios a distinta temperatura, existe una transferencia de calor en las superficies que delimitan este elemento separador. El flujo de calor que atraviesa el elemento debe ser igual al que le cede el medio más caliente e igual al flujo de calor cedido al medio más frío.

Aislamiento térmico en los conductos

Las **transferencias de calor** a través de la red de conductos de distribución de aire, representan una **pérdida de la energía** aportada en el tratamiento del aire, lo cual supone un **coste económico** de funcionamiento. Además, el aire circulante está cambiando sus características físicas como consecuencia de la pérdida de energía, lo cual deriva en que el aire proporcionado a los locales no está necesariamente en las mismas condiciones para todos ellos. En consecuencia es necesario conocer la relación entre las transferencias caloríficas y la variación de las temperaturas del aire, según las características geométricas de la red de conductos y los caudales circulantes.

Transmisión térmica en conductos

La transmitancia térmica entre dos ambientes, se define como la cantidad de calor que pasa de un medio a otro por unidad de área, dividida por la diferencia de temperaturas.

Aislamiento térmico en equipos

La aplicación en cada caso de las fórmulas indicadas en el apartado 1, permitirá analizar las diversas pérdidas caloríficas con diferentes aislamientos. Este caso general admite algunas simplificaciones sin errores apreciables; por ejemplo, las instalaciones con líquidos en su interior presentan un valor de 1/hi muy bajo, que puede despreciarse comparativamente a otros términos de U.

Para **instalaciones en el interior del edificio,** pueden aplicarse con las fórmulas aproximadas:

Tuberías horizontales: he = CA + 0,05 $\Delta\theta$ W/(m2·K)

Tuberías verticales y paredes planas: he = CB + 0,09 $\Delta\theta$ W/(m2·K)

Usando los coeficientes de la siguiente tabla:

Superficie	C_A	C_B
Aluminio brillante	2,5	2,7
Aluminio oxidado	3,1	3,3
Chapa de metal galvanizado, limpio	4,0	4,2
Chapa de metal galvanizado, sucio	5,3	5,5
Acero Austenítico	3,2	3,4
Plancha aluminio-zinc	3,4	3,6
Superficies no metálicas	8,5	8,7

Las anteriores ecuaciones son aplicables para tuberías horizontales en el rango de De = 0,25 m hasta 1 m, y para tuberías verticales, de todos los diámetros.

Los valores de CA y CB son coeficientes aproximados. Sólo son aplicables para valores de $\Delta\theta < 100°$ C y donde la radiación sea poco apreciable por no ser significativa la diferencia de temperatura entre la superficie externa del equipo y la del ambiente.

Riesgo de condensaciones

Si una masa de aire con temperatura y humedad relativa (HR) dadas tiende a enfriarse, se producirán condensaciones si se alcanza la "temperatura de rocío" (tr), en la cual la HR es 100%.

Este hecho es importante cuando la temperatura interior de los equipos o de las instalaciones es inferior a la ambiental: el aire exterior próximo a las superficies disminuye su temperatura, aumentando la HR, con el riesgo de condensaciones indicado. En general, si el elemento separador es metálico o de otro material buen conductor del calor, el riesgo de condensaciones es alto, aún con bajas diferencias de temperatura en los ambientes exterior e interior, considerando ambientes de alta HR. La utilización de elementos separadores tipo sándwich con aislamiento térmico incluido, como es el caso de la gama *CLIMAVER*, elimina los riesgos de condensaciones, incluso con diferencias notables de temperaturas. No obstante, en cualquier caso es imprescindible estudiar el **nivel de aislamiento térmico necesario** en los equipos e instalaciones, teniendo en cuenta las condiciones más desfavorables que puedan presentarse. El cálculo de las temperaturas superficiales que pueden dar lugar a condensaciones, puede establecerse mediante los valores de U y he, determinando la temperatura en la superficie exterior θse y verificando el aumento de HR en el aire ambiental a esa temperatura. El cálculo es laborioso, por lo que es más cómoda la aplicación del método gráfico simplificado que la norma VDI 2055, que permite calcular el espesor de aislante necesario en cada caso para evitar las condensaciones. La utilización de aislantes de lana de vidrio exige la utilización de una barrera de vapor que evite la condensación intersticial en el interior de la masa de aislante.

Resumen.

El consumo energético en una instalación de aire puede reducirse mediante un aislamiento térmico adecuado, tanto del local a acondicionar como de los conductos y tuberías de distribución de fluidos (aire y agua).

En lo que respecta al aislamiento térmico en las redes de conductos, éste depende del producto utilizado para aislamiento, de su espesor, y de las fugas de aire en el sistema de conductos. Estos tres efectos se resumen en: resistencia térmica elevada y correcta estanqueidad de las redes de conductos.

Los conductos CLIMAVER presentan la mayor eficiencia en lo referente a aislamiento térmico.

Aislamiento acústico en la climatización

El **ruido,** considerado como sonido no deseado, es un **contaminante ambiental** según la decisión adoptada en la Conferencia Internacional de Medio Ambiente de Estocolmo en 1972. Las consecuencias del ruido sobre el hombre abarcan un amplio espectro, que comprende desde las molestias que afectan al confort, (falta de intimidad, dificultad de comunicación), hasta graves problemas de tipo físico o psíquico (alteración del ritmo cardiaco, fatiga, presbiacusia acelerada, etc.).

Las instalaciones de climatización producen niveles sonoros variables, que dependen del diseño y potencia de los equipos, además de constituir una vía de transmisión del ruido a través de los conductos. Con el objeto de reducir en lo posible las consecuencias del ruido, todos los países han establecido limitaciones a los niveles sonoros máximos admisibles en los edificios y locales, según la utilización de los mismos. En España, el borrador del nuevo RITE establece que "las instalaciones térmicas de los edificios deben cumplir la exigencia del documento 'DB HR Protección contra el ruido' del Código Técnico de la Edificación.

a) Nivel de inmisión de ruido aéreo producido por las instalaciones

En la tabla adjunta se aportan los valores máximos de niveles sonoros de inmisión de ruido aéreo recomendados para los ambientes interiores por causa del funcionamiento de las instalaciones, según el RITE actual.

Valores máximos de niveles sonoros para el ambiente interior

Tipo de Local	Valores Máximos en dB(A)	
	Día (18-22 h)	Noche (22-8 h)
Administrativo y de oficinas	45	...
Comercial	55	...
Cultural y religioso	40	...
Docente	45	...
Hospitalario (día: 8 a 21 h)	40	30
Ocio	50	...
Residencial	40	30
Vivienda		
Piezas habitables excepto cocina	35	30
Pasillos, aseos y cocinas	40	35
Zonas de acceso común	50	40
Espacios comunes: vestíbulos, pasillos	50	...
Espacios de servicio: aseos, cocinas, lavaderos	55	...

b) Nivel de inmisión de ruido total en los locales

Independientemente de los valores indicados, las Comunidades Autónomas y Ayuntamientos tienen transferidas competencias de Medio Ambiente, lo que les permite establecer niveles sonoros más restrictivos en el ámbito de su competencia. Es muy recomendable que el proyectista de instalaciones de climatización conozca las Normativas particulares que puedan afectar a un proyecto por su ubicación geográfica. Al margen de toda exigencia normativa, la esencia de una instalación de climatización es mejorar el confort de los usuarios de un edificio. Parecería un contrasentido que no se tomaran las medidas necesarias para que las instalaciones no supusieran un deterioro del confort debido a los ruidos. Para ello, la correcta elección de los conductos, supone la mejor herramienta. El Documento DB HR de

Protección contra el ruido, del Código Técnico de la Edificación, en su apartado relativo a instalaciones, refiere lo siguiente:

b1) Aire acondicionado:

• L os conductos de aire acondicionado deben llevarse por conductos independientes y aislados de los recintos protegidos y los recintos habitables.

• Se evitará el paso de las vibraciones de los conductos a los elementos constructivos mediante sistemas antivibratorios, tales como abrazaderas, manguitos y suspensiones elásticas.

• En conductos vistos se usarán recubrimientos con aislamiento acústico a ruido aéreo adecuado.

• Los conductos de aire acondicionado deben revestirse de un material absorbente y deben utilizarse silenciadores específicos de tal manera que la atenuación del ruido generado por la maquinaria de impulsión o por la circulación del aire sea mayor que 40 dBA a las llegadas a las rejillas y difusores de inyección en los recintos protegidos.

• S e usarán rejillas y difusores terminales cuyo nivel de potencia generado por el paso del aire acondicionado cumplan la condición:

$$L_w \leq L_{eqA,T} + 10 \cdot \lg V - 10 \cdot \lg T - 14 \quad (dB)$$

Lw nivel de potencia acústica de la rejilla (dB).

LeqA,T valor del nivel sonoro continuo equivalente estandarizado, ponderado A, establecido en la tabla

D1, del Anejo D, en función del uso del edificio, del tipo de recinto y del tramo horario, (dBA).

T tiempo de reverberación del recinto que se puede calcular según la expresión anterior.

V volumen del recinto (m3).

b.2) Ventilación

• Deben aislarse los conductos y conducciones verticales de ventilación que discurran por recintos habitables y protegidos dentro de una unidad de uso.

• Cuando estén adosados a elementos de separación verticales entre unidades de uso diferentes o fachadas, se revestirán de tal forma que no se disminuya el aislamiento acústico del elemento de separación y se garantice la continuidad de la solución constructiva.

Origen y vías de transmisión del ruido en las instalaciones

Encontrar solución a los problemas de ruidos, requiere:

• Evaluarlos.

• Conocer su origen y vía de transmisión.

• Aplicar soluciones correctoras.

El proyecto debe incluir un estudio de las evaluaciones acústicas esperadas en los locales del edificio, así como las medidas aplicables para que los ruidos no representen un nivel sonoro inadecuado, según las normativas exigidas, o bien unas condiciones de confort mínimas para los usuarios.

Tipos de ruido

a) Ruido Aéreo

Es aquél que se produce y transmite en el aire. Corresponden a este caso la voz humana, la televisión, la radio, el teléfono. La fuente del ruido es fácil de identificar, y su transmisión al receptor se produce directamente por el aire (huecos), o a través de las vibraciones que produce el aire sobre los elementos de separación entre el local emisor y receptor.

En la climatización pueden percibirse ruidos aéreos a través de los conductos debido a:

• Emisión desde los equipos motoventiladores.

• Emisión fluido-dinámica del aire, producida por variaciones de presión del aire circulante, así como los producidos por rozamiento del aire en los conductos por cambios de dirección o velocidad elevada.

• Transmisión cruzada, es decir, ruidos producidos en un local y percibidos en otro, siendo la vía de transmisión la red de conductos.

b) Ruido de transmisión por vía sólida – Ruido Impacto.

Son aquellos ruidos producidos por impacto o choque en la estructura del edificio y que se transmiten por esa vía hasta los locales, produciendo vibraciones de los elementos portantes y divisorios. En general, son ruidos que se manifiestan en locales a veces muy alejados del origen, debido a la gran facilidad del sonido para transmitirse por los sólidos, lo que dificulta las posibilidades de detectar su procedencia. Ejemplos típicos de estos ruidos, son las vibraciones producidas por los equipos mecánicos en funcionamiento, transmitidas por sus apoyos a la estructura, como es el caso de lavadoras, lavavajillas, climatizadores, torres de enfriamiento, etc.

Soluciones contra el ruido en instalaciones

No es posible establecer una solución única y sencilla para reducir el nivel sonoro de los ruidos que pueden producirse en una instalación de climatización. Sin embargo, existen soluciones efectivas, que serán más sencillas, eficaces y económicas si se consideran desde la fase de proyecto de la instalación. Por una parte, hay equipos que transmiten ruidos aéreos y de transmisión por vía sólida de un modo simultáneo, como son los motores.

Asimismo, habrá que considerar, que el nivel de ruido que emite una fuente sonora está ligado a características propias del equipo, como es la potencia consumida en su funcionamiento. A este respecto, la energía acústica radiada por los equipos electromecánicos es del orden de 10-3 a 10-7 de la energía consumida en su funcionamiento. Sin embargo, la sensibilidad del oído humano, capaz de detectar sonidos desde intensidades acústicas de potencia 10-12 W/m2, percibe ya sonidos molestos para valores de 10-4 W/m2, que representarán 80 dB.

Otra consideración importante es la ergonómica: el confort de los usuarios admite un nivel sonoro máximo en los locales. En todos los casos, la aplicación de unos métodos correctores u otros dependerá del nivel sonoro emitido por la fuente, la distancia y las vías de transmisión.

Por todo lo anterior, se explican a continuación los métodos a aplicar en función del origen del ruido, con especial atención a aquellos que se transmiten por los conductos.

Equipos de tratamiento (UTAS, Torres de refrigeración)

Estos equipos, con elementos móviles, siempre serán fuentes de ruido de **transmisión vía sólida,** así como de tipo aéreo por la radiación al ambiente de las vibraciones de sus elementos. Además, como en ellos se produce un flujo de aire, se pueden producir **ruidos complementarios de tipo aéreo,** tanto en las aspiraciones como en las impulsiones de aire. Por otra parte, su **ubicación** en el edificio es un condicionante más para las medidas contra el ruido:

No serán las mismas para equipos situados en una terraza, que las necesarias para un equipo en el interior del edificio.

a) Ruido de Transmisión Vía Sólida

Si los apoyos o sustentaciones de equipos en funcionamiento son rígidos, se transmitirá una parte importante de la energía perturbadora a las estructuras del edificio, produciéndose ruidos de transmisión vía sólida. La solución siempre pasa por la disposición de elementos flexibles antivibratorios en lugar de uniones rígidas, al efecto de disminuir la transmisión de las fuerzas vibratorias originadas por el equipo.

b) Ruidos de Transmisión Aérea

En este apartado existen dos posibilidades: equipos situados en espacio abierto (p. e.: terrazas de edificios) y equipos en los locales cerrados del edificio.

Equipos en Espacio Abierto

El ruido aéreo generado en el funcionamiento por las carcasas de protección o las tomas de aire, se transmite al entorno, afectando a los edificios próximos y al propio. El nivel de ruido percibido en cada caso, depende de la energía total sonora emitida, de la directividad del sonido y de la distancia. La intensidad sonora disminuye con la distancia.

Asimismo, las zonas abiertas de tomas de aire son los puntos de emisión de potencia sonora más elevada de todo el conjunto, y los primeros que deben disponer de medidas correctoras por medio de atenuadores acústicos. Para controlar estas zonas abiertas se emplean generalmente **silenciosos disipativos o de absorción,** construidos a base de carcasas metálicas que contienen en su interior colisas de lana de vidrio o roca, responsables de la amortiguación sonora al entrar en contacto con la corriente de aire. El empleo de silenciosos de absorción aporta atenuaciones significativas sin producir, en la mayoría de los casos, pérdidas de carga importantes. El material absorbente se coloca tanto en los laterales como en el centro de la corriente de fluido, montado sobre bastidores. El número de los mismos, la altura que los separa y la altura del silencioso definen la sección útil.

En cuanto a la protección del material absorbente, la necesidad de realizarla o el tipo más adecuado, depende de la velocidad de la corriente del fluido, no siendo necesaria para velocidades menores de 10 m/s (en general, se utilizan productos tipo PAN EL NETO). Para velocidades hasta 25 m/s, además del tejido de vidrio debe protegerse con chapa perforada o bien un tejido de alta resistencia mecánica.

La **elección del modelo de silencioso** debe fundamentarse en las características del equipo emisor del ruido y en la situación del receptor más próximo, considerando las normativas existentes (ordenanzas municipales, etc.). Existen fabricantes que, tras realizar los correspondientes ensayos en cámaras anecoicas, aportan el espectro sonoro de su equipo. En caso contrario, será necesario calcularlo.

Conductos de distribución de aire

El ruido que se genera en los conductos se debe a las turbulencias causadas por el flujo de aire que circula a través de los mismos, flujo turbulento producido por curvas, ramificaciones laterales, cambios de sección, etc. En ocasiones, las turbulencias provocan que las paredes de los conductos no revestidos interiormente entren en vibración, incrementando de forma importante el ruido trasmitido al recinto. Los sonidos que se propagan a través de conductos sin material absorbente por su interior, apenas se atenúan (generalmente la posible amortiguación se desprecia). Para lograr incrementar de forma significativa la amortiguación de estos sonidos puede revestirse la superficie interior de los conductos con un material absorbente. El coeficiente de absorción, y por lo tanto la atenuación, dependen de la naturaleza y geometría del material en contacto con el flujo de aire. Respecto a la geometría, habitualmente se utilizan superficies planas y es el espesor del producto la variable que influye en el coeficiente alfa de Sabine. A mayor espesor, las amortiguaciones son superiores, fundamentalmente a bajas y medias frecuencias. En lo que respecta a la naturaleza del material, las lanas de vidrio aportan los mejores coeficientes de absorción acústica.

a) Conductos de Lana de Vidrio

Desde el punto de vista acústico, los conductos autoportantes de lana de vidrio representan una solución muy ventajosa para atenuar el ruido que se transmite a los locales a través de los conductos, cuyo origen es la unidad de tratamiento. En las fichas técnicas de cada producto de la gama, se indican los valores del coeficiente de absorción acústica, de acuerdo con los resultados normalizados de los ensayos en laboratorio. La acción combinada de la geometría de un conducto y el tipo de material que lo constituye. Sin embargo conviene precisar que los valores anteriores son teóricos y no representan la atenuación efectiva. Los valores reales que se obtienen en una red de conductos, dependen de dos factores importantes: el espectro del ruido en la unidad de tratamiento y las geometrías necesarias de los conductos, especialmente en la salida de la máquina y primeros tramos de la red.

Influencia de las Geometrías de Conductos

Los primeros tramos de conducto, desde la salida de máquina, son los que en mayor grado determinan la atenuación acústica hasta las primeras rejillas o difusores del local, pues son las más próximas a dicha máquina, la fuente de sonido más significativa. Precisamente será en estas rejillas donde menor atenuación se tendrá de todo el sistema, por lo que si para éstas se consigue un valor de atenuación razonable, el resto del sistema no presentará problemas, puesto que siempre tendrá valores más elevados para esa característica.

Por todo esto, la práctica permite reducir el campo de la atenuación acústica a los conductos con las dimensiones mayores del sistema, que en la gran mayoría de los casos tienen valores mínimos de 350x350 mm, sin superar generalmente 1000x1000 mm. Esto equivale a unos valores de P/S comprendidos entre 11,4 Y 4 respectivamente. Para el espectro de sonido del ejemplo anterior, las posibilidades de atenuación acústica en función de las posibles geometrías reales, serían las de la figura.

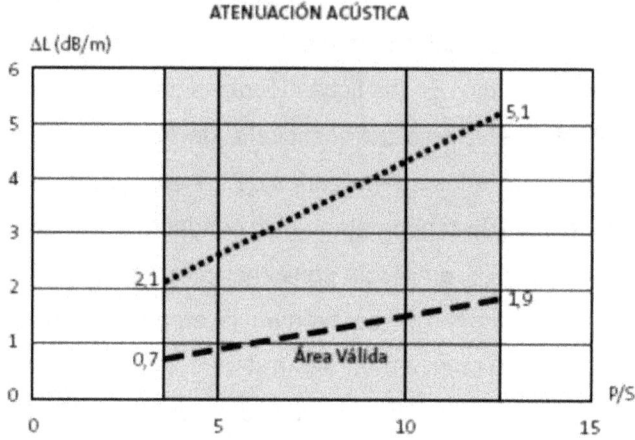

b) Comparativo con otras Soluciones para Conductos

La utilización de conductos de otros materiales, chapa metálica principalmente, no es buena solución para la atenuación acústica, debido a su bajo coeficiente de absorción ($\Box$) en todo el espectro de frecuencias. Para resolver este problema se puede optar por dos tipos de soluciones:

• Instalar atenuadores o silenciosos de absorción inmediatamente después de la salida de la máquina, de características similares a los indicados en el apartado anterior. Su cálculo está muy condicionado a la geometría del conducto y a las pérdidas de carga admisibles.

• Utilizar elementos absorbentes que recubran el interior del conducto, incrementando así el valor de alfa en toda la gama de frecuencias. Para esto se deben utilizar planchas o mantas de lana de vidrio.

Las cualidades de absorción están muy ligadas al espesor de la capa de lana, especialmente en las bajas y medias frecuencias, por lo que no se utilizan espesores menores de los 25 mm.

Aunque no es objeto de este apartado, debe recordarse el valor añadido de esta solución por el aislamiento térmico que proporciona la lana de vidrio al sistema de conductos, y la necesidad mínima de este espesor para cumplir la exigencia del RI TE.

En la siguiente tabla se representan los resultados comparados de la atenuación acústica (dB/m) de un conducto de 400x500 mm para diferentes materiales:

TIPO	ATENUACIÓN ACÚSTICA (dB/m)				
F (Hz)	125	250	500	1000	2000
Metálico	0,07	0,07	0,19	0,19	0,1
Metálico + Intraver Neto (15 mm)	0,14	0,18	0,23	1,28	2,8
Metálico +IBR Aluminio	0,14	0,14	0,38	0,38	0,2

Puede verse el valor nulo de la atenuación del conducto de chapa metálica, y cómo mejora esta característica cuando se le recubre interiormente con IN TRA VER NETO, material de lana de vidrio de 15 mm de espesor, recubierto en una de sus caras por un tejido de vidrio de color negro de alta resistencia. Esta mejora no es muy importante en las bajas y medias frecuencias dado el reducido espesor del material, aunque es suficiente en muchos casos, por lo que es un producto de utilización habitual, así como en su versión de 25 mm. A título orientativo se presenta el caso del aislamiento térmico exterior al conducto, cuando se ejecuta con lana de vidrio (IBR-Aluminio), sobre conductos de chapa galvanizada. Existe una leve mejora de la atenuación respecto al conducto desnudo, si bien es poco representativa. Los mejores resultados, con gran diferencia, se obtienen con la utilización de conductos autoportantes de lana de vidrio

Resumen.

Las instalaciones de climatización presentan gran complejidad acústica, ya que las incidencias en lo que al ruido se refiere pueden encontrarse en diversos puntos de la instalación. Sin embargo, existen soluciones viables para tratar los problemas acústicos en una instalación; estas soluciones serán más efectivas, sencillas y económicas si se consideran desde la fase de proyecto.

En lo que se refiere a los conductos de distribución de aire, éstos pueden contribuir a disminuir los ruidos generados en la instalación, mediante el empleo de materiales absorbentes, bien constituyendo el conducto, o bien en silenciadores de absorción.

Normas de control contra incendios de conductos y su recubrimiento

En España rige, como Norma de obligado cumplimiento, la NBE-CPI/96, que próximamente será sustituida por el Código Técnico de Edificación con un capítulo particular dedicado a la Protección pasiva contra Incendios. Estos Reglamentos especifican los requisitos que deben cumplir los edificios para garantizar un cierto nivel de seguridad contra incendios, en el caso de la NBE/CPI, exigencial por mínimos, y en el caso del Futuro Código Técnico por objetivos a cumplir.

Para los conductos, la Norma vigente, la NBE/CPI 96 dice:

a) "El valor de la Resistencia al Fuego exigido a cualquier elemento que separe dos espacios deberá mantenerse a través de todo recorrido que pueda reducir la función exigida a dicha separación, tal como (...) encuentros con otros elementos constructivos" (Cap. 3 Art. 15.6).

"Se considera que los pasos de tuberías o conductos a través de un elemento constructivo no reducen su resistencia al fuego si se cumple alguna de las condiciones siguientes:

b) Si las tuberías o los conductos, sus recubrimientos o protecciones y en su caso los elementos delimitadores que las contengan poseen una resistencia al fuego al menos la mitad de la exigida al elemento constructivo atravesado.

Cuando se trate de instalaciones que puedan originar o transmitir un incendio, dicho grado debe ser igual al exigido al elemento que atraviesan.

c) Si el conducto dispone de un sistema que en caso de incendio obtura automáticamente la sección de paso a través del elemento y que garantiza en dicho punto una resistencia al fuego igual a la de dicho elemento." (Cap. 4 Art. 18.1).

Con esto quedan claramente definidas las exigencias a los conductos, tanto de ventilación como de extracción, y en todo caso, el mantenimiento de la sectorización, es la nota común. En algunas ocasiones se toma como exigencia al conducto unas condiciones aplicables a los equipos para la extracción, como ventiladores etc., que deben permanecer capaces de funcionar durante 90 min., a una Tª de 400ºC, pero esto no es de ninguna manera aplicable cuando se atraviesan sectores de incendio. Tenemos pues, nuestra exigencia sobre lo que deben cumplir los conductos, pero ¿Cómo justificarla? La NBE CPI/96 nos indica la forma en su Cap. 3 Art. 17.1, lo que, en resumidas cuentas, quiere decir mediante ensayo según Normas. Para realizar ensayos de sistemas constructivos, en España existen actualmente cuatro Normas válidas y aceptadas, contempladas en la CPI en el Apéndice 3:

- UNE 23 093/81 "Ensayo de resistencia al fuego de las estructuras y elementos de la construcción."

- UNE 23 801/79 "Ensayo de resistencia al fuego de elementos de construcción vidriados."

- UNE 23 802/79 "Ensayo de resistencia al fuego de puertas y otros elementos de cierre de huecos."

- UNE 23 820/93 EXP. "Métodos de ensayo para determinar la estabilidad al fuego de las estructuras de acero protegidas."

Es evidente que ni la segunda ni la cuarta se puede aplicar. La tercera Norma puede aplicarse (y se aplica) a las compuertas cortafuegos, pero no puede aplicarse a los conductos. La UNE 23 093/81 "Ensayo de resistencia al fuego de las estructuras y elementos de la construcción.", es de índole general, con la que teóricamente, puede ensayarse casi todo. Sin embargo, esta norma no nos dice cómo debe ensayarse un conducto, su sección, si debe llevar aire o no, dónde colocar los termopares... Es decir, no nos dice nada. Cualquiera puede ensayar un cajón apoyado en el suelo del horno, y decir que es un conducto de aire... lo cual sería una verdadera temeridad ya que en ningún caso representa fielmente las condiciones de incendio a ensayar. Estas normas, excepto la última, quedaron obsoletas tras la aparición de nuevas normas UNE basadas en normas europeas, entre ellas la UNE EN 1366-1/ 2000. La Norma, UNE EN 1366-1/ 2000 denominada Ensayos de resistencia al fuego de instalaciones de servicio, parte 1: Conductos de ventilación, es la primera de una serie de Normas que contemplan la realización de ensayos de diversos tipos de instalaciones, como compuertas cortafuegos, conductos de extracción de humos, sellado de pasos de instalaciones, etc. Esta Norma es la primera en su tipo que tenemos en nuestro país. Viene a llenar un vacío, dado que la exigencia de la CPI/96 hasta ahora no podía justificarse documentalmente sin recurrir a ensayos poco apropiados o realizados en otro país, con las dificultades que plantea a la Administración. Ante la situación existente, ya antes de que la Norma mencionada fuese formalmente aprobada, AENOR publicó una versión anterior de la Norma, con denominación UNE 23766-1/98, basándose en el borrador final, para que pudiese utilizarse en el mercado nacional. En la Introducción de esta Norma se expone su propósito y resume su contenido. Básicamente se trata de ensayar un conducto o sistema de conductos destinados a formar parte de un sistema de distribución de aire para determinar su capacidad de resistir la propagación del fuego producido en un único compartimento hacia otro compartimento, ya sea con el fuego por dentro o por fuera del conducto. Esta Norma diferencia entre conductos horizontales y verticales, contempla los elementos de suspensión y cuelgue, así como derivaciones, juntas, aberturas, etc. Es una Norma exigente, ya que el procedimiento de ensayo contempla una serie de acciones destinadas a buscar el máximo de realismo del ensayo. Entre estas acciones y situaciones destacan las siguientes:

- La parte de conducto situada en el horno se encuentra con dilataciones restringidas, midiéndose las expansiones y contracciones originadas, así como la fuerza aparecida en los puntos de restricción.

- El ensayo tiene en cuenta el efecto de la exposición al fuego desde el exterior manteniéndose una depresión de aire en el interior del conducto de 300 Pa, debiendo utilizarse el equipo de ventilación/extracción adecuado. También se observará el efecto del fuego dentro del conducto en condiciones en las que el movimiento del aire forzado pueda o no estar presente manteniendo una velocidad de 3 m/s.

- Cuando el conducto está expuesto a fuego desde el interior, se les someterá a situaciones de ventilador en marcha y ventilador parado, que bien pudieran darse en la práctica.

- En cada ensayo se montarán dos conductos de cada tipo, uno denominado A, para ensayo de fuego exterior, y otro denominado B, para ensayo de fuego interior. Las dimensiones de dichos conductos quedan fijadas en la Norma, así como la forma y situación de codos y otros elementos. Las mediciones a realizar incluyen:

- Integridad: tanto a los conductos como al sistema de sellado del hueco de salida del horno, para lo que se observarán las variaciones del Caudal de aire, aparición de Aberturas, inflamaciones del Tampón de Algodón, la Presencia de llamas, etc.

- Aislamiento: se colocan termopares en el exterior del conducto y en el sellado, con los criterios de aislamiento térmico habituales.

- Esfuerzos de coacción y dilataciones, en los puntos de restricción de la dilatación.

- Otras observaciones; flexiones, emisiones de humo en la cara no expuesta, tiempo de resistencia de los soportes o sistemas de suspensión, colapso de las paredes del conducto...

Como puede observarse, es un ensayo de gran complejidad, que requiere un equipo sofisticado. Actualmente ya se están realizando ensayos en laboratorios oficiales según lo establecido en la norma UNE anteriormente citada. Factores importantes a tener en cuenta son las juntas y puntos de unión, que deben diseñarse cuidadosamente, y los elementos de cuelgue. En este último caso, la Norma especifica que todas las dimensiones, situación, distancia, etc., deberán ser la que se utilice en la práctica, no debiendo instalarse en obra real de forma diferente a la ensayada. También indica el esfuerzo que deben poder soportar los elementos de cuelgue de acero. Como ya es sabido, los cuelgues pueden ensayarse sin protección, debiendo tenerse en cuenta, por tanto, un correcto dimensionamiento para que la capacidad de soporte de la carga de los cuelgues residuales al final del periodo de ensayo previsto sea suficiente para soportar el peso del conducto, y se tenga en cuenta sus dilataciones. Se especificará en cada caso, además Ve u Ho, si el conducto es Vertical u Horizontal, para indicar la procedencia interior-exterior del incendio, y por último la clasificación S, si se cumplen los requerimientos de estanquidad a humos.

Para finalizar, cabe hacer una importante consideración: todos los sistemas de Protección Pasiva en general, deben ser contemplados por los prescriptores desde el inicio en los proyectos. Esto, que parece obvio, para determinados sistemas, no se realiza como debería hacerse, ocasionando problemas de instalación a posteriori. Si su presencia no se ha previsto desde el principio, los sistemas o productos se instalan en muchos casos de forma inapropiada, con el consiguiente riesgo generado para personas y bienes.

AUTOEVALUACIÓN

Materiales aislantes. Tipos. Aislamiento de tuberías. Aislamiento de conductos.

---

1. Las tuberías son elementos de diferentes materiales que cumplen la función de permitir el transporte de:
  a) Sólidos
  b) Agua
  c) Fluidos
  d) Ninguna es correcta
  e) b y c son correctas

2. En las instalaciones nuevas de Calefacción y refrigeración el material más usado es:
  a) El hierro
  b) El acero
  c) PVC
  d) El cobre
  e) Titanium

3. El calor se transmite por:
  a) Convicción, radiactividad y conclusión
  b) Conducción, convección y radiación
  c) Contusión, regresión y radiación
  d) Todas son correctas
  e) Ninguna es correcta

4. Aplicada a edificios, la acústica es la creación de condiciones necesarias para escuchar cómodamente y de los medios para controlar:
  a) Los sonidos
  b) Las vibraciones
  c) Las frecuencias
  d) Los ruidos
  e) Las voces

5. Una persona promedio puede escuchar de:
  a) 10 a 10000 cps (ciclos o vibraciones por segundo)
  b) 20 a 20000 cps (ciclos o vibraciones por segundo)
  c) 30 a 30000 cps (ciclos o vibraciones por segundo)
  d) 40 a 40000 cps (ciclos o vibraciones por segundo)
  e) 50 a 50000 cps (ciclos o vibraciones por segundo)

6. La reflexión del sonido de una superficie puede reducirse recubriendo ésta con un:
   a) Silenciador
   b) Antisonido
   c) Absorbente acústico
   d) Absorbente de ruidos
   e) Dilatador de sonidos

7. Un decibel (dB) es igual a:
   a) 0.001 bel
   b) 0.01 bel
   c) 0.1 bel
   d) 1 bel
   e) 10 bel

8. La siguiente definición se refiere a: Es el sonido que se refleja en una superficie que no lo absorbe:
   a) Refracción
   b) Reflexión
   c) Reverberación
   d) Reflejo
   e) Ninguna es correcta

9. Qué define el siguiente enunciado. Se usan en la construcción para la protección de la obra arquitectónica, de sus envolventes; logrando así, disminuir los peligros de incendio. Los efectos del calor y del frío, los ruidos inevitables y evitar la humedad:
   a) Materiales de construcción
   b) Materiales para tuberías
   c) Materiales de obra
   d) Materiales de mantenimiento
   e) Materiales aislantes

10. Los materiales aislantes son básicamente:
   a) Uno
   b) Dos
   c) Tres
   d) Cuatro
   e) Cinco

11. Los aislantes térmicos impiden la transmisión de:
   a) Ruidos
   b) Fuego
   c) Calor
   d) Humedad

e) Presión

12. Los aislantes Hidrófugos impiden el paso de:
a) El frío
b) El calor
c) La presión
d) El ruido
e) La humedad

13. Los aislantes acústicos absorben:
a) El calor
b) La humedad
c) El ruido
d) El fuego
e) El frío

14. Los aislantes ignífugos impiden el contacto con:
a) El fuego
b) El ruido
c) La humedad
d) La presión
e) El frío

15. La espuma de poliuretano rígido es un aislante:
a) Acústico
b) Térmico
c) Ignífugo
d) Hidrófugo
e) Todas son correctas

16. La ceresita es un aislante:
a) Acústico
b) Térmico
c) Hidrófugo
d) Ignífugo
e) Ninguna es correcta

17. Las placas reductoras de la reverberancia son aislantes:
a) Térmicos
b) Acústicos
c) Hidrófugos
d) Ignífugos
e) Todas son correctas

18. El PVC es un aislante:
   a) Térmico
   b) Ignífugo
   c) Acústico
   d) Todas son correctas
   e) Ninguna es correcta

19. Qué define el siguiente enunciado. Los elementos de una instalación a través de los cuales se distribuye el aire por todo el sistema; aspiración, unidades de tratamiento de aire, locales de uso, retorno, extracción de aire, etc.
   a) Tuberías de agua caliente
   b) Desagües pluviales
   c) Ventilación de retorno
   d) Conductos de aire
   e) Ninguna es correcta

20. La normativa de aplicación en vigor para regular las características que deben cumplir los conductos de distribución de aire, está contenida en:
   a) El Reglamento de Instalaciones Acústicas en los Edificios
   b) El Reglamento de Instalaciones Ignífugas en los Edificios
   c) El Reglamento de Instalaciones Hidrófugas en los Edificios
   d) El Reglamento de Instalaciones Térmicas en los Edificios
   e) Ninguna es correcta

21. Cuántos son los tipos de conductos más utilizados:
   a) Uno
   b) Dos
   c) Tres
   d) Cuatro
   e) Cinco

22. Señalar la respuesta incorrecta. Los conductos de chapa metálica son realizados de:
   a) Acero galvanizado
   b) Acero inoxidable
   c) Cobre
   d) Aluminio
   e) Latón

23. La cara que constituirá la *superficie externa* del conducto de fibra de vidrio está recubierta por un complejo de:
a) Latón reforzado
b) Cobre reforzado
c) Aluminio reforzado
d) Acero reforzado
e) Titanium reforzado

24. Los conductos flexibles están compuestos de:
a) Dos tubos flexibles de aluminio y poliéster
b) Tres tubos flexibles de aluminio y poliéster y lana
c) Un tubo de aluminio con fuelle
d) Un tubo de poliéster
e) Dos tubos de latón y lana con fuelle

25. En España rige, como Norma de obligado cumplimiento, que próximamente será sustituida por el Código Técnico de Edificación con un capítulo particular dedicado a la Protección pasiva contra Incendios. Se refiere a la Norma:
a) NBE-CPI/92
b) NBE-CPI/93
c) NBE-CPI/94
d) NBE-CPI/95
e) NBE-CPI/96

SOLUCIONARIO

1. e) b y c son correctas
2. d) El cobre
3. b) Conducción, convección y radiación
4. d) Los ruidos
5. b) 20 a 20000 cps (ciclos o vibraciones por segundo)
6. c) Absorbente acústico
7. c) 0.1 bel
8. c) Reverberación
9. e) Materiales aislantes
10. d) Cuatro
11. c) Calor
12. e) La humedad
13. c) El ruido
14. a) El fuego
15. b) Térmico
16. c) Hidrófugo
17. b) Acústicos
18. b) Ignífugo
19. d) Conductos de aire
20. d) El Reglamento de Instalaciones Térmicas en los Edificios
21. c) Tres
22. e) Latón
23. c) Aluminio reforzado
24. a) Dos tubos flexibles de aluminio y poliéster
25. e) NBE-CPI/96

Soldadura. Oxiacetilénica, blanda, por arco eléctrico, por puntos, por sistemas TIG y MAG.

SOLDADURA OXIACETILÉNICA

Soldadura

La Soldadura es un metal fundido que une dos piezas de metal, de la misma manera que realiza la operación de derretir una aleación para unir dos metales, pero diferente de cuando se sueldan dos piezas de metal para que se unan entre si formando una unión soldada. Antes de hacer una unión, es necesario que la soldadura "moje" los metales básicos o metales base que formaran la unión. Este es el factor más importante al soldar. Al soldar se forma una unión intermolecular entre la soldadura y el metal. Las moléculas de soldadura penetran la **estructura** del metal base para formar una estructura sólida, totalmente metálica.

Soldadura a gas

La soldadura a gas fue unos de los primeros procesos de **soldadura** de fusión desarrollados que demostraron ser aplicables a una extensa variedad de materiales y aleaciones. Durante muchos años fue el método más útil para soldar **metales no ferrosos**. Sigue siendo un proceso versátil e importante pero su uso se ha restringido ampliamente a soldadura de **chapa** metálica, **cobre** y **aluminio**. El equipo de soldadura a gas puede emplearse también para la **soldadura fuerte**, **blanda** y corte de acero. Tanto el **oxígeno** como el gas combustible son alimentados desde cilindros, o algún suministro principal, a través de reductores de presión y a lo largo de una tubería de goma hacia un **soplete**. En este, el flujo de los dos gases es regulado por medio de válvulas de control, pasa a una cámara de mezcla y de ahí a una boquilla. El caudal máximo de flujo de gas es controlado por el orificio de la boquilla. Se inicia la combustión de dicha mezcla por medio de un mecanismo de ignición (como un encendedor por fricción) y la llama resultante funde un material de aporte (generalmente acero o aleaciones de **zinc**, **estaño**, **cobre** o **bronce**) el cual permite un enlace de aleación con la superficie a soldar y es suministrado por el operador del soplete. Las características térmicas de diversos gases combustibles se indican en la siguiente tabla:

Gas combustible	Temperatura de flama teórica °C	Intensidad de combustión cal/cm³ /s	Uso
Acetileno	3 270	3 500	Soldadura y corte
Metano	3 100	1 700	Soldadura fuerte y blanda
Propano	3 185	1 500	Soldadura en general
Hidrógeno	2 810	2 100	Uso limitado

El valor de una mezcla de gas combustible para el calentamiento depende de la temperatura de la llama y la intensidad de la combustión. En la práctica, esta soldadura es comúnmente usada con **acetileno** y oxígeno. El aspecto de la llama resultado de esta combustión se muestra a continuación:

En el cono interno el acetileno, al ser oxidado, se transforma en **hidrógeno** y **monóxido de carbono** según la siguiente reacción:

$$C_2H_2 + O_2 \rightarrow 2CO + H_2 + E$$

En la parte externa de la flama estos gases se combinan con el oxígeno de la atmósfera para formar dióxido de carbono y vapor de agua. Para obtener una flama neutra, las escalas del volumen del flujo de acetileno y de oxígeno son ajustadas hasta que el cono interno alcanza su tamaño máximo con una frontera claramente definida. La composición de la envoltura carece entonces de reacción a acero de bajo contenido de carbono. Si se suministra oxígeno en dosis excesivas, el cono interno se hace más pequeño y puntiagudo y la flama resultante descarburará el acero. Por otra parte, un exceso de acetileno hace que el cono desarrolle una envoltura exterior en forma de pluma (como la de las aves) y la flama será carburante. Para acero de alto contenido de carbono y en el tratamiento de superficies duras se utiliza flama carburante, esto con el fin de evitar la descarburización y producir un depósito de fundición de alto contenido de carbono en la superficie, que permitirá el enlace de la aleación de superficie sin dilución excesiva. Es especialmente importante no soldar aceros austeníticos inoxidables con una flama carburante ya que dará lugar a una subida de carbono, en consecuencia, **corrosión** integranular.

Soldadura oxiacetilénica

La soldadura con soplete de gas, llamada comúnmente soldadura autógena, se puede efectuar con distintos combustibles como el gas acetileno que se quema con oxígeno. Este tipo de soldadura se llama soldadura oxiacetilénica. En el procedimiento de la soldadura oxiacetilénica los materiales a soldar son el acero, el hierro, etc; empleados en la construcción, industria naval férrea, automovilística, etc. Elementos de que consta una instalación para soldadura oxiacetilénica:

- Un gasógeno de acetileno o bien una botella que lo contenga comprimido en sus válvulas igmanómetras. El acetileno es un gas incoloro de olor característico que arde en el aire con llama muy luminosa.
- Una botella cargada de oxígeno con sus válvulas de cierre y reducción con manómetros de alta y baja presión. Son cilindros de acero muy resistentes.
- Las tuberías necesarias para la conducción de ambos gases con una válvula de seguridad en la de acetileno. La válvula de

seguridad es la encargada de que no se ocasione un retroceso del oxígeno con la tubería del acetileno.

- Sopletes con varias boquillas que permite la soldadura de piezas de distintos espesores y estarán destinados a mezclar íntimamente los gases oxígeno y acetileno para lograr una perfecta combustión.

Características de los elementos de la soldadura oxiacetilénica

Los gases en estado comprimido son en la actualidad prácticamente indispensables para llevar a cabo la mayoría de los procesos de soldadura. Por su gran capacidad inflamable, el gas más utilizado es el acetileno que, combinado con el oxígeno, es la base de la soldadura oxiacetilénica y oxicorte, el tipo de soldadura por gas más utilizado.

Por otro lado y a pesar de que los recipientes que contienen gases comprimidos se construyen de forma suficientemente segura, todavía se producen muchos accidentes por no seguir las normas de seguridad relacionadas con las operaciones complementarias de manutención, transporte, almacenamiento y las distintas formas de utilización.

Manorreductores

Los manorreductores pueden ser de uno o dos grados de reducción en función del tipo de palanca o membrana. La función que desarrollan es la transformación de la presión de la botella de gas (150 atm) a la presión de trabajo (de 0,1 a 10 atm) de una forma constante. Están situados entre las botellas y los sopletes.

Soplete

Es el elemento de la instalación que efectúa la mezcla de gases. Pueden ser de alta presión en el que la presión de ambos gases es la misma, o de baja presión en el que el oxígeno (comburente) tiene una presión mayor que el acetileno (combustible). Las partes principales del soplete son las dos conexiones con las mangueras, dos llaves de regulación, el inyector, la cámara de mezcla y la boquilla.

Válvulas antirretroceso
Son dispositivos de seguridad instalados en las conducciones y que sólo permiten el paso de gas en un sentido impidiendo, por tanto, que la llama pueda retroceder. Están formadas por una envolvente, un cuerpo metálico, una válvula de retención y una válvula de seguridad contra sobrepresiones. Puede haber más de una por conducción en función de su longitud y geometría.

Conducciones
Las conducciones sirven para conducir los gases desde las botellas hasta el soplete. Pueden ser rígidas o flexibles

Utilización de botellas
Las botellas deben estar perfectamente identificadas en todo momento, en caso contrario deben inutilizarse y devolverse al proveedor.
Todos los equipos, canalizaciones y accesorios deben ser los adecuados a la presión y gas a utilizar. Las botellas de acetileno llenas se deben mantener en posición vertical, al menos 12 horas antes de ser utilizadas. En caso de tener que tumbarlas, se debe mantener el grifo con el orificio de salida hacia arriba, pero en ningún caso a menos de 50 cm del suelo. Los grifos de las botellas de oxígeno y acetileno deben situarse de forma que sus bocas de salida apunten en direcciones opuestas. Las botellas en servicio deben estar libres de objetos que las cubran total o parcialmente. Las botellas deben estar a una distancia entre 5 y 10 m de la zona de trabajo. Antes de empezar una botella comprobar que el manómetro marca "cero" con el grifo cerrado.

Si el grifo de una botella se atasca, no se debe forzar la botella, se debe devolver al suministrador marcando convenientemente la deficiencia detectada. Antes de colocar el manorreductor, debe purgarse el grifo de la botella de oxígeno, abriendo un cuarto de vuelta y cerrando a la mayor brevedad. Colocar el manorreductor con el grifo de expansión totalmente abierto; después de colocarlo se debe comprobar que no existen fugas utilizando agua jabonosa, pero nunca con llama. Si se detectan fugas se debe proceder a su reparación inmediatamente. Abrir el grifo de la botella lentamente; en caso contrario el reductor de presión podría quemarse. Las botellas no deben consumirse completamente pues podría entrar aire. Se debe conservar siempre una ligera sobrepresión en su interior. Cerrar los grifos de las botellas después de cada sesión de trabajo. Después de cerrar el grifo de la botella se debe descargar siempre el manorreductor, las mangueras y el soplete. La llave de cierre debe estar sujeta a cada botella en servicio, para cerrarla en caso de incendio. Un buen sistema es atarla al manorreductor. Las averías en los grifos de las botellas deben ser solucionadas por el suministrador, evitando en todo caso el desmontarlos. No sustituir las juntas de fibra por otras de goma o cuero. Si como consecuencia de estar sometidas a bajas temperaturas se hiela el manorreductor de alguna botella utilizar paños de agua caliente para deshelarlas.

Verificar el manorreductor
En la operación de apagado debería cerrarse primero la válvula del acetileno y después la del oxígeno. No colgar nunca el soplete en las botellas, ni siquiera apagado.

NTP 495: SOLDADURA OXIACETILÉNICA Y OXICORTE: NORMAS DE SEGURIDAD.
MINISTERIO DE TRABAJO Y ASUNTOS SOCIALES

Introducción

Los gases en estado comprimido son en la actualidad prácticamente indispensables para llevar a cabo la mayoría de los procesos de soldadura. Por su gran capacidad inflamable, el gas más utilizado es el acetileno que, combinado con el oxígeno, es la base de la soldadura oxiacetilénica y oxicorte, el tipo de soldadura por gas más utilizado.

Por otro lado y a pesar de que los recipientes que contienen gases comprimidos se construyen de forma suficientemente segura, todavía se producen muchos accidentes por no seguir las normas de seguridad relacionadas con las operaciones complementarias de manutención, transporte, almacenamiento y las distintas formas de utilización.

En esta NTP tratamos las instalaciones no fijas de soldadura oxiacetilénica por alta presión donde tanto el oxígeno como el gas combustible (acetileno, hidrógeno, etc.) que alimentan el soplete proceden de las botellas que los contienen a alta presión. Es conveniente resaltar que la llama de un soplete de acetileno/oxígeno puede llegar a alcanzar una temperatura por encima de los 3100 ºC aumentando de esta forma la peligrosidad de este tipo de soldadura.

El objetivo de esta NTP es dar a conocer los distintos riesgos y factores de riesgo asociados a los trabajos de soldadura oxiacetilénica y oxicorte, las operaciones de almacenamiento y manipulación de botellas así como el enunciado de una serie de normas de seguridad; finalmente se dan normas reglamentarias relacionadas con el almacenamiento de gases inflamables. Previamente, como introducción al tema, se reseñan las características más importantes de los elementos que componen los equipos de soldadura oxiacetilénica.

Características de los elementos de la soldadura oxiacetilénica

Además de las dos botellas móviles que contienen el combustible y el comburente, los elementos principales que intervienen en el proceso de soldadura oxiacetilénica son los manorreductores, el soplete, las válvulas antirretroceso y las mangueras. (Ver fig.)

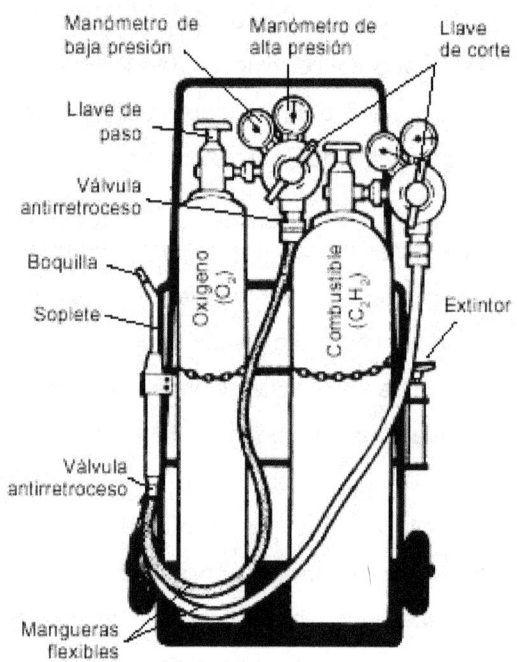

Elementos principales de una instalación móvil de soldadura por gas

Riesgos y factores de riesgo
Soldadura

- Incendio y/o explosión durante los procesos de encendido y apagado, por utilización incorrecta del soplete, montaje incorrecto o estar en mal estado También se pueden producir por retorno de la llama o por falta de orden o limpieza.

- Exposiciones a radiaciones en las bandas de UV visible e IR del espectro en dosis importantes y con distintas intensidades energéticas, nocivas para los ojos, procedentes del soplete y del metal incandescente del arco de soldadura.
- Quemaduras por salpicaduras de metal incandescente y contactos con los objetos calientes que se están soldando.
- Proyecciones de partículas de piezas trabajadas en diversas partes del cuerpo.
- Exposición a humos y gases de soldadura, por factores de riesgo diversos, generalmente por sistemas de extracción localizada inexistentes o ineficientes.

Almacenamiento y manipulación de botellas
- Incendio y/o explosión por fugas o sobrecalentamientos incontrolados.
- Atrapamientos diversos en manipulación de botellas.

Normas de seguridad frente a incendios/explosiones en trabajos de soldadura

Los riesgos de incendio y/o explosión se pueden prevenir aplicando una serie de normas de seguridad de tipo general y otras específicas que hacen referencia a la utilización de las botellas, las mangueras y el soplete. Por otra parte se exponen normas a seguir en caso de retorno de la llama.

Normas de seguridad generales
- Se prohíben los trabajos de soldadura y corte, en locales donde se almacenen materiales inflamables, combustibles, donde exista riesgo de explosión o en el interior de recipientes que hayan contenido sustancias inflamables.

- Para trabajar en recipientes que hayan contenido sustancias explosivas o inflamables, se debe limpiar con agua caliente y desgasificar con vapor de agua, por ejemplo. Además se comprobará con la ayuda de un medidor de atmósferas peligrosas (explosímetro), la ausencia total de gases.

- Se debe evitar que las chispas producidas por el soplete alcancen o caigan sobre las botellas, mangueras o líquidos inflamables.

- No utilizar el oxígeno para limpiar o soplar piezas o tuberías, etc., o para ventilar una estancia, pues el exceso de oxígeno incrementa el riesgo de incendio.

- Los grifos y los manorreductores de las botellas de oxígeno deben estar siempre limpios de grasas, aceites o combustible de cualquier tipo. Las grasas pueden inflamarse espontáneamente por acción del oxígeno.

- Si una botella de acetileno se calienta por cualquier motivo, puede explosionar; cuando se detecte esta circunstancia se debe cerrar el grifo y enfriarla con agua, si es preciso durante horas.

- Si se incendia el grifo de una botella de acetileno, se tratará de cerrarlo, y si no se consigue, se apagará con un extintor de nieve carbónica o de polvo.

- Después de un retroceso de llama o de un incendio del grifo de una botella de acetileno, debe comprobarse que la botella no se calienta sola.

Normas de seguridad específicas

Utilización de botellas

- Las botellas deben estar perfectamente identificadas en todo momento, en caso contrario deben inutilizarse y devolverse al proveedor.

- Todos los equipos, canalizaciones y accesorios deben ser los adecuados a la presión y gas a utilizar.

- Las botellas de acetileno llenas se deben mantener en posición vertical, al menos 12 horas antes de ser utilizadas. En caso de tener que tumbarlas, se debe mantener el grifo con el orificio de salida hacia arriba, pero en ningún caso a menos de 50 cm del suelo.

- Los grifos de las botellas de oxígeno y acetileno deben situarse de forma que sus bocas de salida apunten en direcciones opuestas.

- Las botellas en servicio deben estar libres de objetos que las cubran total o parcialmente.

- Las botellas deben estar a una distancia entre 5 y 10 m de la zona de trabajo.

- Antes de empezar una botella comprobar que el manómetro marca "cero" con el grifo cerrado.

- Si el grifo de una botella se atasca, no se debe forzar la botella, se debe devolver al suministrador marcando convenientemente la deficiencia detectada.

- Antes de colocar el manorreductor, debe purgarse el grifo de la botella de oxígeno, abriendo un cuarto de vuelta y cerrando a la mayor brevedad.

- Colocar el manorreductor con el grifo de expansión totalmente abierto; después de colocarlo se debe comprobar que no existen fugas utilizando agua jabonosa, pero nunca con llama. Si se detectan fugas se debe proceder a su reparación inmediatamente.

- Abrir el grifo de la botella lentamente; en caso contrario el reductor de presión podría quemarse.
- Las botellas no deben consumirse completamente pues podría entrar aire. Se debe conservar siempre una ligera sobrepresión en su interior.
- Cerrar los grifos de las botellas después de cada sesión de trabajo. Después de cerrar el grifo de la botella se debe descargar siempre el manorreductor, las mangueras y el soplete.
- La llave de cierre debe estar sujeta a cada botella en servicio, para cerrarla en caso de incendio. Un buen sistema es atarla al manorreductor.
- Las averías en los grifos de las botellas debe ser solucionadas por el suministrador, evitando en todo caso el desmontarlos.
- No sustituir las juntas de fibra por otras de goma o cuero.
- Si como consecuencia de estar sometidas a bajas temperaturas se hiela el manorreductor de alguna botella utilizar paños de agua caliente para deshelarlas.

Mangueras

- Las mangueras deben estar siempre en perfectas condiciones de uso y sólidamente fijadas a las tuercas de empalme.
- Las mangueras deben conectarse a las botellas correctamente sabiendo que las de oxígeno son rojas y las de acetileno negras, teniendo estas últimas un diámetro mayor que las primeras.
- Se debe evitar que las mangueras entren en contacto con superficies calientes, bordes afilados, ángulos vivos o caigan sobre ellas chispas procurando que no formen bucles.

- Las mangueras no deben atravesar vías de circulación de vehículos o personas sin estar protegidas con apoyos de paso de suficiente resistencia a la compresión.
- Antes de iniciar el proceso de soldadura se debe comprobar que no existen pérdidas en las conexiones de las mangueras utilizando agua jabonosa, por ejemplo. Nunca utilizar una llama para efectuar la comprobación.
- No se debe trabajar con las mangueras situadas sobre los hombros o entre las piernas.
- Las mangueras no deben dejarse enrolladas sobre las ojivas de las botellas.
- Después de un retorno accidental de llama, se deben desmontar las mangueras y comprobar que no han sufrido daños. En caso afirmativo se deben sustituir por unas nuevas desechando las deterioradas.

Soplete

- El soplete debe manejarse con cuidado y en ningún caso se golpeará con él.
- En la operación de encendido debería seguirse la siguiente secuencia de actuación:
  a. Abrir lentamente y ligeramente la válvula del soplete correspondiente al oxígeno.
  b. Abrir la válvula del soplete correspondiente al acetileno alrededor de 3/4 de vuelta.
  c. Encender la mezcla con un encendedor o llama piloto.
  d. Aumentar la entrada del combustible hasta que la llama no despida humo.
  e. Acabar de abrir el oxígeno según necesidades.
  f. Verificar el manorreductor.

- En la operación de apagado debería cerrarse primero la válvula del acetileno y después la del oxígeno.

- No colgar nunca el soplete en las botellas, ni siquiera apagado.

- No depositar los sopletes conectados a las botellas en recipientes cerrados.

- La reparación de los sopletes la deben hacer técnicos especializados.

- Limpiar periódicamente las toberas del soplete pues la suciedad acumulada facilita el retorno de la llama. Para limpiar las toberas se puede utilizar una aguja de latón.

- Si el soplete tiene fugas se debe dejar de utilizar inmediatamente y proceder a su reparación. Hay que tener en cuenta que fugas de oxígeno en locales cerrados pueden ser muy peligrosas.

Retorno de llama

En caso de retorno de la llama se deben seguir los siguientes pasos:

a. Cerrar la llave de paso del oxígeno interrumpiendo la alimentación a la llama interna.

b. Cerrar la llave de paso del acetileno y después las llaves de alimentación de ambas botellas.

- En ningún caso se deben doblar las mangueras para interrumpir el paso del gas.

- Efectuar las comprobaciones pertinentes para averiguar las causas y proceder a solucionarlas.

Normas de seguridad frente a otros riesgos en trabajos de soldadura

Exposición a radiaciones

Las radiaciones que produce la soldadura oxiacetilénica son muy importantes por lo que los ojos y la cara del operador deberán protegerse adecuadamente contra sus efectos utilizando gafas de montura integral combinados con protectores de casco y sujeción manual adecuados al tipo de radiaciones emitidas. El material puede ser el plástico o nylon reforzados, con el inconveniente de que son muy caros, o las fibras vulcanizadas. Para proteger adecuadamente los ojos se utilizan filtros y placas filtrantes que deben reunir una serie de características que se recogen en tres tablas; en una primera tabla se indican los valores y tolerancias de transmisión de los distintos tipos de filtros y placas filtrantes de protección ocular frente a la luz de intensidad elevada. Las definiciones de los factores de transmisión vienen dados en la ISO 4007 y su determinación está descrita en el cap. 5 de la ISO 4854. Los factores de transmisión de los filtros utilizados para la soldadura y las técnicas relacionadas vienen relacionados en la **Tabla 1 de la NTP 494**.

Por otro lado, para elegir el filtro adecuado (nº de escala) en función del grado de protección se utilizan otras dos tablas que relacionan el tipo de trabajo de soldadura realizado con los caudales de oxígeno (operaciones de corte) o los caudales de acetileno (soldaduras y soldadura fuerte con gas). Se puede observar que el número de escala exigido aumenta según aumenta el caudal por hora. Ver tablas 1 y 2.

Tabla 1. Escalonado de protección que debe utilizarse en operaciones de soldadura y soldadura fuerte con gas

	I = Caudal de acetileno en litros por hora			
TIPO DE TRABAJO	I = 70	70 < I ≤200	200 < I ≤ 800	I > 800

Soldadura y soldadura fuerte de metales pesados	4	5	6	7
Soldadura con flux (aleaciones ligeras, principalmente)	4a	5a	6a	7a

Notas:

1. Cuando en la soldadura con gas se emplea un flux la luz emitida por la fuente es muy rica en luz monocromática correspondiente al tipo de flux empleado. Para suprimir la molestia debida a esta emisión monocromática, se recomienda utilizar filtros o combinaciones de filtros que tengan una absorción selectiva según el tipo de flux empleado. Los filtros indicados con letra "a" cumplen estas condiciones.

2. Según las condiciones de uso, puede emplearse la escala inmediatamente superior o inferior

Tabla 2. Escalonado de protección que deben utilizar se en operaciones de oxicorte

TIPO DE TRABAJO	Caudal de oxígeno en litros por hora		
	900 a 2000	2000 a 4000	4000 a 8000
Oxicorte	5	6	7

Notas

1. Según las condiciones de uso, puede emplearse la escala inmediatamente superior o inferior

2. Los valores de 900 a 2000 y de 2000 a 8000 litros por hora de oxígeno corresponden muy aproximadamente al uso de orificios de corte de 1,5 y 2 mm de diámetro, respectiva mente.

Será muy conveniente el uso de placas filtrantes fabricadas de cristal soldadas que se oscurecen y aumentan la capacidad de protección en cuanto se enciende el arco de soldadura; tienen la ventaja que el oscurecimiento se produce casi instantáneamente, y en algunos tipos en tan sólo 0,1 ms. Las pantallas o gafas deben ser reemplazadas cuando se rayen o deterioren. Para prevenir las quemaduras por salpicaduras, contactos con objetos calientes o proyecciones, deben utilizarse los equipos de protección individual reseñados en el apartado correspondiente de ésta NTP.

Exposición a humos y gases

Siempre que sea posible se trabajará en zonas o recintos especialmente preparados para ello y dotados de sistemas de ventilación general y extracción localizada suficientes para eliminar el riesgo. Es recomendable que los trabajos de soldadura se realicen en lugares fijos. Si el tamaño de las piezas a soldar lo permite es conveniente disponer de mesas especiales dotadas de extracción localizada lateral. En estos casos se puede conseguir una captación eficaz mediante una mesa con extracción a través de rendijas en la parte posterior.

El caudal de aspiración recomendado es de 2000 m³/h por metro de longitud de la mesa. La velocidad del aire en las rendijas debe ser como mínimo de 5 m/s. La eficacia disminuye mucho si la anchura de la mesa rebasa los 60 o 70 cm. Cuando es preciso desplazarse debido al gran tamaño de la pieza a soldar se deben utilizar sistemas de aspiración desplazables. (fig.). El caudal de aspiración está relacionado con la distancia entre el punto de soldadura y la boca de aspiración. Tabla 3.

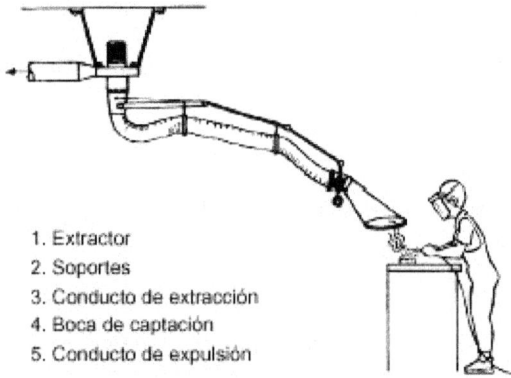

1. Extractor
2. Soportes
3. Conducto de extracción
4. Boca de captación
5. Conducto de expulsión

Sistema móvil de extracción localizada

Tabla 3. Relación entre el caudal de aspiración y la distancia al punto de soldadura de la boca de aspiración

Caudal en m³/h	Distancia en m
200	0,1
750	0,2
1.650	0,3
3.000	0,4
4.500	0,5

Nota: La distancia entre la boca de aspiración y el punto de soldadura debe respetarse al máximo pues la velocidad de la corriente de aire creada por la campana disminuye rápidamente con la distancia perdiendo eficacia el sistema. Si bien no es objeto de esta NTP, cabe reseñar la importancia de adoptar medidas especiales de prevención frente a la exposición a contaminantes químicos, cuando se trate de aleaciones o revestimientos que puedan contener metales como el Cr, Ni, Cd, Zn, Pb, etc., todos ellos de alta toxicidad.

Normas de seguridad en el almacenamiento y la manipulación de botellas. Normas reglamentarias de manipulación y almacenamiento

En general se aplicará dentro del Reglamento de almacenamiento de productos químicos la ITC-MIE-APQ-005 sobre Almacenamiento de botellas y botellones de gases comprimidos, licuados y disueltos a presión (O.21.07.1992, B.O.E. de 14.08.1992). De esta ITC entresacamos los aspectos más relevantes.

Emplazamiento

- No deben ubicarse en locales subterráneos o en lugares con comunicación directa con sótanos, huecos de escaleras, pasillos, etc.
- Los suelos deben ser planos, de material difícilmente combustible y con características tales que mantengan el recipiente en perfecta estabilidad.

Ventilación

- En las áreas de almacenamiento cerradas la ventilación será suficiente y permanente, para lo que deberán disponer de aberturas y huecos en comunicación directa con el exterior y distribuidas convenientemente en zonas altas y bajas. La superficie total de las aberturas será como mínimo 1/18 de la superficie total del área de almacenamiento.

Instalación eléctrica

- Estará de acuerdo con los vigentes Reglamentos Electrotécnicos

Protección contra incendios

- Indicar mediante señalización la prohibición de fumar.

- Las botellas deben estar alejadas de llamas desnudas, arcos eléctricos, chispas, radiadores u otros focos de calor.

- Proteger las botellas contra cualquier tipo de proyecciones incandescentes.

- Si se produce un incendio se deben desalojar las botellas del lugar de incendio y se hubieran sobrecalentado se debe proceder a enfriarse con abundante agua.

Medidas complementarias

- Utilizar códigos de colores normalizados para identificar y diferenciar el contenido de las botellas.

- Proteger las botellas contra las temperaturas extremas, el hielo, la nieve y los rayos solares.

- Se debe evitar cualquier tipo de agresión mecánica que pueda dañar las botellas como pueden ser choques entre sí o contra superficies duras.

- Las botellas con caperuza no fija no deben asirse por ésta. En el desplazamiento, las botellas, deben tener la válvula cerrada y la caperuza debidamente fijada.

- Las botellas no deben arrastrarse, deslizarse o hacerlas rodar en posición horizontal. Lo más seguro en moverlas con la ayuda de una carretilla diseñada para ello y debidamente atadas a la estructura de la misma. En caso de no disponer de carretilla, el traslado debe hacerse rodando las botellas, en posición vertical sobre su base o peana.

- No manejar las botellas con las manos o guantes grasientos.
- Las válvulas de las botellas llenas o vacías deben cerrarse colocándoles los capuchones de seguridad.
- Las botellas se deben almacenar siempre en posición vertical.
- No se deben almacenar botellas que presenten cualquier tipo de fuga. Para detectar fugas no se utilizarán llamas, sino productos adecuados para cada gas.
- Para la carga/descarga de botellas está prohibido utilizar cualquier elemento de elevación tipo magnético o el uso de cadenas, cuerdas o eslingas que no estén equipadas con elementos que permitan su izado con su ayuda.
- Las botellas llenas y vacías se almacenarán en grupos separados.

Otras normas no reglamentarias

- Almacenar las botellas al sol de forma prolongada no es recomendable, pues puede aumentar peligrosamente la presión en el interior de las botellas que no están diseñadas para soportar temperaturas superiores a los 54ºC.
- Guardar las botellas en un sitio donde no se puedan manchar de aceite o grasa.
- Si una botella de acetileno permanece accidentalmente en posición horizontal, se debe poner vertical, al menos doce horas antes de ser utilizada. Si se cubrieran de hielo se debe utilizar agua caliente para su eliminación antes de manipularla.
- Manipular todas las botellas como si estuvieran llenas.
- En caso de utilizar un equipo de manutención mecánica para su desplazamiento, las botellas deben depositarse sobre una cesta,

plataforma o carro apropiado con las válvulas cerradas y tapadas con el capuchón de seguridad.

- Las cadenas o cables metálicos o incluso los cables recubiertos de caucho no deben utilizarse para elevar y transportar las botellas pues pueden deslizarse.

- Cuando existan materias inflamables como la pintura, aceite o disolventes aunque estén en el interior de armarios espaciales, se debe respetar una distancia mínima de 6 m.

Normas reglamentarias sobre clases de almacenes

- En función de la cantidad de kg almacenados, los almacenes se clasifican en cinco clases que van desde menos de 150 Kg de amoniaco hasta más de 8000 Kg de productos oxidantes o inertes.

Normas reglamentarias sobre separación entre botellas de gases inflamables y otros gases

Las botellas de oxígeno y de acetileno deben almacenarse por separado dejando una distancia mínima de 6 m siempre que no haya un muro de separación.

En el caso de que exista un muro de separación se pueden distinguir dos casos:

a. Muro aislado: la altura del muro debe ser de 2 m como mínimo y 0,5 m por encima de la parte superior de las botellas (fig.). Además la distancia desde el extremo de la zona de almacenamiento en sentido horizontal y la resistencia al fuego del muro es función de la clase de almacén según se puede ver en la Tabla 4.

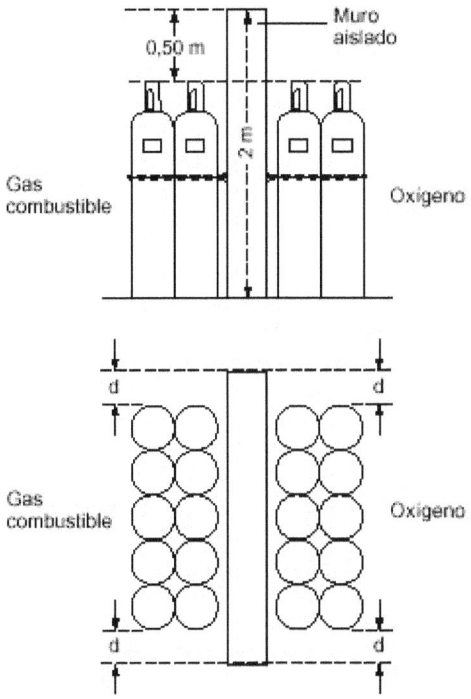

Almacenamiento de botellas separadas por un muro aislado

Tabla 4. Relación entre la clase de almacén, la distancia y la resistencia al fuego

CLASE	DISTANCIA d (m)	RF (Resistencia al fuego en min)
1	0,5	30
2	0,5	30
3	1	60
4	1,5	60
5	2	60

b. Muro adosado a la pared: se debe cumplir lo mismo que lo indicado para el caso de muro aislado con la excepción que las botellas se pueden almacenar junto a la pared y la distancia en sentido horizontal sólo se debe respetar entre el final de la zona de almacenamiento de botellas y el muro de separación (fig.).

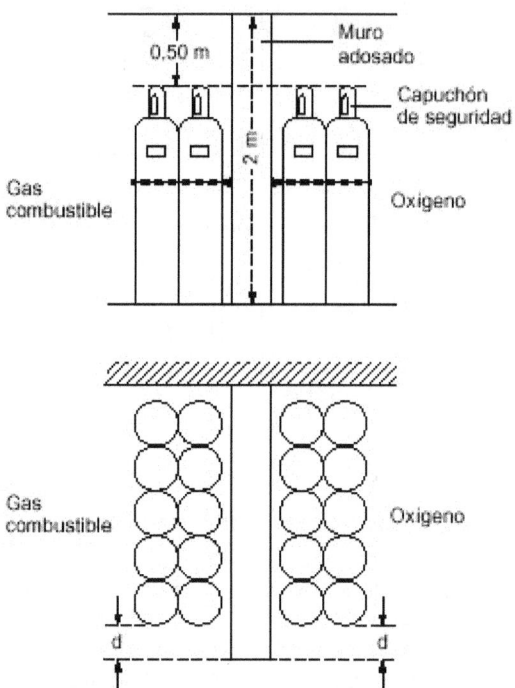

Almacenamiento de botellas separadas por un muro adosado a la pared

Equipos de protección individual

El equipo obligatorio de protección individual, se compone de:

- Polainas de cuero
- Calzado de seguridad
- Yelmo de soldador (Casco y careta de protección)
- Pantalla de protección de sustentación manual
- Guantes de cuero de manga larga
- Manguitos de cuero
- Mandil de cuero

304

- Casco de seguridad, cuando el trabajo así lo requiera

Además el operario no debe trabajar con la ropa manchada de grasa, disolventes o cualquier otra sustancia inflamable. Cuando se trabaje en altura y sea necesario utilizar cinturón de seguridad, éste se deberá proteger para evitar que las chipas lo puedan quemar.

Revisión normativa

- La normativa sobre almacenamiento de productos químicos ha sido totalmente sustituida por el **Real Decreto 379/2001**, de 6 de abril por el que se aprueba el Reglamento de almacenamiento de productos químicos y sus instrucciones técnicas complementarias MIE-APQ-1, MIE-APQ-2, MIE-APQ-3, MIE-APQ-4, MIE-APQ-5, MIE-APQ-6 y MIE-APQ-7.

SOLDADURA BLANDA

Soldadura blanda

La soldadura blanda consiste en unir piezas por medio de una aleación metálica, fácilmente fundible (debajo punto de fusión) tal como el estaño, el plomo, etc. Esta soldadura ofrece una resistencia generalmente inferior a la de los metales a los cuales se aplica, y no puede someterse en uniones que deban emplearse a más de 200º C. Está indicada especialmente para uniones de hojalata, chapas galvanizadas, piezas de latón y bronce, algunas veces en piezas de hierro y sobre todo en tubos de plomo y en conexiones de electricidad y electrónica.

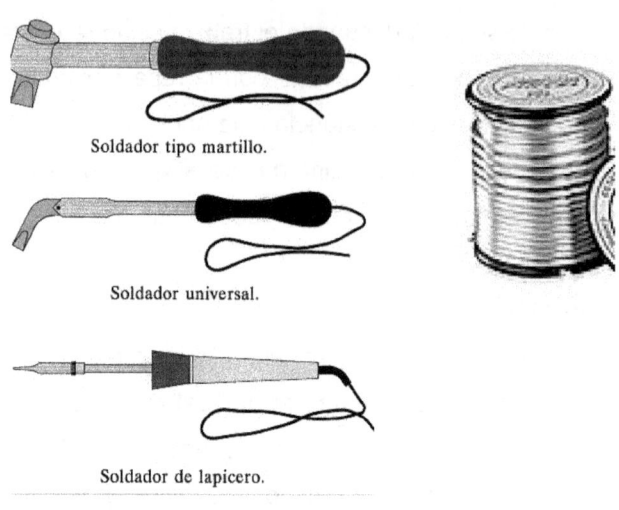

Soldador tipo martillo.

Soldador universal.

Soldador de lapicero.

Soldadores eléctricos   Estaño

Para efectuar este tipo de soldadura se necesita un soldador de punta de cobre que puede ser calentado con una lámpara de soldar, o también se puede utilizar un soldador de calentamiento eléctrico. El metal de aportación se emplea, generalmente en barra. Además es necesario emplear ciertos cuerpos como desoxidantes (que evitan la oxidación) y fundamentes (que ayudan a fundir la escoria). Para hacer una buena soldadura se han de limpiar con cuidado las partes que han de unirse.

La soldadura es un método que se usa de forma doméstica para reparar tuberías rotas y otros arreglos sencillos, aunque requiere un alto grado de profesionalidad. Existen diversos tipos de soldadura, algunos de ellos excesivamente complicados, que requieren de muchos años de práctica para conseguir buenos resultados. Básicamente podemos dividir en dos grandes tipologías de soldadura: la blanda y la dura. En el presente reportaje vamos a diseccionar todos los secretos de la **soldadura blanda**, que es la más sencilla y fácil de ejecutar.

Elementos imprescindibles

Normalmente, a la hora de soldar algún elemento se utilizan, o bien **soldadores** eléctricos, o bien con soplete con cartucho o botella de gas. La potencia del soldador no deberá ser mayor de 40 vatios para evitar que los materiales se deterioren y tampoco deberá ser inferior a 20 vatios. El soplete con cartucho o con botellas de gas es muy cómodo también: cartucho y soplete forman un todo. Este tipo de soldadura consiste en **unir dos fragmentos de metal**, que suele ser con asiduidad de cobre, hierro o latón, por medio de un **metal de aportación** (normalmente estaño) para conseguir una continuidad eléctrica entre los dos trozos a unir. La unión de ambos metales debe ofrecer la menor resistencia posible al paso de la corriente eléctrica. Se deben cumplir algunos requisitos para que la unión se lleve a cabo con éxito. La **calidad del estaño** deberá tener las proporciones adecuadas: **60% de estaño y 40% de plomo**. El motivo de que se elija esta aleación se debe a que ninguno de estos dos metales por separado funde a una temperatura superior a los 300 ºC, mientras que en la aleación que compone el estaño funde a 232 ºC. La **limpieza** también juega un papel fundamental a la hora de soldar. Para realizar una buena soldadura, ambos trozos deben estar limpios de grasa, óxido, etc. Existen distintos métodos para limpiar las partes a soldar, pero lo más sencillo es utilizar **estaño en carretes**. Éste viene presentado en forma de hilo enrollado y tiene en su interior uno o varios hilos de resina. El papel de la resina es simple: al fundirse, desoxidará y desengrasará los metales a soldar.

Características de una soldadura blanda bien realizada

Como ya hemos mencionado, llegar a ser un buen soldador es cuestión de experiencia. Aun así, hay algunos trucos que podemos seguir para saber si el resultado obtenido es el esperado. En primer lugar, debemos **comprobar que el soldador está a la temperatura correcta** acercando el hilo de estaño a la punta. Si el estaño se funde con facilidad, es que todo está dispuesto. A continuación, preparamos los elementos o piezas que se quieren soldar calentando la unión de las dos piezas manteniendo el soplete durante unos segundos. Tras esto, acercamos el hilo de estaño a la zona de contacto del soldador y comprobamos que se funde y se reparte de manera uniforme por las zonas caldeadas.

Una vez conseguimos el suficiente estaño aportado, lo retiramos manteniendo el soldador durante unos segundos. Después, lo quitamos, teniendo cuidado de **no separar las dos piezas** recién soldadas. Las mantenemos hasta que se enfríe y se solidifique. No se debe soplar, ya que, si la soldadura se enfría de manera prematura, será defectuosa. Al final, ésta ha de ser **cóncava, sin poros y brillante**. Cuando no se dé alguna de estas condiciones, retiraremos el estaño e iniciaremos el proceso.

POR ARCO ELÉCTRICO

Soldadura por arco

La idea de la **soldadura por arco eléctrico** fue propuesta a principios del siglo XIX por el científico inglés **Humphrey Davy** pero ya en **1885** dos investigadores rusos consiguieron soldar con electrodos de carbono. Cuatro años más tarde fue patentado un proceso de soldadura con varilla metálica. Sin embargo, este procedimiento no tomó importancia en el ámbito industrial hasta que el sueco Oskar Kjellberg descubrió, en **1904**, el electrodo recubierto. Para realizar una soldadura por arco eléctrico se induce una **diferencia de potencial** entre el electrodo y la pieza a soldar, con lo cual se ioniza el aire entre ellos y pasa a ser conductor, de modo que se cierra el circuito y se crea el **arco eléctrico**. El calor del arco funde parcialmente el material de base y funde el material de aporte, el cual se deposita y crea el cordón de soldadura.

La soldadura por arco eléctrico es utilizada comúnmente debido a la facilidad de transportación.

- **Electrodo**: Son varillas metálicas preparadas para servir como polo del circuito; en su extremo se genera el arco. En algunos casos, sirven también como material fundente. La varilla metálica a menudo va recubierta de distintos materiales, en función de la pieza a soldar y del procedimiento empleado.
- **Plasma**: Está compuesto por **electrones** que transportan la corriente y que van del polo negativo al positivo, de **iones** metálicos que van del polo positivo al negativo, de **átomos** gaseosos que se van ionizando y estabilizándose conforme pierden o ganan electrones, y de productos de la fusión tales como vapores que ayudarán a la formación de una atmósfera protectora. Esta zona alcanza la mayor temperatura del proceso.
- **Llama**: Es la zona que envuelve al plasma y presenta menor temperatura que éste, formada por átomos que se disocian y recombinan desprendiendo calor por la combustión del revestimiento del electrodo. Otorga al arco eléctrico su forma cónica.
- **Baño de fusión**: La acción calorífica del arco provoca la fusión del material, donde parte de éste se mezcla con el material de aportación del electrodo, provocando la soldadura de las piezas una vez solidificado.
- **Cráter:** Surco producido por el calentamiento del metal. Su forma y profundidad vendrán dadas por el poder de penetración del electrodo.
- **Cordón de soldadura**: Está constituido por el metal base y el material de aportación del electrodo y se pueden diferenciar dos partes: la escoria, compuesta por impurezas que son

segregadas durante la solidificación y que posteriormente son eliminadas, y el sobre espesor, formado por la parte útil del material de aportación y parte del metal base, que es lo que compone la soldadura en sí.

La característica más importante de la soldadura con electrodos revestidos, en inglés *Shield Metal Arc Welding* (SMAW) o *Manual Metal Arc Welding* (MMAW), es que el arco eléctrico se produce entre la pieza y un electrodo metálico recubierto. El recubrimiento protege el interior del electrodo hasta el momento de la fusión. Con el calor del arco, el extremo del electrodo funde y se quema el recubrimiento, de modo que se obtiene la atmósfera adecuada para que se produzca la transferencia de metal fundido desde el núcleo del electrodo hasta el baño de fusión en el material base. Estas gotas de metal fundido caen recubiertas de escoria fundida procedente de la fusión del recubrimiento del arco. La escoria flota en la superficie y forma, por encima del cordón de soldadura, una capa protectora del metal fundido. Como son los propios electrodos los que aportan el flujo de metal fundido, será necesario reponerlos cuando se desgasten. Los electrodos están compuestos de dos piezas: el alma y el revestimiento. El alma o varilla es alambre (de diámetro original 5.5 mm) que se comercializa en rollos continuos. Tras obtener el material, el fabricante lo decapa mecánicamente (a fin de eliminar el óxido y aumentar la pureza) y posteriormente lo trefila para reducir su diámetro. El revestimiento se produce mediante la combinación de una gran variedad de elementos (minerales varios, celulosa, mármol, aleaciones, etc.) convenientemente seleccionados y probados por los fabricantes, que mantienen el proceso, cantidades y dosificaciones en riguroso secreto. La composición y clasificación de cada tipo de electrodo está regulada por AWS (*American Welding Society*), organismo de referencia mundial en el ámbito de la soldadura.

Este tipo de soldaduras pueden ser efectuados bajo corriente tanto continua como alterna. En corriente continua el arco es más estable y fácil de encender y las salpicaduras son poco frecuentes; en cambio, el método es poco eficaz con soldaduras de piezas gruesas. La corriente alterna posibilita el uso de electrodos de mayor diámetro, con lo que el rendimiento a mayor escala también aumenta. En cualquier caso, las intensidades de corriente oscilan entre 10 y 500 amperios. El factor principal que hace de este proceso de soldadura un método tan útil es su simplicidad y, por tanto, su bajo precio. A pesar de la gran variedad de procesos de soldadura disponibles, la soldadura con electrodo revestido no ha sido desplazada del mercado. La sencillez hace de ella un procedimiento práctico; todo lo que necesita un soldador para trabajar es una fuente de alimentación, cables, un portaelectrodo y electrodos. El soldador no tiene que estar junto a la fuente y no hay necesidad de utilizar gases comprimidos como protección. El procedimiento es excelente para trabajos, reparación, fabricación y construcción. Además, la soldadura SMAW es muy versátil. Su campo de aplicaciones es enorme: casi todos los trabajos de pequeña y mediana soldadura de taller se efectúan con electrodo revestido; se puede soldar metal de casi cualquier espesor y se pueden hacer uniones de cualquier tipo. Sin embargo, el procedimiento de soldadura con electrodo revestido no se presta para su automatización o semiautomatización; su aplicación es esencialmente manual. La longitud de los electrodos es relativamente corta: de 230 a 700 mm. Por tanto, es un proceso principalmente para soldadura a pequeña escala. El soldador tiene que interrumpir el trabajo a intervalos regulares para cambiar el electrodo y debe limpiar el punto de inicio antes de empezar a usar electrodo nuevo. Sin embargo, aun con todo este tiempo muerto y de preparación, un soldador eficiente puede ser muy productivo. El objetivo fundamental en cualquier operación de soldadura es el de conseguir una junta con la misma característica del metal base. Este resultado sólo puede obtenerse si el baño de fusión está completamente aislado de la atmósfera durante toda la operación de soldeo. De no ser así, tanto el oxígeno como el nitrógeno del aire serán absorbidos por el metal en estado de fusión y la soldadura quedará porosa y frágil. En este tipo de soldadura se utiliza como medio de protección un chorro de gas que impide la contaminación de la junta. Tanto este como el siguiente proceso de soldeo tienen en común la protección del electrodo por medio de dicho gas. La soldadura por electrodo no consumible, también llamada TIG (siglas de *Tungsten Inert Gas*), se caracteriza por el empleo de un electrodo permanente que normalmente, como indica el nombre, es de **tungsteno**. Este método de soldadura se patentó en **1920** pero no se empezó a utilizar de manera generalizada hasta **1940**, dado su coste y complejidad técnica. A diferencia que en las soldaduras de electrodo consumible, en este caso el metal que formará el cordón de soldadura debe ser añadido externamente, a no ser que las piezas a soldar sean específicamente delgadas y no sea necesario. El metal de aportación debe ser de la misma composición o similar que el metal base; incluso, en algunos casos, puede utilizarse satisfactoriamente como material de aportación una tira obtenida de las propias chapas a soldar. La inyección del gas a la zona de soldeo se consigue mediante una canalización que llega directamente a la punta del electrodo, rodeándolo. Dada la elevada resistencia a la temperatura del tungsteno (funde a 3410 ºC), acompañada de la protección del gas, la punta del electrodo apenas se desgasta tras un uso prolongado. Es conveniente, eso sí, repasar la terminación en punta, ya que una geometría poco adecuada perjudicaría en gran medida la calidad del soldado. Respecto al gas, los más utilizados son el **argón**, el **helio**, y mezclas de ambos. El helio, **gas noble** (inerte, de ahí el nombre de soldadura por gas inerte) es más usado en los Estados Unidos, dado que allí se obtiene de forma económica en yacimientos de gas natural. Este gas deja un cordón de soldadura más achatado y menos profundo que el argón. Este último, más utilizado en **Europa** por su bajo precio en comparación con el helio, deja un cordón más triangular y que se infiltra en la soldadura. Una mezcla de ambos gases proporcionará un cordón de soldadura con características intermedias entre los dos. La soldadura TIG se trabaja con corrientes continua y alterna. En corriente continua y polaridad directa, las intensidades de corriente son del orden de 50 a 500 amperios. Con esta polarización se consigue mayor penetración y un aumento en la duración del electrodo. Con polarización inversa, el baño de fusión es mayor pero hay menor penetración; las intensidades oscilan entre 5 y 60 A. La corriente alterna combina las ventajas de las dos anteriores, pero en contra da un arco poco estable y difícil de cebar.

La gran ventaja de este método de soldadura es, básicamente, la obtención de cordones más resistentes, más dúctiles y menos sensibles a la **corrosión** que en el resto de procedimientos, ya que el gas protector impide el contacto entre la atmósfera y el baño de fusión. Además, dicho gas simplifica notablemente el soldeo de metales no ferrosos, por no requerir el empleo de desoxidantes, con las deformaciones o inclusiones de escoria que pueden implicar. Otra ventaja de la soldadura por arco con protección gaseosa es la que permite obtener soldaduras limpias y uniformes debido a la escasez de humos y proyecciones; la movilidad del gas que rodea al arco transparente permite al soldador ver claramente lo que está haciendo en todo momento, lo que repercute favorablemente en la calidad de la soldadura. El cordón obtenido es por tanto de un buen acabado superficial, que puede mejorarse con sencillas operaciones de acabado, lo que incide favorablemente en los costes de producción. Además, la deformación que se produce en las inmediaciones del cordón de soldadura es menor. Como inconvenientes está la necesidad de proporcionar un flujo continuo de gas, con la subsiguiente instalación de tuberías, bombonas, etc., y el encarecimiento que supone. Además, este método de soldadura requiere una mano de obra muy especializada, lo que también aumenta los costes. Por tanto, no es uno de los métodos más utilizados sino que se reserva para uniones con necesidades especiales de acabado superficial y precisión.

Soldadura por electrodo consumible protegido

Este método resulta similar al anterior, con la salvedad de que en los dos tipos de soldadura por electrodo consumible protegido, MIG (*Metal Inert Gas*) y MAG (*Metal Active Gas*), es este electrodo el alimento del cordón de soldadura. El arco eléctrico está protegido, como en el caso anterior, por un flujo continuo de gas que garantiza una unión limpia y en buenas condiciones. En la soldadura MIG, como su nombre indica, el gas es inerte; no participa en modo alguno en la reacción de soldadura. Su función es proteger la zona crítica de la soldadura de oxidaciones e impurezas exteriores. Se emplean usualmente los mismos gases que en el caso de electrodo no consumible, argón, menos frecuentemente helio, y mezcla de ambos. En la soldadura MAG, en cambio, el gas utilizado participa de forma activa en la soldadura. Su zona de influencia puede ser oxidante o reductora, ya se utilicen gases como el **dióxido de carbono** o el argón mezclado con **oxígeno**. El problema de usar CO2 en la soldadura es que la unión resultante, debido al oxígeno liberado, resulta muy porosa. Además, sólo se puede usar para soldar acero, por lo que su uso queda restringido a las ocasiones en las que es necesario soldar grandes cantidades de material y en las que la porosidad resultante no es un problema a tener en cuenta. El punto común de los dos procedimientos es el empleo de un electrodo consumible continuo. Dicho electrodo, en forma de alambre, es a la vez el material a partir del cual se generará el cordón de soldadura, y llega hasta la zona de aplicación por el mismo camino que el gas o la alimentación. Dependiendo de cada caso, el ajuste de la velocidad del hilo conllevará un mayor o menor flujo de fundente en la zona a soldar. En general, en este proceso se trabaja con corriente continua (electrodo positivo, base negativa), y en raras ocasiones con corriente alterna. Las intensidades de corriente fluctúan entre 20 y 500 amperios con corriente continua y polaridad directa, 5 y 60 con polaridad inversa, y 40 y 300 amperios con corriente alterna. El uso de los métodos de soldadura MIG y MAG es cada vez más frecuente en el sector industrial. En la actualidad, es uno de los métodos más utilizados en Europa occidental, Estados Unidos y Japón en soldaduras de fábrica. Ello se debe, entre otras cosas, a su elevada productividad y a la facilidad de automatización, lo que le ha valido abrirse un hueco en la industria automovilística. La flexibilidad es la característica más sobresaliente del método MIG / MAG, ya que permite soldar aceros de baja aleación, aceros inoxidables, aluminio y cobre, en espesores a partir de los 0,5 mm y en todas las posiciones. La protección por gas garantiza un cordón de soldadura continuo y uniforme, además de libre de impurezas y escorias. Además, la soldadura MIG / MAG es un método limpio y compatible con todas las medidas de protección para el medio ambiente. En contra, su mayor problema es la necesidad de aporte tanto de gas como de electrodo, lo que multiplica las posibilidades de fallo del aparato, además del lógico encarecimiento del proceso. El proceso de soldadura por arco sumergido, también llamado proceso SAW (*Submerged Arc Welding*), tiene como detalle más característico el empleo de un flujo continuo de material protector en polvo o granulado, llamado *flux*. Esta sustancia protege el arco y el baño de fusión de la atmósfera, de tal forma que ambos permanecen invisibles durante la soldadura. Parte del flux funde, y con ello protege y estabiliza el arco, genera escoria que aísla el cordón, e incluso puede contribuir a la aleación. El resto del flux, no fundido, se recoge tras el paso del arco para su reutilización. Este proceso está totalmente automatizado y permite obtener grandes rendimientos. El electrodo de soldadura SAW es consumible, con lo que no es necesaria aportación externa de fundente. Se comercializa en forma de hilo, macizo o hueco con el flux dentro (de forma que no se requiere un conducto de aporte sino sólo uno de recogida), de alrededor de 0,5 mm de espesor. El flux, o mejor dicho, los fluxes, son mezclas de compuestos minerales varios (SIO_2, CaO, MnO), etc. con determinadas características de escorificación, viscosidad, etc. Obviamente, cada fabricante mantiene la composición y el proceso de obtención del flux en secreto, pero, en general, se clasifican en fundidos (se obtienen por fusión de los elementos), aglomerados (se cohesionan con aglomerantes; cerámicos, silicato potásico, etc.) y mezclados mecánicamente (simples mezclas de otros fluxes). Ya que el flux puede actuar como elemento fundente, la adición en él de polvo metálico optimiza bastante el proceso, mejora la tenacidad de la unión y evita un indeseable aumento del tamaño de grano en el metal base. Dependiendo del equipo y del diámetro del hilo de electrodo, este proceso se trabaja con intensidades de hasta 1600 amperios, con corrientes continuas (electrodo positivo y base negativa) o alternas.

Este proceso es bastante versátil; se usa en general para unir metales férreos y aleaciones, y para recubrir materiales contra la corrosión (*overlay*). Además, permite la soldadura de piezas con poca separación entre ellas. El arco actúa bajo el flux, evitando salpicaduras y contaminación del cordón, y alimentándose, si es necesario, del propio flux, que además evita que el arco se desestabilice por corrientes de aire. La soldadura SAW puede aplicarse a gran velocidad en posiciones de sobremesa, para casi cualquier tipo de material y es altamente automatizable. El cordón obtenido en estos soldeos es sano y de buen aspecto visual. Una característica mejora del proceso SAW es la soldadura en tándem, mediante la cual se aplican dos electrodos a un mismo baño. Así se aumenta la calidad de la soldadura, ya que uno de los electrodos se encarga de la penetración y el volumen del cordón, mientras que el segundo maneja los parámetros de geometría y tamaño. En cambio, la mayor limitación de este proceso es que solo puede aplicarse en posiciones de sobremesa y cornisa, ya que de otra manera el flux se derramaría. Flux que ha de ser continuamente aportado, lo cual encarece el procedimiento y aumenta sus probabilidades de fallo (hay que alimentar tanto el rollo de electrodo como el flux); además, si se contamina por agentes externos, la calidad del cordón disminuye bastante. A pesar de que puede unir materiales poco separados, no es recomendable para unir espesores menores de 5mm. Este proceso tiene su mayor campo de aplicación en la fabricación de tuberías de acero en espiral y, en general, en la soldadura de casi cualquier tipo de **aceros**.

Según la NASD (*Nacional Ag Safety Database*), las medidas de seguridad necesarias para trabajar con soldadura con arco son las siguientes. Antes de empezar cualquier operación de soldadura de arco, se debe hacer una inspección completa del soldador y de la zona donde se va a usar. Todos los objetos susceptibles de arder deben ser retirados del área de trabajo, y debe haber un extintor apropiado de PQS o de CO_2 a la mano, no sin antes recordar que en ocasiones puedes tener manguera de espuma mecánica. Los interruptores de las máquinas necesarias para el soldeo deben poderse desconectar rápida y fácilmente. La alimentación estará desconectada siempre que no se esté soldando, y contará con una toma de tierra. Los portaelectrodos no deben usarse si tienen los cables sueltos y las tenazas o los aislantes dañados. La operación de soldadura deberá llevarse a cabo en un lugar bien ventilado pero sin corrientes de aire que perjudiquen la estabilidad del arco. El techo del lugar donde se suelde tendrá que ser alto o disponer de un sistema de ventilación adecuado. Las naves o talleres grandes pueden tener corrientes no detectadas que deben bloquearse. La radiación de un arco eléctrico es enormemente perjudicial para la **retina** y puede producir **cataratas**, pérdida parcial de visión, o incluso ceguera. Los ojos y la cara del soldador deben estar protegidos con un casco de soldar homologado equipado con un visor filtrante de grado apropiado. La ropa apropiada para trabajar con soldadura por arco debe ser holgada y cómoda, resistente a la temperatura y al fuego. Debe estar en buenas condiciones, sin agujeros ni remiendos y limpia de grasas y aceites. Las camisas deben tener mangas largas, y los pantalones deben ser de bota larga, acompañados con zapatos o botas aislantes que cubran.

NTP 494: SOLDADURA ELÉCTRICA AL ARCO: NORMAS DE SEGURIDAD

Introducción

Dentro del campo de la soldadura industrial, la soldadura eléctrica manual al arco con electrodo revestido es la más utilizada. Para ello se emplean máquinas eléctricas de soldadura que básicamente consisten en transformadores que permiten modificar la corriente de la red de distribución, en una corriente tanto alterna como continua de tensión más baja, ajustando la intensidad necesaria según las características del trabajo a efectuar. Los trabajos con este tipo de soldadura conllevan una serie de riesgos entre los que destacan los relacionados con el uso de la corriente eléctrica, los contactos eléctricos directos e indirectos; además existen otros que también se relacionan en esta NTP, cuyo objetivo es dar a conocer las características técnicas básicas de la soldadura eléctrica, los riesgos y sus factores de riesgo y los sistemas de prevención y protección. Además se dan normas de seguridad para la organización segura del puesto de trabajo, los equipos de protección individual y el mantenimiento e inspección del material.

Características técnicas

Arco eléctrico

Para unir dos metales de igual o parecida naturaleza mediante soldadura eléctrica al arco es necesario calor y material de aporte (electrodos). El calor se obtiene mediante el mantenimiento de un arco eléctrico entre el electrodo y la pieza a soldar (masa) (fig.). En este arco eléctrico a cada valor de la intensidad de corriente, corresponde una determinada tensión en función de su longitud. La relación intensidad/tensión nos da la característica del arco. Para el encendido se necesita una tensión comprendida entre 40 y 110 V; esta tensión va descendiendo hasta valores de mantenimiento comprendidos entre 15 y 35 V, mientras que la intensidad de corriente aumenta notablemente, presentando todo el sistema una característica descendente, lo que unido a la limitación de la intensidad de corriente cuando el arco se ha cebado exige, para el perfecto control de ambas variables, la utilización de las máquinas eléctricas de soldadura.

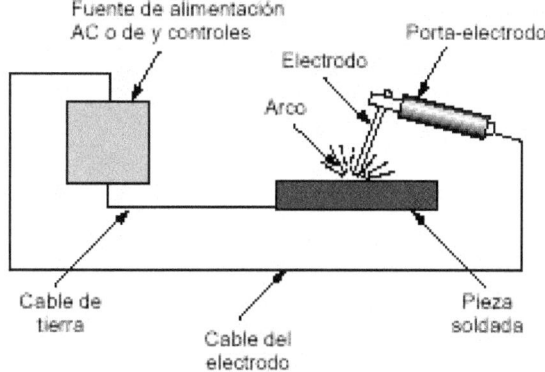

Esquema del proceso de soldadura eléctrica al arco

Equipos eléctricos de soldar

Están formadas por el circuito de alimentación y el equipo propiamente dicho. Sirven para reducir la tensión de red (220 o 380 V) a la tensión de cebado (entre 40 y 100 V) y de soldeo (< 35 V) permitiendo regular la intensidad de la corriente de soldadura, asegurando el paso de la tensión de cebado a la de soldeo de forma rápida y automática. El circuito de alimentación está compuesto por un cable y clavija de conexión a la red y funcionando a la tensión de 220/380 V según los casos e intensidad variable.

Equipo de soldadura

En función del tipo de corriente del circuito de soldeo el equipo consta de partes diferentes. En equipos de corriente alterna, transformador y convertidor de frecuencia; en equipos de corriente continua, rectificador (de lámparas o seco) y convertidor (conmutatrices o grupos eléctricos). Los equipos eléctricos de soldar más importantes son los convertidores de corriente alterna-continua y corriente continua-continua, los transformadores de corriente alterna-corriente alterna, los rectificadores y los transformadores convertidores de frecuencia. Además de tales elementos existen los cables de pinza y masa, el portaelectrodos y la pinza-masa, a una tensión de 40 a 100 V, que constituyen el circuito de soldeo.

Elementos auxiliares

Los principales son los electrodos, la pinza portaelectrodos, la pinza de masa y los útiles. El **electrodo** es una varilla con un alma de carbón, hierro o metal de base para soldeo y de un revestimiento que lo rodea. Forma uno de los polos del arco que engendra el calor de fusión y que en el caso de ser metálico suministra asimismo el material de aporte.

Existen diversos tipos pero los más utilizados son los electrodos de revestimiento grueso o recubierto en los que la relación entre el diámetro exterior del revestimiento y el del alma es superior a 1:3. El revestimiento está compuesto por diversos productos como pueden ser: óxidos de hierro o manganeso, ferromanganeso, rutilo, etc.; como aglutinantes se suelen utilizar silicatos alcalinos solubles. La **pinza portaelectrodos** sirve para fijar el electrodo al cable de conducción de la corriente de soldeo. La **pinza de masa** se utiliza para sujetar el cable de masa a la pieza a soldar facilitando un buen contacto entre ambos. Entre los **útiles**, además de los martillos, tenazas, escoplos, etc. el soldador utiliza cepillos de alambre de acero para limpieza de superficies y martillos de punta para romper la cubierta de las escorias o residuos.

Riesgos y factores de riesgo

Riesgos de accidente

Los principales riesgos de accidente son los derivados del empleo de la corriente eléctrica, las quemaduras y el incendio y explosión.

El **contacto eléctrico directo** puede producirse en el circuito de alimentación por deficiencias de aislamiento en los cables flexibles o las conexiones a la red o a la máquina y en el circuito de soldadura cuando está en vacío (tensión superior a 50 V).

El **contacto eléctrico indirecto** puede producirse con la carcasa de la máquina por algún defecto de tensión.

Las **proyecciones en ojos** y las quemaduras pueden tener lugar por proyecciones de partículas debidas al propio arco eléctrico y las piezas que se están soldando o al realizar operaciones de descascarillado

La **explosión e incendio** puede originarse por trabajar en ambientes inflamables o en el interior de recipientes que hayan contenido líquidos inflamables o bien al soldar recipientes que hayan contenido productos inflamables.

Riesgos higiénicos

Básicamente son tres: las exposiciones a radiaciones ultravioleta y luminosas, la exposición a humos y gases y la intoxicación por fosgeno. Las exposiciones a radiaciones ultravioleta y luminosas son producidas por el arco eléctrico. La **inhalación de humos** y gases tóxicos producidos por el arco eléctrico es muy variable en función del tipo de revestimiento del electrodo o gas protector y de los materiales base y de aporte y puede consistir en exposición a humos (óxidos de hierro, cromo, manganeso, cobre, etc.) y gases (óxidos de carbono, de nitrógeno, etc.). Finalmente, puede ocurrir **intoxicación por fosgeno** cuando se efectúan trabajos de soldadura en las proximidades de cubas de desengrase con productos clorados o sobre piezas húmedas con dichos productos.

Sistemas de prevención y protección. Contactos eléctricos directos e indirectos
Equipo de soldar

La máquina de soldar puede protegerse mediante dos sistemas, uno electromecánico (fig. 2 Sistema de protección electromecánica) que consiste en introducir una resistencia en el primario del transformador de soldadura (resistencia de absorción) para limitar la tensión en el secundario cuando está en vacío y otro electrónico que se basa en limitar la tensión de vacío del secundario del transformador introduciendo un TRIAC en el circuito primario del grupo de soldadura. En ambos casos se consigue una tensión de vacío del grupo de 24 V, considerada tensión de seguridad.

Pinza portaelectrodos

La pinza debe ser la adecuada al tipo de electrodo utilizado y que además sujete fuertemente los electrodos. Por otro lado debe estar bien

322

equilibrada por su cable y fijada al mismo de modo que mantenga un buen contacto. Asimismo el aislamiento del cable no se debe estropear en el punto de empalme.

Circuito de acometida

Los cables de alimentación deben ser de la sección adecuada para no dar lugar a sobrecalentamientos. Su aislamiento será suficiente para una tensión nominal > 1000 V. Los bornes de conexión de la máquina y la clavija de enchufe deben estar aislados.

Circuito de soldadura

Los cables del circuito de soldadura al ser más largos deben protegerse contra proyecciones incandescentes, grasas, aceites, etc., para evitar arcos o circuitos irregulares.

Carcasa

La carcasa debe conectarse a una toma de tierra asociada a un interruptor diferencial que corte la corriente de alimentación en caso de que se produzca una corriente de defecto.

Radiaciones ultravioleta y luminosas

Se deben utilizar mamparas de separación de puestos de trabajo para proteger al resto de operarios. El material debe estar hecho de un material opaco o translúcido robusto. La parte inferior debe estar al menos a 50 cm del suelo para facilitar la ventilación. Se debería señalizar con las palabras: PELIGRO ZONA DE SOLDADURA, para advertir al resto de los trabajadores. El soldador debe utilizar una pantalla facial con certificación de calidad para este tipo de soldadura, utilizando el visor de cristal inactínico cuyas características varían en función de la intensidad de corriente empleada. Para cada caso se utilizará un tipo de pantalla, filtros y placas filtrantes que deben reunir una serie de características función de la intensidad de soldeo y que se recogen en tres tablas; en una primera tabla se indican los valores y tolerancias de transmisión de los distintos tipos de filtros y placas filtrantes de protección ocular frente a la luz de intensidad elevada. Las definiciones de los factores de transmisión vienen dadas en la ISO 4007 y su determinación está descrita en el cap. 5 de la ISO 4854. Los factores de transmisión de los filtros utilizados para la soldadura y las técnicas relacionadas vienen relacionadas en la Tabla 1 de la ISO 4850. En las pantallas deberá indicar clara e indeleblemente la intensidad de la corriente en amperios para la cual está destinada.

Tabla 1. Especificaciones de transmisión (ISO 48501979)

N° DE ESCALA	TRANSMISIÓN MAX. EN EL ESPECTRO ULTRAVIOLETA $\tau(\lambda)$		TRANSMISIÓN EN LA BANDA VISIBLE DEL ESPECTRO τ_v		VALOR MEDIO MÁXIMO DE LA TRANSMISIÓN INFRARROJA τ_{NIR} τ_{MIR}	
	313 nm %	365 nm %	max %	min %	IR próximo 1.300 a 780 nm %	IR medio 2.000 a 1.300 nm %
1,2	0,0003	50	100	74,4	37	37
1,4	0,0003	35	74,4	58,1	33	33
1,7	0,0003	22	58,1	43,2	26	26

2,0	0,0003	14	43,2	29,1	21	13
2,5	0,0003	6,4	29,1	17,8	15	9,6
3	0,0003	2,8	17,8	8,5	12	8,5
4	0,0003	0,95	8,5	3,2	6,4	5,4
5	0,0003	0,30	3,2	1,2	3,2	3,2
6	0,0003	0,10	1,2	0,44	1,7	1,9
7	0,0003	0,037	0,44	0,16	0,81	1,2
8	0,0003	0,013	0,16	0,061	0,43	0,68
9	0,0003	0,0045	0,061	0,023	0,20	0,39
10	0,0003	0,0016	0,023	0,0085	0,10	0,25
11	Nota 1	0,00060	0,0085	0,0032	0,050	0,15
12		0,00020	0,0032	0,0012	0,027	0,096
13		0,000076	0,0012	0,00044	0,014	0,060
14		0,000027	0,00044	0,00016	0,007	0,04
15		0,0000094	0,00016	0,000061	0,003	0,02
16		0,0000034	0,000061	0,000029	0,003	0,02

NOTA 1. Valor inferior o igual al factor de transmisión admitido para 365 nm
Especificaciones complementarias

a. Entre 210 y 313 nm, la transmisión no debe sobrepasar el valor admisible para 313 nm

b. Entre 313 y 365 nm, la transmisión no debe sobrepasar el valor admisible para 365 nm

c. Entre 365 y 400 nm, la transmisión espectral media no debe sobrepasar la transmisión media en la banda visible τ_v

Por otro lado para elegir el filtro adecuado (n° de escala) en función del grado de protección se utiliza otra tabla que relaciona los procedimientos de soldadura o técnicas relacionadas con la intensidad de corriente en amperios.

Proyecciones y quemaduras

Se deben emplear mamparas metálicas de separación de puestos de trabajo para que las proyecciones no afecten a otros operarios. El soldador debe utilizar pantalla de protección. El filtro de cristal inactínico debe ser protegido mediante la colocación en su parte anterior de un cristal blanco.

Exposición a humos y gases

Se debe instalar un sistema de extracción localizada por aspiración que capta los vapores y gases en su origen con dos precauciones: en primer lugar, instalar las aberturas de extracción lo más cerca posible del lugar de soldadura; en segundo, evacuar el aire contaminado hacia zonas donde no pueda contaminar el aire limpio que entra en la zona de operación. Describimos cuatro formas de instalar sistemas de extracción localizada.

La campana móvil es un sistema de aspiración mediante conductos flexibles. Hace circular el aire sobre la zona de soldadura a una velocidad de al menos 0,5 m/s. Es muy importante situar el conducto lo más cerca posible de la zona de trabajo. Sistema de extracción por campana móvil.

La mesa con aspiración descendente consiste en una mesa con una parrilla en la parte superior. El aire es aspirado hacia abajo a través de la parrilla hacia el conducto de evacuación. La velocidad del aire debe ser suficiente para que los vapores y los gases no contaminen el aire respirado. Las piezas no deben ser demasiado grandes para no cubrir completamente el conducto e impedir el efecto de extracción.

Un **recinto acotado** consiste en una estructura con techo y dos lados que acotan el lugar donde se ejecutan las operaciones de soldadura. El aire fresco llega constantemente al recinto. Este sistema hace circular el aire a una velocidad mínima de 0,5 m/s.

Los conductos de extracción constan de una entrada de gas inerte que circula por un tubo hacia la zona de soldadura y luego junto con los vapores y gases es conducido por un tubo de salida hacia la cámara de extracción y después al sistema de evacuación (Fig.).

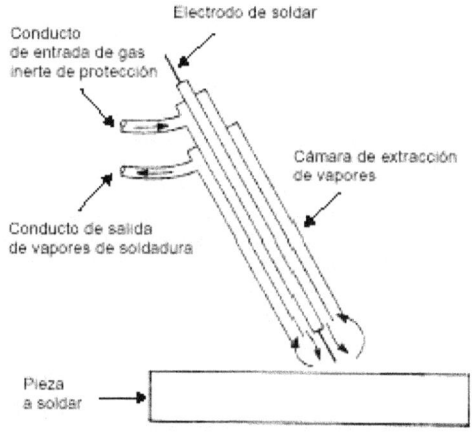

Esquema de sistema de extracción mediante conductos

Cuando la soldadura se efectúe en recintos cerrados de pequeñas dimensiones y sin ventilación, el soldador deberá estar equipado con un equipo autónomo o con suministro de aire desde el exterior que además cumplirá con la protección contra las radiaciones.

Intoxicación por fosgeno

No se deben realizar operaciones de soldadura en las proximidades de cubas de desengrase con productos clorados o sobre piezas húmedas.

Normas de seguridad

El montaje seguro de un puesto de trabajo de soldadura eléctrica requiere tener en cuenta una serie de normas que se relacionan a continuación.

A. Interruptor   H. Cable del electrodo
B. Toma de corriente   I. Porta-electrodos
C. Enchufe   J. Electrodo
D. Bobinado primario   K. Pieza
E. Bobinado secundario   L. Borne de conexión
F. Bobinado impedancia   N. Brida
G. Conector aislado   M. Cable de toma de tierra

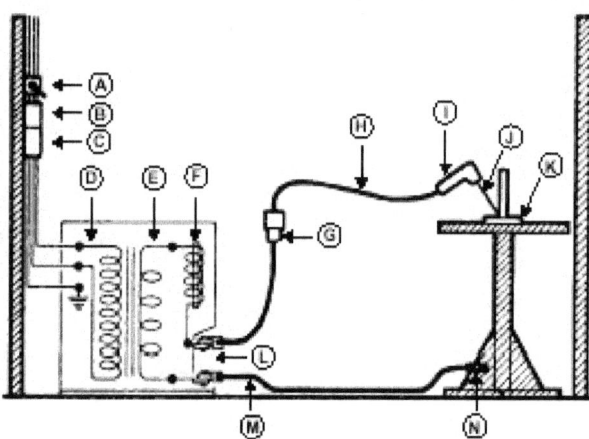

Instalación segura de un puesto de soldadura CA con transformador

Puesta a tierra

La instalación de las tomas de la puesta a tierra se debe hacer según las instrucciones del fabricante. Es preciso asegurarse de que el chasis del puesto de trabajo está puesto a tierra controlando en especial las tomas de tierra y no utilizar para las tomas de la puesta a tierra conductos de gas, líquidos inflamables o eléctricos. La toma de corriente y el casquillo que sirve para unir el puesto de soldadura a la fuente de alimentación deben estar limpios y exentos de humedad. Antes de conectar la toma al casquillo se debe cortar la corriente. Una vez conectada se debe permanecer alejado de la misma. Cuando no se trabaje se deben cubrir con capuchones la toma y el casquillo.

Conexiones y cables

Se debe instalar el interruptor principal cerca del puesto de soldadura para en caso necesario poder cortar la corriente. Instalar los principales cables de alimentación en alto y conectarlos posteriormente. Desenrollar el cable del electrodo antes de utilizarlo, verificando los cables de soldadura para comprobar que su aislamiento no ha sido dañado y los cables conductores para descubrir algún hilo desnudo. Verificar asimismo los cables de soldadura en toda su longitud para comprobar su aislamiento, comprobando que el diámetro del cable de soldadura es suficiente para soportar la corriente necesaria. Hay que tener en cuenta que a medida que la longitud total del cable aumenta, disminuye su capacidad de transporte de corriente. Por tanto para según qué casos se deberá aumentar el grosor del cable. Se debe reemplazar cualquier cable de soldadura que presente algún tipo de ligadura a menos de 3 m del portaelectrodos. No utilizar tornillos para fijar conductores trenzados pues acaban por desapretarse.

Montaje correcto del puesto de trabajo
Recomendaciones

Se deben alejar los hilos de soldadura de los cables eléctricos principales para prevenir el contacto accidental con el de alta tensión así como cubrir los bornes para evitar un posible cortocircuito causado por un objeto metálico y situar el material de forma que no sea accesible a personas no autorizadas. Las tomas de corriente deben situarse en lugares que permitan su desconexión rápida en caso de emergencia y comprobar que el puesto de trabajo está puesto a tierra. El puesto de soldadura debe protegerse de la exposición a gases corrosivos, partículas incandescentes provocadas por la soldadura o del exceso de polvo; el área de trabajo debe estar libre de materias combustibles. Si algún objeto combustible no puede ser desplazado, debe cubrirse con material ignífugo. Debe disponerse de un extintor apropiado en las proximidades de la zona de trabajo.

Prohibiciones

No se deben bloquear los pasillos. Los conductores deben estar situados en alto o recubiertos para no tropezar con ellos. Los cables y conductores no deben obstruir los pasillos, escaleras u otras zonas de paso. El puesto de soldadura no debe situarse cerca de puentes-grúa o sobre los pasillos. La toma de tierra no debe unirse a cadenas, cables de un montacargas o tornos. Tampoco se debe unir a tuberías de gas, líquidos inflamables o conducciones que contengan cables eléctricos.

Se debe evitar que el puesto de soldadura esté sobre zonas húmedas y en cualquier caso se debe secar adecuadamente antes de iniciar los trabajos. Las conducciones de agua de refrigeración deben instalarse de forma que formen un bucle que permita gotear el agua de condensación o en caso de fuga. Los cables no deben someterse a corrientes por encima de su capacidad nominal ni enrollarse alrededor del cuerpo.

Utilización segura del material auxiliar de soldadura

La utilización segura del material de soldadura puede influir en la seguridad de los trabajos de soldadura. Se dan una serie de recomendaciones y prohibiciones relacionadas con la utilización.

Recomendaciones

La base de soldar debe ser sólida y estar apoyada sobre objetos estables. El cable de soldar debe mantenerse con una mano y la soldadura se debe ejecutar con la otra. Los portaelectrodos se deben almacenar donde no puedan entrar en contacto con los trabajadores, combustibles o posibles fugas de gas comprimido. Cuando los trabajos de soldadura se deban interrumpir durante un cierto periodo se deben sacar todos los electrodos de los portaelectrodos, desconectando el puesto de soldar de la fuente de alimentación. No utilizar electrodos a los que les quede entre 38 y 50 mm; en caso contrario se pueden dañar los aislantes de los portaelectrodos pudiendo provocar un cortocircuito accidental. Los electrodos y sus portaelectrodos se deben guardar bien secos. Si antes de ser utilizados están mojados o húmedos por cualquier razón, deben secarse totalmente antes de ser reutilizados. Situarse de forma que los gases de soldadura no lleguen directamente a la pantalla facial protectora y proteger a los otros trabajadores del arco eléctrico mediante pantallas o mamparas opacas; llevar ropa, gafas y calzado de protección. La escoria depositada en las piezas soldadas debe picarse con un martillo especial de forma que los trozos salgan en dirección contraria al cuerpo. Previamente se deben eliminar de las escorias las posibles materias combustibles que podrían inflamarse al ser picadas.

Prohibiciones

No sustituir los electrodos con las manos desnudas, con guantes mojados o en el caso de estar sobre una superficie mojada o puesta a tierra; tampoco se deben enfriar los portaelectrodos sumergiéndolos en agua. No se deben efectuar trabajos de soldadura cerca de lugares donde se estén realizando operaciones de desengrasado, pues pueden formarse gases peligrosos. Tampoco se permitirá soldar en el interior de contenedores, depósitos o barriles mientras no hayan sido limpiados completamente y desgasificados con vapor. Es conveniente también prever una toma de tierra local en la zona de trabajo. No accionar el conmutador de polaridad mientras el puesto de soldadura esté trabajando; se debe cortar la corriente previamente antes de cambiar la polaridad.

Equipo de protección individual
Equipo y ropa

El equipo de protección individual está compuesto por: pantalla de protección de la cara y ojos; guantes de cuero de manga larga con las costuras en su interior; mandil de cuero; polainas; calzado de seguridad tipo bota, preferiblemente aislante; casco y/o cinturón de seguridad, cuando el trabajo así lo requiera. La ropa de trabajo será de pura lana o algodón ignífugo. Las mangas serán largas con los puños ceñidos a la muñeca; además llevará un collarín que proteja el cuello. Es conveniente que no lleven bolsillos y en caso contrario deben poderse cerrar herméticamente. Los pantalones no deben tener dobladillo, pues pueden retener las chipas producidas, pudiendo introducirse en el interior del calzado de seguridad.

Normas de utilización y mantenimiento

El soldador debe tener cubiertas todas las partes del cuerpo antes de iniciar los trabajos de soldadura. La ropa manchada de grasa, disolventes o cualquier otra sustancia inflamable debe ser desechada inmediatamente; asimismo la ropa húmeda o sudorada se hace conductora por lo que debe también ser cambiada ya que en esas condiciones puede ser peligroso tocarla con la pinza de soldar. Por añadidura no deben realizarse trabajos de soldadura lloviendo, o en lugares conductores, sin la protección eléctrica adecuada.

Antes de soldar se debe comprobar que la pantalla o careta no tiene rendijas que dejen pasar la luz, y que el cristal contra radiaciones es adecuado a la intensidad o diámetro del electrodo. Los ayudantes de los soldadores u operarios próximos deben usar gafas especiales con cristales filtrantes adecuados al tipo de soldadura a realizar. Para colocar el electrodo en la pinza o tenaza, se deben utilizar siempre los guantes. También se usarán los guantes para coger la pinza cuando esté en tensión. En trabajos sobre elementos metálicos, es necesario utilizar calzado de seguridad aislante. Para los trabajos de picado o cepillado de escoria se deben proteger los ojos con gafas de seguridad o una pantalla transparente. En trabajos en altura con riesgo de caída, se utilizará un cinturón de seguridad protegido para evitar que las chispas lo quemen. El cristal protector debe cambiarse cuando tenga algún defecto (por ej. rayado) y ser sustituido por otro adecuado al tipo de soldadura a realizar. En general todo equipo de protección individual debe ser inspeccionado periódicamente y sustituido cuando presente cualquier defecto.

Mantenimiento e inspección del material

Se debe inspeccionar semanalmente todo el material de la instalación de soldadura, principalmente los cables de alimentación del equipo dañados o pelados, empalmes o bornes de conexión aflojados o corroídos, mordazas del portaelectrodos o bridas de tierra sucias o defectuosas, etc. En cuanto a los equipos de soldar de tipo rotativo es necesario revisar las escobillas sustituyéndolas o aproximándolas en caso necesario. En ambientes pulvígenos metálicos se debe limpiar periódicamente el interior con aire comprimido para evitar cortocircuitos o derivaciones a la carcasa.

SOLDADURA POR PUNTOS

Soldadura de puntos por resistencia

La soldadura por puntos por resistencia es el proceso predominante en este grupo. Se usa ampliamente en la producción masiva de automóviles y en otros productos a partir de láminas metálicas. La soldadura de puntos por resistencias es un proceso en el cual se obtiene la fusión en una posición de las superficies mediante una unión superpuesta mediante electrodos opuestos. El proceso se usa para unir partes de láminas metálicas de 3 mm de espesor. El tamaño y la forma de puntos de soldadura se diferencian por medio de la punta de electrodo, la forma del electrodo más común es redonda. La pepita de soldadura tiene un diámetro de 5/10 mm. Los electrodos son hechos de aleaciones basadas en cobre, o combinaciones cobre-tungsteno (que tiene mayor resistencia al desgaste). Como en todos los procesos de manufactura, las herramientas para la soldadura se desgastan gradualmente con el uso. Los electrodos también se diseñan con canales internos para enfriamiento con agua. Pasos en un ciclo de soldadura de punto. La secuencia es: (1) partes insertadas entre los electrodos abiertos, (2) los electrodos se cierran y se aplica la fuerza, (3) tiempo de soldadura (se activa la corriente), (4) se desactiva la corriente, pero se mantiene o se aumenta la fuerza (en ocasiones se aplica una corriente reducida cerca del final de este paso para liberar la tensión en la región de la soldadura) y (5) se abren los electrodos y se remueve el ensamble soldado. Debido a su extenso uso industrial, hay disponibles diversas máquinas y métodos para realizar las operaciones de soldadura de puntos. El equipo incluye máquinas de soldadura de puntos con balancín y tipo prensa, así como pistolas portátiles para soldadura. La máquina de soldadura de puntos con balancín tiene un electrodo inferior estacionario y un electrodo superior móvil que sube y baja. El electrodo superior se monta en un balancín, cuyo movimiento es controlado mediante un pedal operado por el trabajador (puede haber máquinas automatizadas de balancín también). La máquina de soldadura de puntos tipo prensa es diseñada para trabajos grandes. El electrodo superior tiene un movimiento en línea recta proporcionado por una prensa vertical. La acción de la prensa permite que se apliquen fuerzas más grandes y los controles generalmente hacen posibles la programación de los ciclos de soldadura complejas. Las pistolas portátiles de soldadura son de diferente tamaño. Estos aparatos consisten en dos electrodos opuestos dentro de un mecanismo de tenazas. El aparato es ligero, de tal forma que un trabajador o un robot lo pueden sostener y manipular. Esta soldadura es parte de la familia de soldaduras por resistencia; soldadura de proyección (Projection Welding), soldadura de costura (Seam Welding), soldadura de resistencia de tope (Resistance Butt Welding) y la soldadura de tope de contacto (Flash Butt Welding) son parte de esta familia. Para generar calor los electrodos de cobre pasan una corriente eléctrica a través de la pieza de trabajo, el calor generado dependerá de la resistencia eléctrica y la conductividad térmica del metal y el tiempo en que la corriente es aplicada, el calor generado se representa con la siguiente ecuación:

$$E = I . R . t$$

Donde E representa la energía en forma de calor, I representa la corriente eléctrica, R representa la resistencia eléctrica del metal y "t" representa el tiempo en que la corriente es aplicada. Los electrodos son usados de cobre, porque, comparado con la mayoría de los metales, el cobre tiene una resistencia eléctrica más baja y una conductividad térmica más alta, esto asegura que el calor será generado en la pieza de trabajo y no en los electrodos. Cuando estos electrodos se calientan mucho, se pueden formar marcas de calor sobre la superficie del metal.

Para prevenir este problema los electrodos son enfriados con agua, el agua fluye por dentro de los electrodos disipando el exceso de calor.

Metal	Conductividad Térmica (W/m-K)	Resistividad Eléctrica (Ohms-cm)	Punto de Fusión (*C)
Acero (1020)	52	17.4E-6	1500
Aluminio	190	5.0E-6	620
Zinc	112	5.9E6	420
Cobre	385	1.7E-6	1085

Las soldaduras por resistencia dependen del grado de conductividad eléctrica del metal a ser soldado, más que de la soldabilidad. En el caso de la soldadura de electro-punto, mejorar esa conductividad al máximo es la meta principal al momento de diseñar el equipo, para incrementar la conductividad los electrodos están sujetados por dos brazos que funcionan como prensas y que someten a los electrodos a una gran presión uno en contra del otro. Las láminas metálicas que van a ser soldadas se colocan entre los electrodos que presionan fuertemente asegurando el contacto y una corriente de bajo voltaje y alto amperaje, que por la diferencia que existe en el vector entre estas, se mide en KVA (kilo voltios-amperios) esto genera una constante entre los dos valores y da un punto de medición para la clasificación de los equipos.

SOLDADURA POR SISTEMAS TIG Y MAG

Soldadura TIG

Soldadura bajo gas protector con electrodo no consumible de Tungsteno. TIG

El método denominado TIG es conocido en inglés como *GTAW (Gas Tugsten Arc Welding),* este procedimiento utiliza como fuente de calor un arco eléctrico que salta entre el electrodo de tungsteno y la pieza a soldar mientras una atmósfera protectora de gas inerte protege al baño de fusión. La alta densidad de corriente eléctrica producida por este proceso hace posible soldar a mayores velocidades que con otros métodos. El resultado final es excepcional con este método pero la calidad de la soldadura depende del control de diferentes *parámetros* y *ajuste del equipo.* Comparando diferentes procesos de soldadura TIG con atmósfera de argón o de helio podemos establecer diferencias, que citaremos a continuación:

-El uso de fundentes en combinación con argón o H_2 mejora la penetración del cordón de soldadura.

-La aportación de helio en combinación con argón o H_2 mejora la penetración del cordón de soldadura.

-El uso de una atmósfera de helio puro permite incrementar la velocidad de avance en más de un 30 % en comparación con una atmósfera pura de argón.

Procesos de soldadura con arco metálico y gas

Arco metálico y gas inerte: Soldadura MIG.

Este método es conocido en inglés como *Gas Metal Arc Welding (GMAW),* en este proceso se establece un arco eléctrico entre un electrodo de hilo continuo que se renueva a medida que este se consume y la pieza a soldar, el electrodo es protegido por medio de una atmósfera protectora de mezclas de argón o de gases con base de helio. Los parámetros de control de este proceso son los siguientes:

- Intensidad de corriente.
- Diámetro del alambre electrodo.
- Velocidad de movimiento.
- Ángulo de la pistola de soldar.

En función del espesor de la pieza a soldar se selecciona el amperaje del equipo como se muestra en la siguiente tabla.

Espesor del Metal (mm.)	INTENSIDAD (A)
4,2	164
3,4	135
2,7	105
1,9	75
1,5	60
1,2	48
0,9	36
0,8	24
0,6	20

Tabla para seleccionar el Amperaje (A).

El diámetro del electrodo depende del amperaje requerido.

INTENSIDAD (A)	ϕ (mm.)
30-90	0,6
40-145	0,8
50-180	0,9

Tabla para seleccionar el diámetro de electrodo.

El diámetro del electrodo depende del amperaje requerido y los materiales de aplicación son: Acero inoxidable, cobre, aluminio, magnesio.

Arco metálico y gas activo: Soldadura MAG.

Este método es idéntico al anterior pero con la diferencia de que la atmósfera protectora es un gas activo. *Aplicación:* Tiene la ventaja de ejecutar soldaduras de acero con espesores más grandes, en adición con un fundente granular.

4.- Soldadura híbrida: Arco metálico / láser.

Se trata de un método en vías de desarrollo, combina los beneficios de los métodos de la soldadura con arco con los métodos de la soldadura láser.

El gas utilizado para la atmósfera protectora es helio, argón o nitrógeno. *Aplicación:* Este método tiene una gran aceptación en la industria Naval.

METODO	ARCO	GAS PROTECTOR	APLICACIÓN
TIG	Tungsteno	He, Ar, H_2	Metales activos, aleaciones ligeras y ultraligeras.
MIG	Metálico	He, Ar	Aceros inoxidables, Cobre, Aluminio, Magnesio.
MAG	Metálico	CO_2	Aceros ordinarios.
Híbrida	Metálico	He, Ar, N_2	Aceros y aleaciones.

Tabla resumen de los diferentes tipos de soldadura.

Consideraciones Generales

Los procedimientos anteriormente descritos permiten realizar soldaduras en diferentes disposiciones:

- Soldadura a tope: con elementos de prolongación, en T o en L.
- Soldadura de ángulo: en rincón, en solape, en esquina o en ranura.

No está permitido soldar en zonas en las que el acero haya sufrido una deformación longitudinal mayor del 2,5%, a menos que se haya dado tratamiento térmico adecuado. Antes del soldeo se limpiarán los bordes de la unión, eliminando cuidadosamente toda la cascarilla, humedad, herrumbre, suciedad, y muy especialmente la grasa y la pintura. Se tomarán las precauciones precisas para proteger los trabajos de soldeo contra el viento y la lluvia.

El frío es otro agente a evitar, se suspenderán los trabajos por frío cuando la temperatura ambiente alcance los 0ºC. En casos excepcionales, el director de la obra puede autorizar el soldeo con temperatura ambiente entre 0º y –5ºC, adoptando medidas especiales para evitar el enfriamiento rápido de la soldadura, por ejemplo, mediante precalentamiento del material base.

Simbología de soldadura

Tenemos muchos símbolos en nuestra sociedad tecnológica. Tenemos señales y rótulos que nos dicen lo que debemos hacer y dónde ir o lo que no debemos hacer o dónde no ir. Las señales de tránsito son un buen ejemplo. Muchas de estas señales les ya son de uso internacional no requieren largas explicaciones y, con ellas, no hay la barrera del idioma, porque cualquier persona los puede interpretar aunque no conozcan ese idioma. En la soldadura, se utilizan ciertos signos en los planos sé ingeniería para indicar al soldador ciertas reglas que deben seguir, aunque no tenga conocimientos de ingeniería. Estos signos gráficos se llaman símbolos de soldadura. Una vez que se entiende el lenguaje de estos símbolos, es muy fácil leerlos. Los símbolos de soldadura se utilizan en la industria para representar detalles de diseño que ocuparían demasiado espacio en el dibujo si estuvieran escritos con todas sus letras. Por ejemplo, el ingeniero o el diseñador desean hacer llegar la siguiente información al taller de soldadura:

- El punto en donde se debe hacer la soldadura.
- Que la soldadura va ser de filete en ambos lados de la unión.
- Un lado será una soldadura de filete de 12 mm; el otro una soldadura de 6 mm.
- Ambas soldaduras se harán un electrodo E-6014.
- La soldadura de filete de 12 mm se esmerilará con máquina que desaparezca

Para dar toda esta información, el ingeniero o diseñador sólo pone el símbolo en el lugar correspondiente en el plano para trasmitir la información al taller de soldadura,

El Símbolo de Soldadura empieza con una línea horizontal llamada de referencia. Los símbolos utilizados sobre la línea o debajo de esta deben llevar siempre la misma orientación, independientemente de la localización de la flecha.

El siguiente símbolo es la flecha la cual puede ser usada en cualquiera de los dos extremos o en ambos y hacia arriba o hacia abajo

Enseguida está el símbolo del tipo de soldadura. Cuando se coloca debajo de la línea de referencia indica que la soldadura va en el lado de la flecha o lado cercano de la unión y cuando se coloca sobre la línea de referencia la soldadura va en el otro lado de la unión.

SÍMBOLOS BASICOS DE SOLDADURA

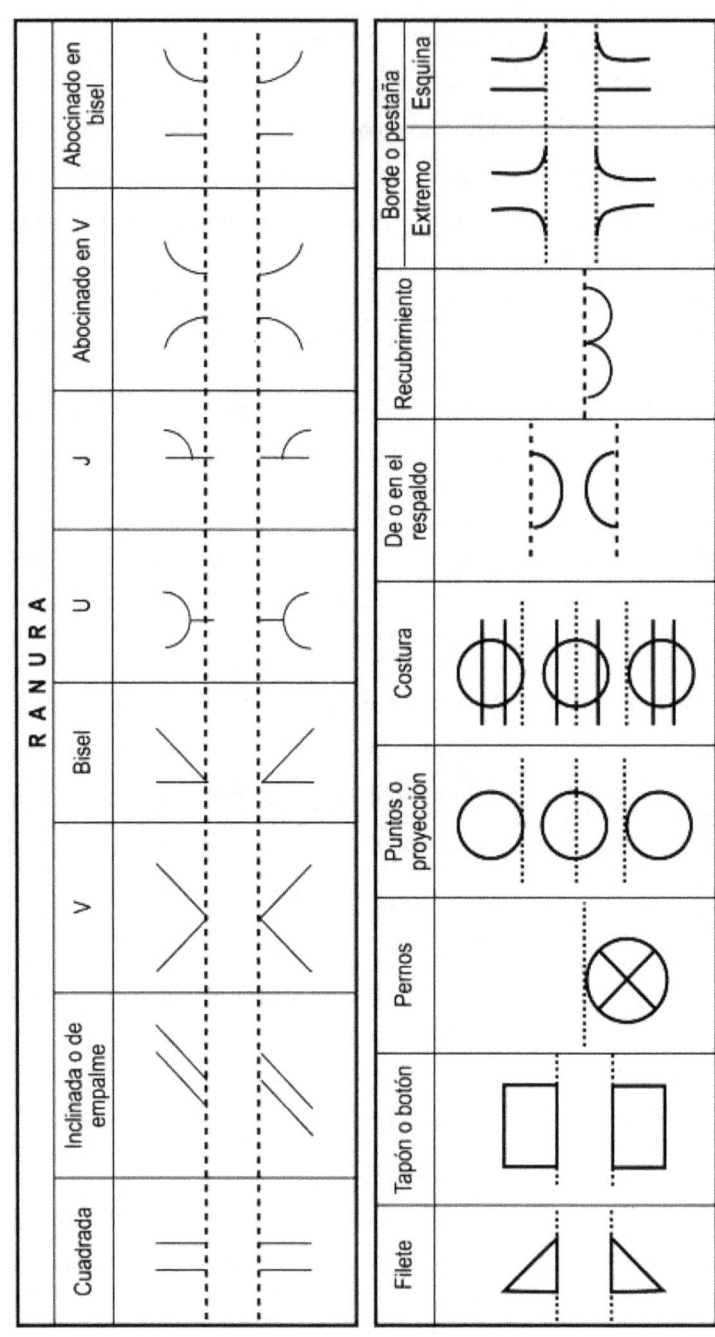

R A N U R A

Cuadrada	Inclinada o de empalme	V	Bisel	U	J	Abocinado en V	Abocinado en bisel

Filete	Tapón o botón	Pernos	Puntos o proyección	Costura	De o en el respaldo	Recubrimiento	Borde o pestaña
							Extremo / Esquina

SÍMBOLOS COMPLEMENTARIOS PARA SOLDADURA

Soldadura todo alrededor	Soldadura de campo	Penetración completa	Inserto consumible (plano)	Respaldo o separador (rectangular)	Contorno		
					A ras o plano	Convexo	Cóncavo

Tipos de uniones por soldaduras

La soldadura produce una conexión sólida entre dos partes llamadas unión por soldadura. Hay cinco tipos básicos de uniones:

- *Unión Empalmada*

En este tipo de unión las partes se encuentran en el mismo plano y se unen sus bordes.

- *Unión de Esquina*

Las partes en este tipo de unión forman un ángulo recto y se unen en la esquina del ángulo.

- *Unión Superpuesta*

Esta unión consiste en dos partes que se sobreponen.

- *Unión en "T"*

Una parte es perpendicular a la otra forma de la letra "T"

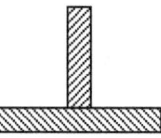

- *Unión de Bordes*

La unión se hace en el borde común

Tipos y usos de fundentes

Clasificación según sus efectos operacionales

Los fundentes también se clasifican según su efecto en los resultados finales de la operación de soldadura, existen dos categorías en este sentido y son los Activos y los Neutros:

Activos

Los fundentes activos son aquellos que causan un cambio sustancial en la composición química final del metal de soldadura cuando el voltaje de soldadura (y por consiguiente la cantidad de Fundente) es cambiado.

Los fundentes fundidos generalmente aportan grandes cantidades de Magnesio y Silicio al material de aporte, incrementando la resistencia, pero cuando se usa fundente activo para hacer soldaduras de multipases, puede ocurrir una excesiva acumulación de estos componentes resultando en una soldadura muy vulnerable a las grietas y las fracturas, los fundentes activos deben ser usados limitadamente en las soldaduras con pasos múltiples, especialmente sobre oxido y escamas metálicas, un cuidado especial en la regulación del voltaje es recomendado cuando se usa este tipo de fundentes en el procedimiento de soldadura con pasos múltiples para evitar la saturación de Magnesio y Silicio, en líneas generales, no es recomendado el uso de fundentes activos en soldaduras de pasos múltiples en láminas de un diámetro superior a los 25 mm. (1").

Neutros

Como su clasificación misma lo dice este tipo de fundentes no causan cambios significativos en la composición química del metal de aporte, ni siquiera con variaciones de voltaje. Los fundentes neutros no afectan la fuerza de la soldadura indiferentemente al voltaje o número de pases de soldadura que se apliquen. Como regla general, los fundentes neutros deben ser parte de las especificaciones de las soldaduras con pases múltiples.

El fundente

Entre las principales funciones del fundente para la soldadura de arco sumergido podríamos enumerar las siguientes:

- Protege la soldadura fundida de la interacción con la atmósfera.
- Limpia y desoxida la soldadura fundida.
- Ayuda a controlar las propiedades químicas y mecánicas del metal de aporte en la soldadura.

Existen dos métodos importantes para elaborar los fundentes, Granulados y fundidos

Uso de los fundentes

El uso de estos es para fundir diferentes metales, entre ellos el plomo, el cobre, es muy utilizado en los sistemas de soldaduras, El éxito de la soldadura depende en gran parte del fundente. El mismo evita la oxidación durante el proceso de soldadura, reduce los óxidos ya formados y disminuye la tensión superficial del material de aporte. Los fundentes aglomerados se hacen mezclando los constituyentes, finamente pulverizados, con una solución acuosa de un aglomerante tal como silicato sódico; la finalidad es producir partículas de unos pocos milímetros de diámetro formados por una masa de partículas más finas de los componentes minerales. Después de la aglomeración el fundente se seca a temperatura de hasta 800 ºC. Los fundentes sinterizados se hacen calentando pellets componentes pulverizados a temperaturas justo por debajo del punto de fusión de algunos de los componentes. Las temperaturas alcanzadas durante la fabricación limitan los componentes de los fundentes. Para fundir un fundente las temperaturas deben ser tan altas que los carbonatos y muchos otros minerales se descomponen, por lo cual los fundentes básicos que llevan carbonatos deben hacerse por alguno de los otros procedimientos, tales como aglomeración. Se ha sabido durante años que la baja tenacidad se favorece con el uso de fundentes ácidos y que los fundentes de elevado contenido en silicio tienden a comunicar oxígeno al metal soldado. Inversamente los fundentes básicos dan un metal soldado limpio, con poca pocas inclusiones no metálicas, y, consecuentemente, de elevada tenacidad. Tanto la composición del fundente como su estado de división influyen en el control de la porosidad. El proceso de arco sumergido es generalmente más susceptible a la porosidad causada por superficies herrumbrosas y sucias que el proceso de arco abierto. Ello es debido a que con el proceso de arco abierto el vapor de agua y los productos gaseosos, que abandonan la plancha por el calor de la soldadura, pueden escapar; mientras que en el arco sumergido tienden a ser retenidos bajo el cojín de fundente. Por esta razón es por lo que fundentes que tienen la mayor tolerancia a la oxidación y suciedad son también los que tienen mayor permeabilidad, lograda usando un grado grueso de gran regularidad. Sin embargo, cuando es necesario soldar utilizando intensidades elevadas se requiere un fundente que cubra más estrechamente, para dar un buen cierre al arco; esto se logra utilizando un tamaño de partículas lo más fino posible y una mayor variedad en tamaños, para aumentar el cierre de recubrimiento. Hay diferentes tipos de fundente cada uno para la diferente clase de soldadura:

Fundente líquido para la soldadura blanda a base de cloruro de zinc.

Fundente en pasta para la soldadura blanda a base de cloruro de zinc.

AUTOEVALUACIÓN

Soldadura. Oxiacetilénica, blanda, por arco eléctrico, por puntos, por sistemas TIG y MAG.

---

1. La soldadura une dos piezas metálicas mediante un metal:
- a) Licuado
- b) Frío
- c) Caliente
- d) Fundido
- e) Blando

2. Las botellas utilizadas en la soldadura de oxiacetileno contienen cada una:
- a) Freón y gas inerte
- b) Hidrógeno y ozono
- c) Oxígeno y acetileno
- d) Aire y vapor
- e) Ninguna es correcta

3. Quiénes realizan la función que desarrollan es la transformación de la presión de la botella de gas (150 atm) a la presión de trabajo (de 0,1 a 10 atm) de una forma constante:
- a) Motorreductores
- b) Reductores
- c) Sincrorreductores
- d) Manorreductores
- e) Macrorreductores

4. El soplete efectúa la mezcla de:
- a) La llama
- b) Aire
- c) Calor
- d) Los gases
- e) Todas son correctas

5. Quienes conducen los gases desde las botellas hasta el soplete se denominan:
- a) Tuberías
- b) Entrada de gas
- c) Conducciones
- d) Derivadores
- e) Uniones

6. **Las válvulas antirretroceso permiten el paso del gas:**
   a) En ambos sentidos
   b) En un solo sentido
   c) Cumplen otra función distinta
   d) a y b son correctas
   e) Ninguna es correcta

7. **Los riesgos de la soldadura oxiacetilénica son:**
   a) Incendio y/o explosión durante los procesos de encendido y apagado, por utilización incorrecta del soplete, montaje incorrecto o estar en mal estado También se pueden producir por retorno de la llama o por falta de orden o limpieza.
   b) Exposiciones a radiaciones en las bandas de UV visible e IR del espectro en dosis importantes y con distintas intensidades energéticas, nocivas para los ojos, procedentes del soplete y del metal incandescente del arco de soldadura.
   c) Quemaduras por salpicaduras de metal incandescente y contactos con los objetos calientes que se están soldando.
   d) Todas son correctas
   e) Ninguna es correcta

8. **Señalar la respuesta incorrecta. El equipo obligatorio de protección individual, se compone de:**
   a) Calzado de seguridad
   b) Pantalla de protección de sustentación manual
   c) Guantes de cuero de manga larga
   d) Casco de seguridad, cuando el trabajo así lo requiera
   e) Arnés

9. **Para las soldaduras blandas se necesita un soldador de punta de:**
   a) Acero
   b) Zinc
   c) Cobre
   d) Bronce
   e) Latón

10. **Para la soldadura de arco es necesario:**
    a) El gas
    b) El calor
    c) La corriente eléctrica
    d) El Hidrógeno
    e) La presión

11. En la soldadura de arco se utilizan varillas metálicas preparadas para servir como polo del circuito; en su extremo se genera el arco, y que se denominan:

   a) Electrólisis
   b) Electroimanes
   c) Electrones
   d) Electrodos
   e) Ninguna es correcta

12. A que se refiere el siguiente enunciado: Está constituido por el metal base y el material de aportación del electrodo y se pueden diferenciar dos partes: la escoria, compuesta por impurezas que son segregadas durante la solidificación y que posteriormente son eliminadas, y el sobre espesor, formado por la parte útil del material de aportación y parte del metal base, que es lo que compone la soldadura en sí:

   a) Cordón del metal
   b) Cordón del gas
   c) Cordón de soldadura
   d) Cordón del cráter
   e) Cordón de acetileno

13. El arco de la soldadura de arco, es:

   a) Arco gaseoso
   b) Arco luminoso
   c) Arco fundido
   d) Arco eléctrico
   e) Arco electromagnético

14. Los principales riesgos de accidente de la soldadura de arco son los derivados del empleo de la corriente eléctrica, los cuales son:

   a) Contacto eléctrico directo
   b) Contacto eléctrico alto
   c) Contacto eléctrico bajo
   d) Contacto eléctrico indirecto
   e) a y d son correctas

15. Básicamente, cuántos son los riesgos higiénicos:

   a) Uno
   b) Dos
   c) Tres
   d) Cuatro
   e) Cinco

16. El método denominado TIG es conocido en inglés como *GTAW* *(Gas Tugsten Arc Welding)*, este procedimiento utiliza como fuente de calor un arco eléctrico que salta entre el electrodo de tungsteno y la pieza a soldar mientras una atmósfera protectora de gas protege al baño de fusión. A qué gas se refiere el enunciado anterior:
   a) Gas raro
   b) Gas licuado
   c) Gas fundente
   d) Gas inerte
   e) Gas comprimido

17. **Para la soldadura MAG se utiliza un gas:**
   a) Inactivo
   b) Pasivo
   c) Inerte
   d) Raro
   e) Activo

18. **A que se refiere el siguiente enunciado. Se utilizan en la industria para representar detalles de diseño que ocuparían demasiado espacio en el dibujo si estuvieran escritos con todas sus letras:**
   a) Planos de soldadura
   b) Esquemas de soldadura
   c) Gráficos de soldaduras
   d) Símbolos de soldadura
   e) Todas son correctas

19. **La soldadura de puntos por resistencias es un proceso en el cual se obtiene la fusión en una posición de las superficies mediante una unión superpuesta mediante electrodos:**
   a) Paralelos
   b) Opuestos
   c) Cruzados
   d) Horizontales
   e) Encimados

20. **Para identificar y diferenciar el contenido de las botellas en la soldadura oxiacetilénica se utilizarán códigos:**
   a) Numéricos normalizados
   b) Alfabéticos normalizados
   c) De colores normalizados
   d) Alfanuméricos normalizados
   e) No hace falta identificación

21. Las botellas en la soldadura oxiacetilénica, se deben almacenar siempre en posición:
- a) Horizontal
- b) Oblicua
- c) Apiladas
- d) Vertical
- e) Es indiferente

22. Las botellas en la soldadura oxiacetilénica se deben manipular si estuvieran:
- a) Vacías
- b) Llenas
- c) Conectadas
- d) Todas son correctas
- e) Ninguna es correcta

23. La soldadura blanda no puede someterse en uniones que deban emplearse a más de:
- a) 100ºC
- b) 200ºC
- c) 300ºC
- d) 400ºC
- e) 500ºC

24. En la soldadura blanda se utiliza un metal de aportación, el cual es normalmente:
- a) Cobre
- b) Acero
- c) Estaño
- d) Latón
- e) Bronce

25. Entre las principales funciones del fundente para la soldadura de arco sumergido podríamos enumerar las siguientes:
- a) Protege la soldadura fundida de la interacción con la atmósfera
- b) Limpia y desoxida la soldadura fundida.
- c) Ayuda a controlar las propiedades químicas y mecánicas del metal de aporte en la soldadura.
- d) Todas son correctas
- e) Ninguna es correcta

SOLUCIONARIO

1. d) Fundido
2. c) Oxígeno y acetileno
3. d) Manorreductores
4. d) Los gases
5. c) Conducciones
6. b) En un solo sentido
7. d) Todas son correctas
8. e) Arnés
9. c) Cobre
10. c) La corriente eléctrica
11. d) Electrodos
12. c) Cordón de soldadura
13. d) Arco eléctrico
14. e) a y d son correctas
15. c) Tres
16. d) Gas inerte
17. e) Activo
18. d) Símbolos de soldadura
19. b) Opuestos
20. c) De colores normalizados
21. d) Vertical
22. b) Llenas
23. b) 200°C
24. c) Estaño
25. d) Todas son correctas

Este Manual se complementa con:
-Manual de equipos caloríficos
-Anexo equipos térmicos Frío Calor
de Miguel D'Addario

Primera edición
2015
CE

www.ingramcontent.com/pod-product-compliance
Lightning Source LLC
Chambersburg PA
CBHW051851170526
45168CB00001B/58